中 外 物 理 学 精 品 书 系

本 书 出 版 得 到 " 国 家 出 版 基 金 " 资 助

U0196817

国家出版基金项目
NATIONAL PUBLICATION FOUNDATION

中外物理学精品书系

经典系列 · 9

核裂变物理学

重排本

胡济民 著

北京大学出版社
PEKING UNIVERSITY PRESS

图书在版编目(CIP)数据

核裂变物理学:重排本/胡济民著. —北京:北京大学出版社,2014.8
(中外物理学精品书系)
ISBN 978-7-301-24560-6

Ⅰ.①核… Ⅱ.①胡… Ⅲ.①裂变—核物理学 Ⅳ.①O571.43

中国版本图书馆 CIP 数据核字(2014)第 170640 号

书　　　名：**核裂变物理学(重排本)**
著作责任者：胡济民　著
责 任 编 辑：王　艳　王剑飞
标 准 书 号：ISBN 978-7-301-24560-6/O・0988
出 版 者：北京大学出版社
地　　　址：北京市海淀区成府路 205 号　100871
网　　　址：http://www.pup.cn
新 浪 微 博：@北京大学出版社
电 子 信 箱：zpup@pup.cn
电　　　话：邮购部 62752015　发行部 62750672　编辑部 62765014　出版部 62754962
印 刷 者：北京中科印刷有限公司
经 销 者：新华书店
　　　　　　730 毫米×980 毫米　16 开本　18 印张　325 千字
　　　　　　2014 年 8 月第 1 版　2014 年 8 月第 1 次印刷
定　　　价：54.00 元

序　言

　　物理学是研究物质、能量以及它们之间相互作用的科学。她不仅是化学、生命、材料、信息、能源和环境等相关学科的基础,同时还是许多新兴学科和交叉学科的前沿。在科技发展日新月异和国际竞争日趋激烈的今天,物理学不仅囿于基础科学和技术应用研究的范畴,而且在社会发展与人类进步的历史进程中发挥着越来越关键的作用。

　　我们欣喜地看到,改革开放三十多年来,随着中国政治、经济、教育、文化等领域各项事业的持续稳定发展,我国物理学取得了跨越式的进步,做出了很多为世界瞩目的研究成果。今日的中国物理正在经历一个历史上少有的黄金时代。

　　在我国物理学科快速发展的背景下,近年来物理学相关书籍也呈现百花齐放的良好态势,在知识传承、学术交流、人才培养等方面发挥着无可替代的作用。从另一方面看,尽管国内各出版社相继推出了一些质量很高的物理教材和图书,但系统总结物理学各门类知识和发展,深入浅出地介绍其与现代科学技术之间的渊源,并针对不同层次的读者提供有价值的教材和研究参考,仍是我国科学传播与出版界面临的一个极富挑战性的课题。

　　为有力推动我国物理学研究、加快相关学科的建设与发展,特别是展现近年来中国物理学者的研究水平和成果,北京大学出版社在国家出版基金的支持下推出了“中外物理学精品书系”,试图对以上难题进行大胆的尝试和探索。该书系编委会集结了数十位来自内地和香港顶尖高校及科研院所的知名专家学者。他们都是目前该领域十分活跃的专家,确保了整套丛书的权威性和前瞻性。

　　这套书系内容丰富,涵盖面广,可读性强,其中既有对我国传统物理学发展的梳理和总结,也有对正在蓬勃发展的物理学前沿的全面展示;既引进和介绍了世界物理学研究的发展动态,也面向国际主流领域传播中国物理的优秀专著。可以说,“中外物理学精品书系”力图完整呈现近现代世界和中国物理科学发展的全貌,是一部目前国内为数不多的兼具学术价值和阅读乐趣的经典物理丛书。

"中外物理学精品书系"另一个突出特点是,在把西方物理的精华要义"请进来"的同时,也将我国近现代物理的优秀成果"送出去"。物理学科在世界范围内的重要性不言而喻,引进和翻译世界物理的经典著作和前沿动态,可以满足当前国内物理教学和科研工作的迫切需求。另一方面,改革开放几十年来,我国的物理学研究取得了长足发展,一大批具有较高学术价值的著作相继问世。这套丛书首次将一些中国物理学者的优秀论著以英文版的形式直接推向国际相关研究的主流领域,使世界对中国物理学的过去和现状有更多的深入了解,不仅充分展示出中国物理学研究和积累的"硬实力",也向世界主动传播我国科技文化领域不断创新的"软实力",对全面提升中国科学、教育和文化领域的国际形象起到重要的促进作用。

值得一提的是,"中外物理学精品书系"还对中国近现代物理学科的经典著作进行了全面收录。20 世纪以来,中国物理界诞生了很多经典作品,但当时大都分散出版,如今很多代表性的作品已经淹没在浩瀚的图书海洋中,读者们对这些论著也都是"只闻其声,未见其真"。该书系的编者们在这方面下了很大工夫,对中国物理学科不同时期、不同分支的经典著作进行了系统的整理和收录。这项工作具有非常重要的学术意义和社会价值,不仅可以很好地保护和传承我国物理学的经典文献,充分发挥其应有的传世育人的作用,更能使广大物理学人和青年学子切身体会我国物理学研究的发展脉络和优良传统,真正领悟到老一辈科学家严谨求实、追求卓越、博大精深的治学之美。

温家宝总理在 2006 年中国科学技术大会上指出,"加强基础研究是提升国家创新能力、积累智力资本的重要途径,是我国跻身世界科技强国的必要条件"。中国的发展在于创新,而基础研究正是一切创新的根本和源泉。我相信,这套"中外物理学精品书系"的出版,不仅可以使所有热爱和研究物理学的人们从中获取思维的启迪、智力的挑战和阅读的乐趣,也将进一步推动其他相关基础科学更好更快地发展,为我国今后的科技创新和社会进步做出应有的贡献。

"中外物理学精品书系"编委会　主任

中国科学院院士,北京大学教授

王恩哥

2010 年 5 月于燕园

前　言

　　原子核裂变作为利用原子能的基础,在核物理学中备受人们的注意。核裂变也是核体系的一种极端复杂的运动形态。在二十多年前,由于核数据计算的需要,我才开始注意各种裂变现象和理论,此后陆续做了些工作。关于裂变的研究,是在技术物理系原子核理论教研室王正行、郑春开等以及重离子研究所包尚联、樊铁栓等的多年合作以及历届研究生努力工作中完成的,特别是和我妻子钟云霄的长期合作,完成了大部分的研究工作。这里,也要感谢中国核数据中心、国家教委博士点基金和中国自然科学基金对这些研究工作经费上的支持。

　　在编写《原子核理论》一书时,在第二卷专门编写了原子核裂变一章,对有关核裂变的知识,做了有选择的介绍。但是由于篇幅的限制,许多重要方面,未能逐一论列;总希望能把重要的实验和理论知识以及一些史实收集编成一书。感谢北京大学出版社提供了这样一个机会。

　　在本书的写作过程中,也得到我妻子钟云霄的鼓励与协助,并帮助我整理了全部书稿。

　　核裂变的研究是一个长期的任务,希望本书的出版将有利于进一步开展裂变研究工作,并对其他感兴趣的读者也有所帮助。

作者　胡济民

1997 年 6 月

内　容　简　介

　　核裂变是核科学的一个重要方面。研究核裂变不仅对国防建设与经济建设有重大意义,而且对原子核内部运动的深入了解也有极大帮助。

　　本书是作者在 20 多年来对核裂变物理做的许多研究工作的基础上写成的。它比较全面、系统地介绍了核裂变物理学的研究现状、各种理论与模型,并引用了大量的实验事实与理论相比较。由于人们对核裂变的了解还远没有达到完善的地步,因此作者在介绍核裂变理论模型时,也常对理论发展方向做些推测,提出了需要继续深入研究的问题。

　　本书内容深入浅出,理论比较系统全面,所用公式均有说明或详细推导,适合于核科技研究人员参考和研究生阅读。

目　　录

第一章　核裂变的发现 1

§1.1　发现核裂变的前奏——人工放射性与中子核反应 1

§1.2　铀的困惑与裂变的发现 3

1.2.1　罗马实验室的开创性工作 3

1.2.2　德国和法国实验室的后续工作 4

1.2.3　深刻的科学洞察力和精密的实验最终导致裂变的发现 ... 6

§1.3　核裂变的机制 8

§1.4　链式反应的实现 10

§1.5　核裂变研究的意义与内容 14

参考文献 16

第二章　裂变位能曲面 17

§2.1　形变参量的选择 17

2.1.1　用球坐标描写的形变参量 17

2.1.2　用柱坐标描写的形变参量(Funny Hills 参量) 18

2.1.3　小形变的描述——轴对称椭球 20

2.1.4　卵形线 (Cassinian Ovaloids) 20

2.1.5　非轴对称形状 21

§2.2　液滴模型的位能曲面 21

§2.3　有限力程模型 25

§2.4　转动核的裂变位垒 29

§2.5　位能曲面的壳修正理论 30

§2.6　位能曲面的微观计算 42

参考文献 47

第三章　惯性及耗散 49

§3.1　液滴模型计算动能 49

3.1.1　无旋液滴的方法 49

3.1.2　Werner-Wheeler 方法 50

§3.2　耗散函数的经典模型 ………………………………………… 52

　3.2.1　一体模型 …………………………………………………… 52

　3.2.2　二体模型 …………………………………………………… 54

§3.3　质量张量的微观计算 ………………………………………… 55

§3.4　转动惯量的微观理论 ………………………………………… 58

§3.5　核的能级密度 ………………………………………………… 60

参考文献 …………………………………………………………… 65

第四章　裂变几率 ………………………………………………… 66

§4.1　自发裂变 ……………………………………………………… 66

　4.1.1　关于自发裂变的实验状况 ………………………………… 66

　4.1.2　自发裂变半衰期的理论计算方法 ………………………… 68

§4.2　重离子放射性衰变与冷裂变 ………………………………… 74

　4.2.1　重离子放射性的发现 ……………………………………… 74

　4.2.2　模型理论简况 ……………………………………………… 74

　4.2.3　冷裂变现象 ………………………………………………… 76

§4.3　激发核的裂变几率 …………………………………………… 77

　4.3.1　实验情况 …………………………………………………… 78

　4.3.2　裂变道理论 ………………………………………………… 79

　4.3.3　裂变几率的统计公式(Bohr-Wheeler公式) ……………… 80

§4.4　裂变同质异能素[17] …………………………………………… 85

　4.4.1　裂变同质异能素的发现与测定 …………………………… 85

　4.4.2　双峰位垒的穿透几率与共振 ……………………………… 86

　4.4.3　裂变同质异能态的核谱 …………………………………… 90

§4.5　位垒参数的确定 ……………………………………………… 94

　4.5.1　同质异能态的半衰期 ……………………………………… 94

　4.5.2　裂变同质异能素产生的激发曲线 ………………………… 96

　4.5.3　低激发能裂变截面的拟合 ………………………………… 101

§4.6　理论与实验的比较 …………………………………………… 106

　4.6.1　关于位垒参数计算与拟合值的比较 ……………………… 106

　4.6.2　Th异常和位能曲面第三谷 ………………………………… 108

参考文献 …………………………………………………………… 111

第五章　裂变后现象 ……………………………………………… 113

§5.1　裂变的全过程 ……………………………………………… 113

§5.2　碎片的质量和电荷分布的测定方法 ……………………… 114

　　5.2.1　放射化学方法 ……………………………………… 115

　　5.2.2　测定质量的物理方法 ……………………………… 115

　　5.2.3　测定电荷的物理方法 ……………………………… 116

§5.3　裂变碎片的质量分布 ……………………………………… 117

　　5.3.1　锕系区 ……………………………………………… 118

　　5.3.2　较高激发能的锕系核裂变 ………………………… 122

　　5.3.3　比 Es 更重的核的裂变质量分布 ………………… 125

　　5.3.4　Ra-Ac 核素的裂变质量分布 ……………………… 126

　　5.3.5　裂变质量数 A_f＝213～200 核的质量分布 ……… 128

§5.4　裂变碎片的电荷分布 ……………………………………… 132

　　5.4.1　总体电荷分布 $Y(Z)$ ………………………………… 133

　　5.4.2　同质量数碎片的电荷分布 ………………………… 136

§5.5　裂变碎片动能 ……………………………………………… 139

　　5.5.1　裂变总动能的分布及其平均值 …………………… 140

　　5.5.2　碎片动能与质量的关系 …………………………… 146

　　5.5.3　规定碎片质量的碎片动能分布 …………………… 153

§5.6　裂变碎片的角分布 ………………………………………… 155

　　5.6.1　低能粒子引起的裂变碎片的角分布 ……………… 156

　　5.6.2　光致裂变的碎片角分布 …………………………… 158

　　5.6.3　高激发态裂变的碎片角分布 ……………………… 160

　　5.6.4　垒下熔合裂变的碎片角分布 ……………………… 164

§5.7　裂变中子与 γ 射线 ………………………………………… 164

　　5.7.1　裂变瞬发中子 ……………………………………… 165

　　5.7.2　裂变瞬发 γ 射线 …………………………………… 176

　　5.7.3　裂变缓发中子及 γ 射线 …………………………… 179

参考文献 …………………………………………………………… 181

第六章　裂变动力学 ……………………………………………… 183

§6.1　原子核裂变的动力学方程和裂变碎片总动能的计算 …… 183

§6.2　朗之万方程及其应用 ……………………………………… 184

§6.3　Fokker-Planck 方程 ……………………………………… 186

§6.4　一维 Fokker-Planck 方程和 Smoluchouski 方程 ……… 190

　6.4.1　一维 Fokker-Planck 方程 ……………………………… 190

　6.4.2　Smoluchouski 方程及其解 …………………………… 191

§6.5　裂变几率的近似计算方法 ………………………………… 193

　6.5.1　Bohr-Wheeler 公式 …………………………………… 193

　6.5.2　Kramers 公式 …………………………………………… 195

§6.6　裂变后的能量分布与质量分布 …………………………… 199

参考文献 …………………………………………………………… 203

第七章　裂变的理论模型 ………………………………………… 204

§7.1　裂变的微观理论 …………………………………………… 204

　7.1.1　HF 近似及时间有关 HF(TDHF)近似 ………………… 204

　7.1.2　Hartree-Fock-Bogoliubov 方法(HFB 方法) ………… 208

§7.2　裂变的统计模型 …………………………………………… 212

§7.3　裂变的多模式理论 ………………………………………… 216

　7.3.1　质量分布与裂变模式 …………………………………… 216

　7.3.2　多模式裂变的其他证据 ………………………………… 219

　7.3.3　裂变的多模式理论 ……………………………………… 226

参考文献 …………………………………………………………… 233

第八章　其他裂变现象 …………………………………………… 234

§8.1　重离子裂变 ………………………………………………… 234

　8.1.1　裂变碎片的质量分布与动能分布 ……………………… 234

　8.1.2　裂变与粒子发射 ………………………………………… 235

　8.1.3　线性动量转移 …………………………………………… 238

§8.2　多重裂变 …………………………………………………… 240

　8.2.1　轻粒子发射的几率 ……………………………………… 240

　8.2.2　粒子的动能分布 ………………………………………… 243

　8.2.3　轻粒子的角分布 ………………………………………… 246

　8.2.4　轻粒子发射与其他裂变量的关联 ……………………… 248

　8.2.5　稀有的裂变事件 ………………………………………… 251

　8.2.6　轻粒子释放机制 ………………………………………… 252

§8.3　轻核的裂变 ………………………………………………… 254

8.3.1　与发射离子有关的位能曲面 ···················· 254

8.3.2　裂变几率 ·· 256

8.3.3　碎片的动能分布与角分布 ························· 257

8.3.4　角动量的影响及碎片的角分布 ·················· 259

8.3.5　理论的实验验证 ······································ 261

§8.4　介子引起的裂变 ··· 266

8.4.1　μ介子引起的裂变 ···································· 266

8.4.2　π介子引起的裂变 ···································· 268

参考文献 ·· 270

第一章　核裂变的发现

20 世纪是科学技术迅速发展的时代,但是,也只有很少几项基础研究的重大发现能像核裂变那样对人类文明和科技进步产生这样迅速而深刻的影响,而发现核裂变的历史又那样错综复杂.从核裂变发现的历史,我们可以看到,一个新事物的出现总是伴随着冲破人们脑子里的旧的概念,而对旧概念的冲破是那么的不易;我们也可以看到,核裂变的发现是许多著名实验室之间的国际合作和不同学科之间通力合作的结果.对发现核裂变的简要回顾,将有助于了解核裂变研究的现状和对其发展的展望.实际上,本书所叙述的,也不过是一部尚未完成的核裂变研究的历史和一些关于发展的推测.

§1.1　发现核裂变的前奏——人工放射性与中子核反应

20 世纪 30 年代初,核物理得到迅速的发展.1932 年 2 月,J.Chadwick 在剑桥发现了中子.作为研究手段,较强的放射源已不难获得,盖格计数器已普遍应用,少数几个实验室已有了几种低能加速器.人们对核结构已有了初步的了解,知道核是由质子与中子组成,初步掌握了研究原子核的必要知识与手段.在这种条件下,1934 年 1 月,F.Joliot 和 I.Curie 夫妇在巴黎发现了由 α 粒子引起的人工放射性.他们用 α 粒子轰击 Al 而得到如下的反应:

$$^4He + {}^{27}Al \longrightarrow {}^{30}P + n.$$

^{30}P 是通过核反应所形成的具有 β 放射性的新核素,它是第一个由人工合成的、在自然界不存在的核素.过去,人们一直认为只有重元素可以具有放射性,而 P 是很轻的元素,是没有天然放射性同位素的.P 是在生物、医学、农业等科技领域里常见的元素,现在它有了化学性质完全相同的放射性同位素.放射性是很容易识别的,可以作为示踪原子,因此,P 的放射性同位素有可能在生物、医学、农业等领域得到广泛应用.发现人工放射性元素在科技界是一件引起轰动的大事.

这时,E.Fermi 对这类核反应产生了很大的兴趣.Fermi 生活的年代,正是物理学处于很富有魅力的年代.他诞生于 1902 年,在 1926 年,他已经在现代物理,特别是在相对论与原子物理方面,发表了不少有份量的文章.这些文章中最重要的是,对由遵从泡里原理的粒子组成的理想气体,考虑了量子化后得出了一种新的统计规律,这规律在几个月后,也被 Dirac 完全独立地得到,这就是著名的 Fermi-

Dirac 统计.

O. M. Corbino 是实验物理的教授、罗马大学的物理系主任. 他非常折服 Fermi 的能力,在 1926~1927 年,这学术蓬发的年代开始的时候,在几位数学家的支持下成功地在罗马大学申请到一个理论物理的讲座,专门邀请了 Fermi.

Fermi 与 Corbino 联合在罗马建立了一个近代物理学派. 首先,他们争取到一个新的讲座,邀请了 F. Rasetti. 他是 Fermi 在比萨大学的同学,后来成为 Fermi 在佛罗伦萨大学的合作者. 他是一个出色的实验物理学家,特别在原子与分子光谱方面有着出色的成绩.

由于法西斯的统治,Fermi 在罗马只待了 12 年,1938 年夏,公布了种族法律,虽然不直接影响 Fermi,但他的妻子 L. Capon 出身于犹太家庭. 结果,在 1938 年 12 月初,Fermi 带着全家到斯德哥尔摩去领取诺贝尔奖金,不再回意大利,从瑞典直接到了纽约,他已经在哥伦比亚大学获得一个教授位置.

1936 年秋天到 1938 年 12 月,实验方面在 Rasetti 的协助下,Fermi 在罗马成功地聚集了相当数量的科学工作者,他们中一半人从事实验,一半人从事理论工作. Fermi 自己则以惊人的毅力白天做实验,晚上进行理论研究.

在 Joliot 和 I. Curie 发现人工放射性的最初两篇文章发表以后,Fermi 立刻开始去做类似的工作. 他不是和 I. Curie 一样用 α 粒子去轰击各种原子,而是用中子去轰击,观察由中子引起的效应. 中子源用的是 $Rn(\alpha)+Be$ 的形式,基于 Chadwick 所发现的反应:

$$_2^4\mathrm{He} + {}_4^9\mathrm{Be} \longrightarrow {}_6^{12}\mathrm{C} + {}_0^1\mathrm{n}, \tag{1.1.1}$$

这里 α 粒子是 Rn 放射的,这种 $Rn(\alpha)+Be$ 中子源每秒能发射 10 兆中子. 他系统地照射各种元素,当用中子打 F 和 Al 时,成功地在 Geiger-Muller 计数器上获得几个 β 粒子的记数. Fermi 决定尽快进行这项工作,于是邀请他的同事与朋友 Rasetti、他的学生 E. Segre、E. Amaldi 等来帮助做这一实验,后来又请到化学教授 O. D'Agostino,1934 年 9 月他们的学生 B. Pontecorvo 也加入了他们的集体,他在 1934 年 7 月刚通过了博士论文考试.

在 1934 年 4~6 月期间,Fermi 领导下的集体进行了以下一系列工作:用中子照射了 60 个元素,其中有 35 个元素发现了 44 种不同的放射性. 反应产物中有 16 种的化学性质已被载体沉淀法确定. 照射 Th,发现了两种以上不同半衰期的放射性;照射 U,则发现了 4 种以上不同半衰期的放射性.

用中子照射元素引起的一系列反应通常用这样的符号来表示:

$$(\mathrm{n},\mathrm{p}): {}_0^1\mathrm{n} + {}_z^m X \longrightarrow {}_{z-1}^m X + \mathrm{p}, \tag{1.1.2}$$

$$(\mathrm{n},\gamma): {}_0^1\mathrm{n} + {}_z^m X \longrightarrow {}_z^{m+1} X + \gamma, \tag{1.1.3}$$

$$(\mathrm{n},\alpha): {}_0^1\mathrm{n} + {}_z^m X \longrightarrow {}_{z-2}^{m-3} X + \alpha. \tag{1.1.4}$$

$Z \leqslant 30$ 的 11 个元素中发现有 6 个 (n,p) 反应和 5 个 (n,α) 反应, 44 个放射性中除去上述的 11 个外, 剩下的 33 个均为 (n,γ) 反应. 他们认为, 除了发射氢核与氦核外, 不可能再有其他核反应能被观察到. 这结论从 Gamow 的位垒穿透理论来看似乎是很合理的, 因为带电粒子从核分离必须穿过库仑位垒, 不可能有比 α 粒子更大的粒子放出. 可是当时没有想到, 正是这种思想在 U 发生裂变的问题上使他们走入歧途.

§1.2　铀的困惑与裂变的发现

1.2.1　罗马实验室的开创性工作[1]

Fermi 领导的研究组, 在获得了以上所说的一系列成功以后, 开始致力于中子轰击 U 的工作. 但这工作首先就碰到了技术上的麻烦, 在 20 世纪 30 年代中子源的强度比较弱的情况下, 要准确地确定反应物的化学性质不是一件容易的事. 因为 U 本身具有放射性, 必须不断地用化学方法清理表面来除去它的衰变产物; 另外还发现中子轰击 U 后出现了很复杂的放射性, 其产物为具有不同半衰期的混合物. 1934 年 5 月 10 日, 他们关于 U 的第一份报告是给《La Ricerca Scientifica》杂志的编辑的信, 信中写道: "U 被中子轰击后出现了好几种不同半衰期的放射性, 一种为 1 min, 一种为 13 min, 另外还有更长的半衰期不能很准确地测定."

在中子轰击 U 所得的四个放射性中, 他们对半衰期为 15 min 及 90 min 的两个放射性研究得最为详细. 他们发现, 用化学方法能将这两个元素与原子序数从 82 (Pb) 到 92 (U) 的元素分开, 而且它们两个也能彼此分开. 按照 Fermi 等对 $Z \leqslant 83$ 的所有元素研究的结果得出的经验, 他们认为, 这两个元素可能是超 U 元素. 由 (n,γ) 反应, 再经过 β 衰变就能获得原子序数为 93 与 94 的超 U 元素 $^{239}_{93}\text{X}$ 与 $^{239}_{94}\text{Y}$, 即

$$^{1}_{0}n + {}^{238}_{92}U \longrightarrow {}^{239}_{92}U + \gamma, \tag{1.2.1}$$

$$^{239}_{92}U \longrightarrow {}^{239}_{93}X + \beta, \tag{1.2.2a}$$

$$^{239}_{93}X \longrightarrow {}^{239}_{94}Y + \beta. \tag{1.2.2b}$$

当时只知道 ^{238}U 作为靶子是很自然的, 因为一年以后, Dempster 才发现 ^{238}U 的同位素 ^{235}U. 对半衰期为 15 min 的物质是用 MnO_2 作为载体与 $NaClO_2$ 一起在硝酸溶液中共沉淀得到.

这里, 他们犯了一个可以理解的错误, 他们预期 93 号元素应该与 Re 相似, 当时还不知道锕系族存在, 则 93 号正好排在 Re 下面, 与序数为 43 的 Tc 以及原子序数为 25 的 Mn 同属ⅦB系, 用 Mendeleev 的话说, 为一准 Re 元素, 通常记为 Eka

Re;但实际上,这是裂变的产物,是原子序数为 43 的 Tc 的同位素,当时周期表上 Tc 的位置还空着,3 年后由 Perier 与 Segre 用其他方法发现了 Tc,证明了其性质的确与 Re 很相似.

芝加哥大学 Kent 化学实验室的 V. Grosse 与 Agruss 用同样共沉淀的方法研究未经中子照射的硝酸铀,从他们的实验结果得出,罗马实验室所得到的可能是 91 号元素 Pa,而不是 93 号元素.因此他们指出要证明是 93 号与 94 号元素必须用其他的化学方法来检验.

新的化学方法很快被罗马实验室所采用,发现两种化学方法都能把半衰期为 15 min 及 90 min 的两种元素与 91 号元素 Pa 分开.这时,柏林 Dahlem 实验室的 O. Hahn 与 L. Meitner 也开始做这项工作,他们与罗马得出同样的结果.这使得 Fermi 研究集体更坚定了自己的看法.

在罗马实验室里,他们还曾想中子轰击 U 可以形成短寿命的 α 发射体.为了验证这一假设,他们把 U 包上铝膜放在电离室里,并用慢中子轰击.他们设想,对于短寿命的物质,放射的 α 粒子一定能量高,有较长的射程,铝箔挡住由 U 放出的射程较短的 α 粒子,让能量高而射程长的 α 粒子通过铝箔.但实验失败了,不但看不到穿过铝箔的 α 粒子,实际上铝箔也挡住了由裂变碎片引起的大的电离脉冲,使他们失去观察到裂变的机会.当然,当时不知原子核会裂变,同样的实验在瑞士与柏林做过,有人说在瑞士确实看到了大的脉冲,但大家不信,以为是探测仪器出了毛病.

罗马实验室证明了中子轰击 U 出现的放射性元素不是 Pb 与 U 之间的元素的同位素,这是正确的.从这开始,他们试图从复杂的放射性产物中去萃取一单独物质,结果找到一种与准 Re 类似的物质,用的主要反应是 MnO_2 与 $NaClO_2$ 在硝酸溶液中的共沉淀法.很多年后,在意大利有人用同样的方法得出了 Tc 的同位素,情况与当时一样,可是在 1934 年还不知有 Tc 这个元素,Tc 是裂变产物,而且性质与 Re 是相似的.当时他们既不知有核裂变,也不知有 Tc,只是感到有些怀疑,因为按照他们的分析,93 号元素应该只占很小的比例,不应该有那么多.到了 1934 年 6 月,他们有了足够的自信,认为已经发现了超铀元素,就发表了他们的结果.但作为优秀科学家,总觉得存在某些缺陷,因而也没有给新元素命名;Fermi 还对新闻界对他们的结果大肆宣传感到困惑.

1.2.2　德国和法国实验室的后续工作

正当罗马实验室的工作告一段落,Fermi 转向慢中子的研究时,以 Hahn, Meitner(德国)和 I. Curie(法国巴黎)为首的两组人马进入了对 U 的研究,这都是在核物理和核化学方面取得巨大成就的工作队伍.Hahn 是著名的核化学家,是

Dahlem 实验室的成员,他曾在蒙特利尔与 Rutherford 一起工作,发现了一些放射性元素,并与 Meitner 一起发现核的同质异能态. Meitner 出生在澳大利亚,是 Planck 的学生,后来成了 Hahn 的坚定合作者并在同一实验室工作,是一位与 M. Curie 齐名的核物理学家,我国的核物理学家王淦昌教授是她的学生,在她的实验室工作过一段时间. 后来,优秀的分析化学家 F. Strassmann 加入了他们的集体——Dahlem 实验室,雄厚的化学力量成为这实验室的一个特色. Meitner 是犹太人,Hahn 和 Strassmann 又是纳粹的强烈反对者,这样的政治形势使得 Dahlem 实验室惶惶不安,工作条件非常困难.

　　Hahn 与 Meitner 用与罗马及巴黎同样的中子源,从证实罗马实验室工作的结果开始,做了不少工作,发表了不少论文,他们早期的论文可以说是错误和正确的混合物,其复杂性可以与中子轰击 U 出现的放射性相比,U 的研究工作的混乱情况延续了很长一段时间. Hahn,Meitner 和 Strassmann 得到一确实且重要的结果,即确定了产物中有 ^{239}U,放射半衰期为 26 min 的 β 射线. 他们在德国的《自然杂志》上发表了不少文章,文章的带头人是 Hahn 和 Meitner,到 1938 年 7 月,Strassmann 才以一个年轻的合作者出现在论文中. 1937 年,在德国的《物理杂志》上以及《化学杂志》上有一篇他们工作的综述,叙述了他们发现了原子序数从 92~95 之间的 12 种同位素. 最令人吃惊的是,提出了当时还未发现、现在很少的双重同质异能态以及甚至现在也未发现的三重同质异能态(即一个核素具有两种或三种同质异能态).

　　Hahn 与 Meitner 领导的柏林研究组关于 U 的工作完全循着 Fermi 的思路,犯了与罗马实验室同样的错误,注意力全集中在超铀元素方面,但他们很细致地、成功地测出了中子轰击 U 后的几种放射性. 实际上,这些不同的放射性是裂变的碎片发射的,但他们没有想到碎片这一概念,只是想到超铀元素. 下面是他们排出的几个反应的例子:

$$(1)\ _{92}U+n \xrightarrow[10\ s]{\beta} {}_{93}Eka\ Re \xrightarrow[2.2\ min]{\beta} {}_{94}Eka\ Os \xrightarrow[59\ min]{\beta} {}_{95}Eka\ Ir \xrightarrow{\beta}$$

$$_{96}Eka\ Pt \xrightarrow[2.5\ h]{\beta} {}_{97}Eka\ Au,$$

$$(2)\ _{92}U+n \xrightarrow[40\ s]{\beta} {}_{93}Eka\ Re \xrightarrow[16\ min]{\beta} {}_{94}Eka\ Os \xrightarrow[5.7\ h]{\beta} {}_{95}Eka\ Ir,$$

$$(3)\ _{92}U+n \xrightarrow[23\ min]{\beta} {}_{93}Eka\ Re.$$

　　这里 Eka Re 表示周期表上与 Re 是同一族的元素,实际上就是原子序数为 93 的元素,意思为准 Re 元素. 同理,Eka Os 为 94 号元素,依此类推. 在他们组里,并没有弄清楚这些 Eka 元素的化学性质到底如何,只是推想应该如此而已. 这样的结果是很成问题的,怎么会有三种不同寿命的 Eka Re 的同质异能态? 而且这些同质异能态又能衰变成 Eka Os 的同质异能态？这是难以想象的.

I. Curie 是发现 Ra 的 M. Curie 的女儿,她从她伟大的母亲那里继承了放射化学和化学的丰富知识,她沉浸在她实验室优良的传统方法与技术中,她与她丈夫 Joliot 领导了巴黎实验室,他们俩一起进行了大量与发现正电子和中子的有关实验. 很可惜,他们失去了发现正电子和中子的荣誉,值得纪念的是他们发现了人工放射性. 我国著名的核物理学家钱三强与何泽慧夫妇是他们的学生,中国科学院放射化学教授杨澄中也曾在他们实验室工作过相当长时间.

I. Curie 和她的同事们用中子轰击 Th,在 1935 年 5 月,他们发现周期为 3.5 h 的放射性物质,其化学性质很像 La. 这其实是裂变的产物 ^{141}La,但他们没有抓住它,而以为是 Ac 的同位素. 他们也得到罗马实验室已得到过的寿命为 25 min 的 ^{233}Th. 在 1937～1938 年,I. Curie 与 P. Savic 研究 U 也得到寿命为 3.5 h 的放射物质,他们付出很大的努力,1938 年 7 月 I. Curie 和 Savic 得到这样一个结论,放射性寿命为 3.5 h 的物质不是 Ac,而"其所有性质是 La,它至今只能用结晶沉淀法分离."假如他们能像几个月后 Hahn 和 Strassmann 盯住 Ba 那样盯住 La,则他们会幸运地发现裂变. 其实他们用结晶沉淀法分离的还不只是 La,还有 Y.

1.2.3　深刻的科学洞察力和精密的实验最终导致裂变的发现[3]

化学家 Ida. Noddack 在 1934 年 9 月 10 日发表了一篇文章,她在文章中批评了罗马实验室的化学工作,并提出了新的观点. 她在文章中这样写道:"在中子轰击 U 的实验分析中,人们只考虑到吸收了中子的 U 放出一个质子或一个 α 粒子,因而所得的元素都在 U 附近,人们应该想到,被中子轰击的 U 也许能分裂出更大的核来……". 由于 Noddack 没有考虑 Fermi 的在重到像 Pb($Z=82$),Bi($Z=83$)这样的 33 个元素都只能发生 (n,γ) 反应的实验事实,而且她对于 U 可能裂变成两块甚至相等的两块没有提出有力的论据,因而以 Fermi 为首的罗马实验室,很快完全置 Noddack 的意见于不顾,对他们来说,用在 Z 较低时已成功的理论来分析 U 的现象要顺理成章得多.

Noddack 的文章,罗马实验室的 Segre、柏林的 Hahn 和 Meitner、巴黎的 Joliot 都看到了,假如这些人当中任一个人能把握她文章的重要提示,则裂变现象在 1935 年就应该发现了. 为什么大家对 Noddack 的文章那么不重视呢？原因是她文章的重点在于指出 Fermi 实验室在化学方面的缺陷——只注意 93 号元素而不去做全面的化学分析. 她自己也没有明确的 U 可能裂变的想法,没有去追求这个目标,完全有条件做此实验的 Noddack 自己也没有用实验来验证她的裂变想法. 因而接下来的 3 年中,物理学家们都在致力于能得到 92 号附近元素的核反应.

1938 年 7 月 15 日,Meitner 由于纳粹的威胁逃离了德国,她开始到荷兰,后来到了瑞典. Hahn 和 Strassmann 在 Dahlem 继续他们的研究,每获得一个成果,在发表以前甚至在告诉任何人以前都要先写信征求 Meitner 的意见.

Hahn 和 Strassmann 集中注意于 I. Curie 和 Savic 描述的寿命为3.5 h的物质,他们认为它是 Ra. 他们认为中子轰击^{238}U,可以得到 16 种核,原子序数从88～90,92～96,其中包括很多同位素,混乱到了极点. 这是黎明前的黑暗,但离正确答案已经不远了.

在 1938 年 10 月里,他们建立了如下的一些放射性链:

$$^{231}_{88}\text{Ra}_1 \xrightarrow[\text{约 25 min}]{\beta} {}_{89}\text{Ac}_1 \xrightarrow[\text{40 min}]{\beta} {}_{90}\text{Th?},$$

$$_{88}\text{Ra}_2 \xrightarrow[\text{约 110 min}]{\beta} {}_{89}\text{Ac}_2 \xrightarrow[\text{约 4 h}]{\beta} {}_{90}\text{Th?},$$

$$_{88}\text{Ra}_3 \xrightarrow[\text{几日}]{\beta} {}_{89}\text{Ac}_3 \xrightarrow[\text{约 60 h}]{\beta} {}_{90}\text{Th?}$$

等等. 为了进一步证实 Ra 的存在,他们用更直接的化学方法,应用 Ba 作为 Ra 的载体来共沉淀 Ra,并采用经典的化学方法试图把 Ra 和 Ba 分离开来. 多次实验结果(采用了不同试剂)都得到放射性 Ba,没有得到 Ra. 超精细的实验结果迫使 Hahn 和 Strassmann 不得不承认假设中的 Ra 只能是 Ba 的放射性同位素. 他们写道:"作为一名化学家,面对这实验结果,不得不改变我们原来的设想,以 Ba,La,Ce 来代替 Ra,Ac,Th;但作为工作在很靠近核物理领域的核化学家,则很难接受这与以前所有核物理实验抵触的戏剧性的结果." 他们注意到了,Ba 与 Tc(当时还把它称为 Ma)的原子量相加刚好等于俘获一个中子的 U 的原子量(138＋101＝239). 一个清楚的概念——裂变——闪过他们的脑子,这就是发现核裂变的时刻.

在发表这结果以前,Hahn 写信把结果告诉在瑞典斯德哥尔摩诺贝尔研究院的 Meitner,Meitner 把这封信给流亡在丹麦的、到此过圣诞节的物理学家、她的侄子 O. Frisch 看,Meitner 与 Frisch 马上接受了核裂变的概念. 几天后,Frisch 回到哥本哈根,用他自己的话说:"我强烈地要把这思想告诉正要去美国的 N. Bohr,他只能给我几分钟的时间,在我告诉他这事还没有说完,他就用手敲打自己的额头,大声说:'我们都是白痴! 这多好! 就应该这样,文章出来了吗?'"

核裂变的发现开辟了一个很大的研究园地,首先就是要证明裂变碎片的存在. 它们都是具有约 200 MeV 动能的原子核,并且有很高的电离程度. 它们很快被 Frisch 和许多其他人观察到了.

对中子轰击铀靶产生的产物的化学分析完全呈现了新的面貌. I. Curie在 1938 年曾经说过:"中子轰击铀靶得出一个活跃的化学领域,几乎包含了所有的元素." 她顺利地致力于裂变产物的化学分析.

1938 年 12 月,核裂变发现时,Fermi 正在斯德哥尔摩领取诺贝尔奖金,由于他证实了中子束产生的新的放射性元素以及一系列用慢中子引起的核反应.然后他移居美国,1939 年 1 月在美国他听到了核裂变的消息.

核裂变的发现是轰动物理学界的一件大事.在美国,《物理评论》上有关核裂变的文章猛增.

同时,Joliot,Fermi 以及很多其他人都注意到裂变的两碎片都具有很丰富的中子,大多数核的多余的中子放射 β 射线而成为质子,有些中子自核中放出而成为自由中子,这样就出现了连锁反应的可能性.

1939 年初,战争威胁着欧洲,核裂变不仅仅是在科学上而且也在政治上产生了巨大的影响.

§1.3　核裂变的机制[4]

早在 Meitner 与 Frisch 提出裂变的假设时,就曾指出可以把原子核和一个液滴相比较,液滴受到外界的刺激,有可能分裂.因此一个受激发的原子核,也可能发生裂变.Bohr 是最早听到原子核会裂变的极少数科学家之一,他在 1938 年 12 月底正要启程去美国之前几小时听到这个消息,他马上意识到这是一项重大发现,除了鼓励 Frisch 继续进行实验验证外,他本人在去美国的船上就在思考这个问题.一到美国,他就约请曾在他研究所工作过的 Wheeler 共同研究裂变的机制问题.

Bohr 早在 1934～1935 年间,就提出了复合核模型,这模型认为受到激发的核在核子之间的强作用下,很快会达到统计平衡,因此核的行为在一定的条件下和液滴很相像.复合核就像一个受激发的液滴,不难设想核裂变也是要先经过复合核阶段,是复合核衰变的一个过程.Wheeler 也是研究核反应有成就的理论物理学家,他首先提出核的集体模型,同时对复合核模型有深刻的理解,因此是研究核裂变机制的合适人选.究竟最小要多少激发能才能引起一给定核的裂变呢? 他们引入了裂变位垒的概念.人们可以引入一组形变参量组成一个形变空间来描述核的形变,在这一形变空间中,可以找到许多把正常的接近球形的核体系和分裂为两块的核体系连接起来的途径.很显然,每一条途径都要经过一个形变能为极大的点,这点的能量称为相对位垒,这些位垒中的最低的一个就称为裂变位垒,相应的形变点称为鞍点.鞍点沿裂变方向位能取极大值,与裂变方向正交的方向位能取极小值,形同马鞍.从经典力学来看,激发能超过裂变位垒才能发生裂变;从量子力学的观点看,要用位垒穿透的理论来计算穿透位垒的几率,这一点在他的经典文章中已经讨论过了.

由此可见,研究裂变,首先要计算原子核能量随形变的变化.在这方面,19 世纪英国的理论物理学家 Rayleigh 曾计算过小形变时液滴能量的变化,他的工作提供了一个方便的出发点,很快就得到准确到形变参量二次项的能量公式.不难看出,决定形变能是两个作用相反的因素——随形变增加的表面能 E_s 和随形变减少的库仑能 E_c.如以 E_{s0} 及 E_{c0} 分别表示球形核的表面能和库仑能,则定义可裂变参量为

$$\chi = E_{c0}/(2E_{s0}).$$

经过简单的分析,可以得到能量值随形变的变化只依赖于 χ 的值.实际上,若以 E_{s0} 为能量单位,则位垒高度 E_b 仅为 χ 的函数 $f(\chi)$,即

$$E_b = E_{s0} f(\chi).$$

当 $\chi > 1$ 时,核能量随形变而减少,这种核对裂变不稳定,因此 $\chi = 1$ 是核稳定的极限.对于 χ 接近 1 的核,裂变位垒不难计算,可以得到 E_b 为 χ 的解析表达式.另一方面,χ 很小的核的鞍点就很接近于两个相互接触的球,这时裂变位垒也容易计算,因此对于位垒的函数 $f(\chi)$ 的两端,即 $\chi = 0$ 和 $\chi = 1$ 的邻近,都可以得到 E_b 的解析表达式.如果要精确地计算处于两者之间的核的裂变位垒,在当时是一件比较费事的工作.

作为对裂变机制的全面讨论,他们并没有立即进入繁琐的计算,而是利用了 $\chi = 0.7$ 的 U 的中子裂变实验结果,即知道了 U 的 E_b 及 E_{s0},就知道了 $\chi = 0.7$ 处的 $f(\chi)$.利用 $\chi = 0$ 和 $\chi = 1$ 及 $\chi = 0.7$ 三点的值,做简单的内插而得到表示 $f(\chi)$ 全面行为的曲线.

如果假设复合核处于统计平衡,则可以推算体系处于鞍点的形变状态的几率,再考虑到量子力学的位垒穿透理论,就可以计算单位时间的裂变几率,并且可以与释放中子和 γ 射线的几率比较.

他们还讨论了裂变碎片大小的统计分布、碎片的激发状况,以及次级中子的释放等等.最后还讨论了 U, Th 以外的其他元素,在足够高的中子能量下的裂变问题,以及 U, Th 在氘核和质子轰击下或 γ 射线激发下的裂变行为.总之,他们的文章几乎触及到裂变现象的各个方面,为几十年的实验和理论研究提出了课题,提供了思路.而这样规模的著作,仅仅在裂变发现后半年的时间就完成了,这首先归功于 Bohr 和 Wheeler 的天才和学识,以及对这一发现的意义的充分估价.但也要看到,这项工作是在美国学术中心之一的普林斯顿大学进行的,频繁的学术交流和迅速的消息传递,使他们能及时地听到各种意见和了解到当时正在许多实验室进行的研究工作.

用他们的理论来分析当时的实验是成功的,特别是关于裂变和中子能量的关系.Fermi 及 Meitner 等在进行中子轰击 U 的实验时,曾观察到不同能量的中子对 U 的作用不同,快中子(能量为兆电子伏的中子)会引起很复杂的放射性,对于减速过的中子(能量为几十电子伏),也可以有相当大的反应截面,但放射性比较简单,

所生成的元素的化学性质和 U 相同,也就是简单的(n,γ)反应,截面较大部分是由共振吸收引起的.但是当把中子进一步减速为热中子时,就又观察到很复杂的放射性.发现裂变后,这一实验事实就可以理解为快中子和热中子均可引起 U 裂变,而中能中子则不行.有一天,在普林斯顿大学的早餐桌上,当时根本就怀疑有核裂变的物理学家 Placzek 就以此询问 Bohr,如果中子能引起 U 裂变,为什么快中子和热中子都能引起 U 裂变,而中能中子却不能呢?经过一阵思索,Bohr 马上得到了正确的答案.发生裂变的是两种同位素,只有快中子才能引起^{238}U 裂变,各种能量的中子均能引起^{235}U 裂变,而^{235}U 在天然铀中含量极少,只有 0.7%,因而在中能中子时观察不到裂变;而对热中子,^{235}U 的反应截面特别大,^{235}U 虽然含量少,裂变效应仍能观察到.^{235}U 与^{238}U 吸收中子裂变行为的差别,可以从 Bohr 和 Wheeler 的理论上得到解释.首先从可裂变参量看,^{235}U 要比^{238}U 小一些,表面能 E_{S0} 也小一些,因此估计^{235}U 的裂变位垒要比^{238}U 低 1 MeV 左右;另一方面,^{235}U 是一个奇中子核,吸收一个中子后,由于对能的作用,其激发能还会比^{238}U 吸收中子后高出 1 MeV 左右,两个效应加在一起,就足以解释为什么能量小的中子不能使^{238}U 裂变,而能使^{235}U 裂变.至于热中子,其反应截面特别大,这在核反应中已有先例,例如:

$$n + {}^{10}B \longrightarrow \alpha + {}^{7}Li,$$

该反应的热中子截面就特别大,这种反应服从 $1/v_n$ 律,中子速度 v_n 越小,截面越大.到 1940 年,人们已经分离出较纯的^{238}U,并且从实验上验证了 Bohr 关于^{238}U 中子裂变行为的预测.应该指出,Bohr 与 Wheeler 的理论,特别是关于^{238}U 及^{235}U 中子裂变行为的预测,对于实现链式反应起了关键性的作用.

§1.4　链式反应的实现[5]

1942 年 12 月 2 日,哥伦比亚大学与芝加哥大学首先实现了天然铀核裂变的链式反应.哥伦比亚大学是在 1938 年的圣诞节后得到核裂变这惊人的消息,特别感到激动的是从事中子反应的核物理学家们.J. Dunning 利用哥伦比亚的回旋加速器作为中子源,利用联上示波器的电离室很快就观察到裂变的碎片;W. H. Zinn 利用氘-氘反应产生的中子也观察到同样的结果.

Fermi 这时刚好参加了哥伦比亚的科学集体,他很快成为讨论发现核裂变重要意义的中心人物.毫无疑问,讨论链式反应的可能性是主要议题,因此裂变物体发射的中子也就成为讨论的中心.

对研究中子具有丰富经验的 Fermi 利用一个做成球形的镭-铍中子源与一个做成球形的氧化铀靶,将它们放在锰溶液里,利用吸收中子后 Mn 的放射性来判断放射中子数与吸收中子数之比. 实验结果估计放射的中子数约为吸收的中子数的两倍.

Zinn 利用他的氘-氚反应产生的中子来验证裂变中子的存在, 氘-氚反应产生的中子的最低能量为 2.5 MeV, 他在电离室上加一偏压使得只能测得高于 2.5 MeV 的中子, 假如裂变中子的能量大于 2.5 MeV, 则可以被探测到. 当氧化铀靶被放入后, 果然探测到中子, 但数量太少, 没有什么用处.

这时, E. L. Szilard 作为一个访问学者来到哥伦比亚, 他看了 Zinn 的产生氘-氚反应的加速器以及测量裂变中子的结果, 他指出可能裂变中子的能量小于 2.5 MeV. 他建议用光中子源来做这实验, 即用 γ 光子打 Be 放出中子的中子源, 一般在镭-铍中子源中把 Ra 发射的 α 粒子挡住就可得光中子源, 这种中子源中子的能量低.

当时 Zinn 还没有光中子源, Szilard 说赶快弄一个, 他想法弄到一块 Be 和 1 g Ra. 在这新的光中子源的实验中, 他们很快在示波器上看到相当多的中子脉冲, 估计放射的中子数约为吸收的中子数的两倍. 哥伦比亚的两个实验基本得到相同结果, 同样的实验在法国也做了, 这让人感到实现链式反应的可能性.

要实现链式反应有很多问题需要解决, 首先要解决的问题是热中子能引起裂变的是不是含量很少的同位素 ^{235}U? Bohr-Wheeler 理论回答是肯定的. 因此无论是 Fermi 还是 Szilard 都认为分离同位素, 把 ^{235}U 从 ^{238}U 中分离出来是实现链式反应的第一步. 当时, 很多人投入了分离同位素的工作.

第二步就是开始试验 Fermi, Anderson 和 Szilard 设计的所谓格子实验, 即把氧化铀分别放在 50 个小盒子里, 再把小盒子浸在充满稀锰溶液的大容器里. 光中子源放在中心, 放出的中子被水中的氢减速. 放入 U 比不放 U 中子要多, 估计平均每吸收一个中子要放出 1.2 个中子.

这实验有三个重要的结论. 第一, 氢对中子吸收很厉害, 普通的 U 与作为减速剂的水在一起很快就制止了链式反应; 第二, U 对中子的共振吸收太厉害, 必须认真考虑; 第三, 对于每吸收一个中子平均要放出 1.2 个中子的估计, 又让他们感到不用分离同位素, 用天然铀就可能得到链式反应.

从 1939 年的秋天到 1941 年的夏季, 人们对链式反应的各个方面进行了大量的实验与理论工作, 这些工作几乎都是在 Fermi 的领导下完成的. Anderson 致力于 U 的共振吸收问题, 为了避免中子被内部的 U 大量吞噬掉, 需要研究到底要把 U 分割成多大的块才合适. 这方面的理论工作由 E. Wigner 领导下的普林斯顿大学研究组与 Fermi 密切合作完成的.

同时, Fermi 与 Szilard 得出结论, 处在石墨状态的碳可以作为不久将来的链式反应堆选的减速剂, 减速剂另一种选择是重水, 但重水的需要量起码要几吨, 生产重水比较困难,至少要数月才能生产出来.

　　Fermi 与 Anderson 马上弄到一些石墨,测量了它对中子的吸收截面,发现它的吸收截面足够小,这样既能用来减速又不会大量吸收中子,用来作为减速剂是合适的.

　　另外,大量的实验测量了热中子和快中子与 U 的反应截面,由于技术上的改进,得到了更准确的结果.

　　这时,Szilard 非常努力地要求公司供应他们最纯的氧化铀与石墨.1941 年夏季,他的愿望实现了,拿到了成吨的氧化铀与石墨,用锡纸包裹的、4 in① 高、4 in 宽、12 in 长的石墨非常漂亮.当时的 U 都是氧化铀,而 Szilard 已经在考虑用金属铀,他想法弄到一块金属铀,并测量了它的热导率,当他知道 U 的热导率很高时非常高兴,他在研究链式反应的时候,已经在考虑如何利用热能了.

　　1941 年,Fermi 与 E. Teller 合作,提出了制造"指数堆"的问题."堆"的意思是表示聚集了大量物质的一个结构;所谓指数堆是中子数按指数衰减的堆,是用精确的容积利用减速剂与放在底下的中子源做成的.这无疑对研究链式反应是非常重要的步骤,利用这技术可以找出并且避免任何不利因素.指数堆的实验可以确定中子的"倍增因子".所谓倍增因子,即在无限大的物质内,吸收一个中子后生成的第二代中子数.用"k"来表示倍增因子.若 k 比 1 大,则自我维持的链式反应就可能在某结构中发生,虽然并没有能指出结构必需的大小;若 k 小于 1,则链式反应不可能发生.在哥伦比亚大学与芝加哥大学两个地方努力争取的核心问题都是希望得到 k 大于 1.

　　在 1941 年的某天,Fermi 对他的小集体有一个关于自我维持的链式反应的控制问题的讲话,令所有从事这工作的人都关心控制的问题.由于裂变碎片发射的中子有些是缓发中子(裂变之后延迟一定时间发射出来的中子),按照 Fermi 理论,可以有足够的时间来控制堆的链式反应,按需要将其控制在任意的水平上.

　　通过 Szilard 的努力,联邦政府提供了经费,1941 年 8 月指数堆的试验可以第一次实现了.48 个立方体的铁盒子,每个铁盒子里装着 60 lb② 氧化铀块,铁盒子放在 16 in 的格子里,整个格子埋在 8 ft③ 见方、11 ft 高的石墨柱里.分析沿柱轴方向的中子的强度,得出 k 为 0.87.这结果虽然令人失望,但也显示出改进的方向.主要做以下几方面的改进:

　　(1) 放弃铁盒子,铁板皮对中子有太多的寄生吸收(即不必要的吸收).

　　(2) 用 100 t 的水压机把氧化铀压成高密度的圆柱片.

　　(3) 把氧化铀片直接放在石墨的闭合洞穴里.

---

① 　1 in=2.54 cm.

② 　1 lb=0.4536 kg.

③ 　1 ft=0.3048 m.

（4）驱除装置里的空气与湿气.氮气对俘获热中子具有较大的截面,于是一方面采取在指数堆上面加一金属板罩,抽空了空气,充上了二氧化碳;另一方面加热驱除湿气.

Zinn与一位著名的地质学教授商量,因为该教授的办公室刚好在他们的装置上面,必须请求他移开他的办公桌,在他办公桌下面的地板上打一个洞,以便挂一个钩子到装置上面,用来吊起金属板罩.当那位教授了解到他们在干什么时,非常乐意地给他们帮助.经过这样的改进,k 提高到 0.918.

遗留的一个很大的问题是堆物质的纯化问题,他们要求生产石墨的公司改变生产技术,减少石墨中的杂质,特别是硼,因为硼对热中子的吸收截面很大.对氧化铀的提纯问题征求了大家的意见,采用了乙醚分离法,把氧化铀装在能容 5 gal[①] 的大玻璃器皿中,用手摇很长一段时间.当时很多人都参与了手摇的工作,连当时的访问学者 Teller 也参加了.对乙醚分离法的效果没有用化学分析方法去确定,而是按 Fermi 的意见,直接放入装置中从中子数的多少来判断杂质去掉的情况.

1941 年,Berkeley 实验室发现了 Pu 也能发生热中子裂变,Pu 是 U 反应堆的产物,是^{238}U 俘获了一个中子后生成的.这时,一个新的紧急的任务落在了链式反应堆的工作上,能源生产成了第二位的目标,紧迫的任务是用它生产炸弹原料.

A. Compton 被任命为堆规划的头头,并把主要实验室放在芝加哥大学.1942 年初,哥伦比亚大学的研究组,其中包括 Fermi,Szilard,Anderson,Weil,Marshall,Feld,Wattenberg,Zinn 等以及他们的设备全都移到了芝加哥大学.

在当时所谓的金属加工实验室内,S. Allison 已经开始了指数堆的试验,哥伦比亚去的这个组在芝加哥大学一个足球场看台下的厅里工作,用古老的水压机去生产致密的氧化铀圆柱,新的指数堆很快就建成并测量了.Compton 的助手 N. Hilberry 负责去采购堆材料,他的进程要比 Szilard 过去干的要快得多.1942 年 7 月 1 日,第五号指数堆的 k 达到了 0.995,这一进展,完全是由于石墨纯化的改进.Fermi 认为提纯问题已解决,目前的问题不再是提纯而是研究真的反应堆到底该多大.

在 Compton 的支持下,决定计划在 1942 年年底以前试验自持堆.这个所谓的"曼哈顿"计划是在 Groves 将军领导下的,计划的修订与执行都是很严肃的.Fermi 在估计及计算上都是以稳当著名的,在自持堆的计划上也反映了这一点.

这计划的要点有:

（1）为了有效利用中子,要把氧化铀做成球形.为了这事也相当伤他们的脑筋,改装了水压机,最后做成了"准球形"的氧化铀,解决了问题.整个试验堆也做成

---

① 1 gal(加仑)＝4.5461 L.

直径 20～25 ft 的大球形,要求石墨充满这个球形物,并在底下垫上大量的木头作为支架.

(2) 为了驱除空气,H. Anderson 做了一个立方体的罩把整个机构都罩住.实验证明,这样的处理确实把石墨中的空气给去掉了.

通过试验,他们知道对于 4.75 lb 的准球形的氧化铀,8 in 的格子是最佳值.为了这最佳值,要求石墨做成 4 in 见方,工厂加工的石墨要大一些,因而再切削下来的石墨粉桶挤满了他们那足球场看台下的空间;他们想把它们放到芝加哥大学的废品堆中去,可是军队的保密部门不同意,"不,不,这是保密物资,不能随便放."结果只好送回到供应石墨的工厂,弄得工厂很尴尬.

1942 年的夏天,几十个指数堆建起来了并且做了试验.并不是所有的指数堆都是试验链式反应的,有些是生产 Pu 的堆,有些是试验对于生产堆放出的大量能量冷却系统的堆,等等.在 8 月里,有一个有乙醚纯化的棕色氧化铀堆的 k 达到了 1.04,终于自持堆有可能做成了.

早在 11 月,他们手里就有 456 t 4 种纯度的石墨,52.25 t 用 22 000 t 水压机压成的准球形的氧化铀.在物理学家、工程和管理专家,以及许多助手的日以继夜的奋战下用了 3 周就建成了试验堆.用了 385 t 石墨、40 t 氧化铀,6 t 纯金属铀放在石墨球的中心部位.由于中心用了金属铀,整个结构要比预期的小.他们都为实现了预期结果而高兴,也证实了 Fermi 与 Szilard 可以用天然铀做成自持反应堆的估计.

12 月 2 日的试验,第一次证实了大量释放的原子能可以利用,这消息轰动了科学界.不久这些科学家们都回去过圣诞节了,一年或两年以后,他们才清楚他们的努力给制造原子弹铺平了道路.

§1.5 核裂变研究的意义与内容

核裂变为核能利用的一种可能途径,在发现之初就受到广泛的注意.在发现核裂变 3 年左右的时间内,就实现了自持的链式反应,6 年就做成了原子弹.到现在核能不但已成为能源的一个重要组成部分,而且反应堆生产的各种放射性同位素和释放的中子,在化学、生物、医学和农业生产等领域得到广泛的应用,可以说,原子能和原子技术已经深入到人类生产和生活的各个部门.一项基础学科的新发现,在这样短的时间内,起了这样广泛的影响,是前所未有的.

由于核能与核技术的应用,需要大量的精确的核物理知识,这对实验测量技术和理论分析起了很大的促进作用.基础研究工作,即使并不直接与应用有关,也会受到社会的重视和支持,核裂变已成为基础研究促进生产和技术发展的典型例子.

这些在这里都不详述,在这里要讨论的是核裂变的研究在核物理学中的重大意义、研究的内容和存在的问题.

首先应该指出的是,核裂变是研究原子核大形变集体运动最适当的过程.重离子核反应当然也包含大形变集体运动,但由于要克服库仑位垒,这种运动只能在较高的激发能下观测到,而核裂变则可以从低到高在各种激发能下产生,其初始条件也比重离子核反应简单,因此研究核裂变一直是研究核的大形变集体运动的重要场所.研究核的集体运动,我们遇到以下两个问题:

第一个问题是引入什么样的集体坐标来描写核的集体运动.当然所有的运动形态都应包含在量子力学多体问题的解中,但是这种解是极端复杂的,不加一定的约束,不可能找到和我们研究的问题相适应的解,何况我们所面临的是一个从复合核体系出发的极端复杂的初态.因此,通常的办法是引入一些描写形状的参量作为集体运动的坐标,用这些坐标的变化来描写核的形状的变化,这就是核裂变中最感兴趣的问题.每一个核子有位置和自旋等 4 个自由度,由 A 个核子组成的核,有 $4A$ 个自由度,额外增添自由度将破坏某些运动规律,因此目前引入形变参量作为描述核形状的坐标是一种不得已的做法.并且究竟采用哪些形变参量,用多少个形变参量比较合适,只能根据计算效果来判断,并无客观根据.

确定了形变参量以后,还要求得它所服从的运动规律,这是第二个难题.本来形变参量就应该按运动规律来引进,那样的话,自然会得出它的运动变化的规律.既然形变参量是人为地、主观地引入的,那么它的运动规律也就带有任意性,实际上确定运动规律是件很困难的事,特别是集体运动和单粒子运动之间的耦合,决定性与统计性之间的交互影响,使得核的裂变运动呈现出较复杂的情况.

核裂变运动,除了在理论上处理比较复杂以外,裂变后现象也异常复杂.单说碎片的种类吧,产额较大的就有好几百种;如果把出现几率较小的、以及各种激发能、各种核体系都算在内的话,所遇到的核体系的数目就难以计算.要研究的核体系不但包括全部已知核素,也还有很多没有研究过的丰中子核素,而每一碎片的内部激发能、形状、角动量、释放的中子和 γ 射线都有一个分布,而且各种物理量之间还有关联.实际上,即使描述一个给定碎片的性质,也要用一个含有 3 个变量的分布.要从实验上对裂变现象做一个完全的测定,在目前的技术条件下,还是不可能的.

综上所述,核裂变是一项具有重大应用和理论意义的核现象.它从一发现,就受到物理学家的密切注意,并得到社会上的大力支持.在短短的两三年内,就在应用和理论研究上,取得显著的进展.在以后的五十多年中,核能已成为一种重要的能源,核技术的广泛应用已形成了若干重要的学科和技术分支.在裂变机制和裂变现象的研究中也做了大量实验测量和理论研究,取得了重要的进展.在本书的以后章节中,我们将摘要介绍这些已取得的成果,同时也会指出其不足之处. 我们将会看到,裂变理论大部分还带有试探性,肯定的以及定量的结论或方法并不多. 这还是一块有待进一步耕耘的园地,正因为这样,它对研究者将更具有吸引力.

本书将在第二章、第三章,简要介绍研究核裂变的一些必要的核物理知识,在第四章、第五章着重介绍有关裂变的各种实验现象和初步的理论分析,在第六章、第七章着重介绍裂变理论方法,第八章则介绍一些有关裂变的其他问题. 各章内容相对独立,读者可根据需要或兴趣选择阅读.

参 考 文 献

[1] E. Amaldi. The Prelude to Fission, 50 Years with Nuclear Fission, Ed. J. W. Behrens, A. D. Carlson, Illinois USA, American Nuclear Society Inc. , 1989, 10~19.

[2] P. Savic. A Prelude to Fission, 50 Years with Nuclear Fission, Ed. J. W. Behrens, A. D. Carlson, Illinois USA, American Nuclear Society Inc. , 1989, 20~25.

[3] S. Flugge. How Fission was Discovered, 50 Years with Nuclear Fission, Ed. J. W. Behrens, A. D. Carlson, Illinois USA, American Nuclear Society Inc. , 1989, 26~29.

[4] J. B. Wheeler. Fission in 1939, The Puzzle and the Promise, 50 Years with Nuclear Fission, Ed. J. W. Behrens, A. D. Carlson, Illinois USA, American Nuclear Society Inc. , 1989, 45~52.

[5] W. H. Zinn. The First Nuclear Chain Reaction, 50 Years with Nuclear Fission, Ed. J. W. Behrens, A. D. Carlson, Illinois USA, American Nuclear Society Inc. , 1989,38~44.

第二章 裂变位能曲面

在上一章中已经指出,裂变是一种原子核的大形变集体运动,核体系的能量随形变而变化的状况(位能曲面)对于理解核裂变的机制以及裂变产物的各种性质都有决定性的意义.首先,一个核能否裂变决定于它能否越过裂变位垒,知道了位能曲面,才清楚位垒的状况.在越过位垒以后,位能曲面对于裂变碎片的质量、电荷分布以及动能和激发能等都有重要的关系.因此在 1939 年 Bohr-Wheeler 发表了他们的经典性论文以后,有很多人用各种不同方法对各个不同的核进行了位能曲面的计算.应该说,这些计算曾经对核结构的理论研究起了重要的推动作用,但是对鞍点以后的部分,并没有给出完全满意的结果,其重要原因有二:第一,如何描写大的形变,可以有各种各样的方法,无法从理论上做有根据的选择;第二,进行复杂的多维计算,选择一个适当的位势并不容易.因此,和有关裂变的其他问题一样,位能曲面这一相对来说问题较少的部分,也还是一个没有很好解决的问题.正因为如此,才在本章中对这个问题的各个方面做较详细的描述.

§2.1 形变参量的选择

严格地说,原子核中,中子和质子都有一个密度分布,很难说什么是核的形状.对于液滴模型,核边界的弥散层近似地压缩为零,而中间是均匀分布,形状是很清楚的.不是液滴模型,可以在核的边界层任取一等密度面,而定义核的形状为该等密度面的形状.例如,可以取核密度为中心部分平均密度的一半的等密度面为决定核的形状的面.形变参量就是描写核形状的参量.

在这里,我们介绍几套常用的形变参量.

2.1.1 用球坐标描写的形变参量

为了简单,通常把核的形状看成是轴对称的,因而用球坐标时只要用 r, θ 两个变量就行了.核形状方程用球谐函数 $P_i(\cos\theta)$ 展开如下:

$$r = \lambda R_0 f(x), \quad x = \cos\theta, \tag{2.1.1}$$

其中

$$f(x) = 1 + \sum_i a_i P_i(x). \tag{2.1.2a}$$

对于非轴对称形状,可取

$$f(x) = 1 + \sum_l \sum_{m=-l}^l \beta_{lm} Y_{lm}(\theta, \varphi), \qquad (2.1.2b)$$

a_i, β_{lm} 即形变参量,R_0 为球形核的半径,λ 为保证形变时体积不变的参量. λ 可用下式求得

$$\lambda^{-3} = \frac{1}{2} \int_{-1}^1 f^3(x) dx. \qquad (2.1.3)$$

若取断裂时 $\theta = \pi/2$,则有

$$1 + \sum_i a_i P_i(0) = 0, \qquad (2.1.4)$$

这是断裂点参量必须满足的条件. 因两端点分别在 $\theta=0$ 与 $\theta=\pi$ 处,故裂变时两碎片的长度分别为

$$\begin{cases} r_1 = \lambda R_0 \left[1 + \sum_i a_i P_i(1) \right], \\ r_2 = \lambda R_0 \left[1 + \sum_i a_i P_i(-1) \right]. \end{cases} \qquad (2.1.5)$$

从(2.1.5)式很容易看出,当形变参量的下标 i 仅取偶数时,形变是对称的,即裂变时两碎片大小是相等的. 最简单的情况是只取两个形变参量即 a_2, a_4,则(2.1.4)式成为

$$4a_2 - 3a_4 = 8, \qquad (2.1.6)$$

这就是两维时的断点曲线. 当 a_i 中有 i 为奇数时,形变过程中质心会移动. 以 z_c 表示质心离原点的位置,则有

$$z_c = \frac{\pi}{2V} \lambda^4 R_0^4 \int_{-1}^1 f^4(x) x dx, \qquad (2.1.7)$$

式中 $V = 4\pi R_0^3/3$ 为核的体积. 若形变时要保持质心不动,则形变参量必须满足 $z_c = 0$ 的条件. 这种用球谐函数展开方式描述核形状的方法,优点是比较容易增加形变参量的数目,缺点是形变参量与核形状的关系不能直接一一对应,并且用来描述较大形变时,往往要用较多的参量.

2.1.2 用柱坐标描写的形变参量(Funny Hills 参量)[1]

一种比较通用的描述核形状的方法是把核表面方程写成

$$\begin{cases} \rho^2 = (C^2 - z^2) \left(A + B \dfrac{z^2}{C^2} + \alpha \dfrac{z}{C} \right), & B \geqslant 0; \\ \rho^2 = (C^2 - z^2) \left(A + \alpha \dfrac{z}{C} \right) \exp(BCz^2/R_0^3), & B \leqslant 0; \end{cases} \qquad (2.1.8)$$

式中 ρ, z 为柱坐标,其他均为参量,R_0 为球形时的核半径. 当 $\alpha = 0$ 时形状随参数变化如下:

$B=0, A=1$		球形
$B\geqslant0, 0<A<1$		长椭球
$B>0, A>1$		扁椭球
$B>A, A>0$		有颈部的形状
$B>0, A<0, B>\lvert A\rvert$		分为两块
$B<0$		中间突出的形状

为了保证形变时体积不变，A 与 B 应满足下列关系：

如 $B\geqslant0, A>0$ 时，

$$c^{-3}=A+B/5, \quad c=C/R_0;\tag{2.1.9a}$$

如 $B\geqslant0, A\leqslant0, B>\lvert A\rvert$ 时，分为两块，则

$$A+\frac{1}{5}B+\left(B+\frac{A}{5}\right)\left(\frac{-A}{B}\right)^{3/2}=c^{-3}.\tag{2.1.9b}$$

由上式可见，c 可由体积守恒条件决定. 当 $\alpha=0$ 时，仅用 A, B 两个参量即可描述核的各种对称形状. 如 c 为核的半长度，h 决定裂变时颈部形状，α 为非对称参量，决定核形状的前后不对称性，则可将 A, B 写成

$$A=c^{-3}-0.4h-0.1(c-1), \quad B=2h+0.5(c-1).\tag{2.1.9c}$$

以 (c, h, α) 为形变参量，这是通常的用法. 当 h 取大的正值时，核中间有一凹的颈部；而当 h 取大的负值时，核中间呈突出的形状，可参看图 2.1.

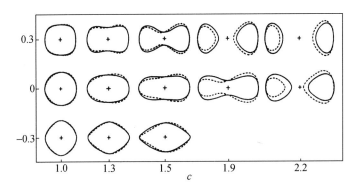

图 2.1　参数 (c, h, α) 表示的核形状

实线表示 $\alpha=0$ 时的前后对称形状，虚线表示 $\alpha=0.2$ 时的非对称形状.

当形变参量使 ρ 等于零，则该点为断点. 从（2.1.8）式不难得到，当 $A-\alpha^2/(4B)=0$ 时，即出现断点. 实际上，上式只要小于某一特定的小量（如核子间的平均距离）时就可以认为是断点了. 若以 m_L 表示轻碎片的质量，m 表示核的总质量，则有

$$\frac{m_{\mathrm{L}}}{m} = 0.5 - \frac{3}{4}c^3\alpha\left[0.25 + \frac{1}{24}\left(\frac{\alpha}{B}\right)^2 - \frac{1}{960}\left(\frac{\alpha}{B}\right)^4\right], \tag{2.1.10}$$

核的质心位置 z_c 为(以 R_0 为长度单位)

$$z_c = \frac{1}{5}\alpha c^4. \tag{2.1.11}$$

为了增加自由度,在(2.1.8)式中还可以增加一项四次项[2],以形变参量 D 表示,即为

$$\rho^2 = (C^2 - z^2)\left(A + B\frac{z^2}{C^2} + \alpha\frac{z}{C} + D\frac{z^4}{C^4}\right). \tag{2.1.12}$$

为了保证体积守恒,(2.1.9c)式中的 B 不变,A 必须改为

$$A = \frac{1}{c^3} - 0.4h - 0.1(c-1) - \frac{6D}{70}. \tag{2.1.13}$$

一般情况下,D 的影响不大,用 c,h,α 三个参量描写核形状已足够了.

2.1.3　小形变的描述——轴对称椭球

$$\frac{\rho^2}{a^2} + \frac{z^2}{c^2} = 1, \tag{2.1.14}$$

为了保证体积守恒,有

$$a^2 c = R_0^3.$$

引入偏心率 e,则

$$e^2 = 1 - \frac{a^2}{c^2} \text{(长椭球)}, \quad e^2 = \frac{a^2}{c^2} - 1 \text{(扁椭球)},$$

进而

$$a = R_0(1-e^2)^{1/6}, \quad c = R_0(1-e^2)^{-1/3}. \tag{2.1.15}$$

2.1.4　卵形线 (Cassinian Ovaloids)[1]

这种形状参量的表面方程为

$$\rho^2 = \sqrt{a^4 + 4c^2 z^2} - (c^2 + z^2), \tag{2.1.16}$$

令 $u = c/a, z' = z/R_0, \rho' = \rho/R_0$,则方程式(2.1.16)可写成

$$\left(\frac{R_0}{a}\right)^2 \rho'^2 = \sqrt{1 + 4u^2\left(\frac{R_0}{a}\right)^2 z'^2} - \left[u^2 + \left(\frac{R_0}{a}\right)^2 z'^2\right], \tag{2.1.17}$$

ρ', z' 均以 R_0 为单位.根据体积守恒,可得 R_0/a 及 u 的关系为

$$\begin{cases} 4\left(\frac{R_0}{a}\right)^3 = \sqrt{1+u^2}(1-2u^2) + \frac{3}{2u}\mathrm{arsinh}(2u\sqrt{1+u^2}), & u \leqslant 1; \\ 4\left(\frac{R_0}{a}\right)^3 = \frac{3}{2u}\mathrm{arsinh}(ut) - t, & u \geqslant 1, \end{cases}$$

$$\tag{2.1.18}$$

式中

$$t = \sqrt{1+u^2}\,(2u^2-1) - (2u^2+1)\,\sqrt{u^2-1}, \qquad (2.1.19)$$

当 $u \leqslant 1$ 时,

半长度 $z_0 = \sqrt{a^2+c^2}$, 颈半径 $\rho_0 = \sqrt{a^2-c^2}$. (2.1.20)

这种形状的描述,仅用一个独立参量 u 就可以描述球形、拉长形、有颈部形及分成两块的形状,是一种较简便的描述方法.相应的图形如图 2.2 所示.

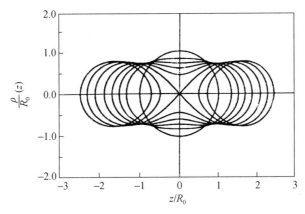

图 2.2 卵形线的形状

$u=0$,球形; $2<u<1/\sqrt{2}$,类长椭球形; $1/\sqrt{2}<u<1$,有颈形状; $u=1$,断点,双扭线; $u>1$,分为两块.

2.1.5 非轴对称形状

上面讨论的,大部分为轴对称形状,对于非轴对称形状,如用球谐函数法,可将核表面写成

$$r = \lambda R_0 [1 + \beta_{20} Y_{20} + \beta_{22}(Y_{22} + Y_{2-2}) + \beta_{40} Y_{40}], \qquad (2.1.21)$$

式中 Y_{lm} 为球谐函数.

对于较大的形变,可用稍加修改的 (c, h, α) 参数化方案,将核表面方程写成

$$\rho^2 (\gamma + \sqrt{\gamma^2-1}\cos 2\varphi)^{-1} = (C^2 - z^2)\left(A + B\frac{z^2}{C^2} + \alpha\frac{z}{C}\right), \qquad (2.1.22)$$

式中 $\gamma \geqslant 1$,不难看出,$\gamma=1$ 时为轴对称形状.为了保持体积守恒,式(2.1.22)中的 A, B, C 之间的关系与式(2.1.9)相似.

§2.2 液滴模型的位能曲面[3]

在确定了核的形状以后,就可以应用液滴模型的结合能公式来计算各种形状原子核的结合能,即能量的最低值.在液滴模型中,对裂变稳定的核,总是球形核的

结合能最低,可取为能量的原点,则位能曲面由下式给出

$$E(q_1,\cdots,q_n) = E_S - E_{S0} + E_C - E_{C0}$$

$$= \left[\left(\frac{E_S}{E_{S0}} - 1\right) + 2\chi\left(\frac{E_C}{E_{C0}} - 1\right)\right]E_{S0}, \qquad (2.2.1)$$

式中 q_i 为形变参量,E_{S0} 和 E_{C0} 为球形核的表面能及库仑能,E_S 和 E_C 为变形核的相应能量,$\chi = E_{C0}/2E_{S0}$,称为可裂变参量. 根据 Myers-Swiatecki 质量公式[4]

$$E_{S0} = 17.944\left[1 - 1.7826\left(\frac{N-Z}{A}\right)^2\right]A^{2/3}\,\mathrm{MeV}, \qquad (2.2.2)$$

$$E_{C0} = 0.7053\,\frac{Z^2}{A^{1/3}}\,\mathrm{MeV}, \qquad (2.2.3)$$

$$B_S = \frac{E_S}{E_{S0}} = \frac{S}{4\pi R_0^2}, \qquad (2.2.4)$$

$$E_C = \frac{1}{2}\rho_0^2\iint\frac{1}{|\,\boldsymbol{r}_1 - \boldsymbol{r}_2\,|}\mathrm{d}\boldsymbol{r}_1\,\mathrm{d}\boldsymbol{r}_2, \qquad (2.2.5)$$

$$B_C = \frac{E_C}{E_{C0}}, \qquad (2.2.6)$$

式中 ρ_0 为核的电荷密度,S 为核的表面积. 因此式(2.2.1)可写成

$$E(q_1,\cdots,q_n) = [(B_S - 1) + 2\chi(B_C - 1)]E_{S0}, \qquad (2.2.7)$$

式中 B_S 及 B_C 仅为形变参量 q_i 的函数,与 R_0 无关. 因此如以球形核的表面能为能量单位,则核能量随形变的变化仅与 χ 有关,而和核的组成无关,这一结论仅当应用液滴模型时才严格成立. 采用其他宏观模型,也近似成立.

如 R 为核心到核表面的距离,由球坐标得

$$R = \Lambda R_0\left[1 + \sum_{\lambda=2}^{n}a_\lambda \mathrm{P}_\lambda\right] = R_0 + \delta R, \qquad (2.2.8)$$

当 a_λ 比较小时,可用级数展开法求 S 及 E_{C0}. 求 S 的展开式是很容易的,准确到 a_λ 的二次项,再用式(2.2.4)可得

$$B_S \approx 1 + \sum_{\lambda=2}^{n}\frac{(\lambda-1)(\lambda+2)}{2(2\lambda+1)}a_\lambda^2. \qquad (2.2.9)$$

为了求 E_C,先将 E_C 写成

$$E_C = \frac{\rho_0^2}{2}\int\mathrm{d}\Omega_1\int\mathrm{d}\Omega_2\int_0^{R_0+\delta R_1}r_1^2\mathrm{d}r_1\int_0^{R_0+\delta R_2}r_2^2\mathrm{d}r_2\,F(\boldsymbol{r}_1,\boldsymbol{r}_2), \qquad (2.2.10)$$

$$F(\boldsymbol{r}_1,\boldsymbol{r}_2) = \frac{1}{|\,\boldsymbol{r}_1 - \boldsymbol{r}_2\,|} = \frac{1}{r_<}\sum_{l=0}^{\infty}\left(\frac{r_<}{r_>}\right)^{l+1}\mathrm{P}_l(\cos\Theta). \qquad (2.2.11)$$

当 $r_1 > r_2$ 时,$r_> = r_1, r_< = r_2$;当 $r_1 < r_2$ 时,$r_> = r_2, r_< = r_1$;Θ 为 $\boldsymbol{r}_1$ 与 $\boldsymbol{r}_2$ 的夹角. 由式(2.1.3)可知,准确到 a_λ 的二次项,则

$$\Lambda = 1 - \sum_{\lambda=2}\frac{1}{2\lambda+1}a_\lambda^2, \qquad (2.2.12)$$

$$\delta R = R_0 \left[\sum_{\lambda=2} a_\lambda \mathrm{P}_\lambda - \sum_{\lambda=2} \frac{1}{2\lambda+1} a_\lambda^2 \right]. \tag{2.2.13}$$

将式(2.2.10)按 δR 的幂次展开,并应用式(2.2.11)及球谐函数加法定则

$$\mathrm{P}_l(\cos\Theta) = \frac{4\pi}{2l+1} \sum_{m=-l}^{l} \mathrm{Y}_{lm}^*(\theta_1, \varphi_1)\, \mathrm{Y}_{lm}(\theta_2, \varphi_2),$$

即可求得积分值,准确到 a_λ 的二次项,可得

$$E_\mathrm{C} \approx E_{\mathrm{C}0} \left[1 - 5 \sum_{\lambda=2}^{n} \frac{(\lambda-1)}{(2\lambda+1)^2} a_\lambda^2 \right], \tag{2.2.14}$$

以式(2.2.9)及(2.2.14)代入(2.2.1),可得

$$E \approx \sum_{\lambda=2}^{n} \left[\frac{(\lambda-1)(\lambda+2)}{2(2\lambda+1)} - \frac{10(\lambda-1)}{(2\lambda+1)^2}\chi \right] a_\lambda^2 E_{\mathrm{S}0}. \tag{2.2.15}$$

这是一个关于 a_λ 的二次曲面. 对于较大的形变,用对 a_λ 的展开法不方便,可直接用适当的积分方法求 S 及 E_C(参看文献[1],73~76 页).

表面能在核为球形时最小,随形变而增大,而库仑能则与此相反,球形核库仑能最大,随形变而减小. 正是这两种相互对抗的因素的竞争,导致裂变位垒和鞍点的形成. 可裂变参量 χ 则为这两种作用相对强弱的度量. 从式(2.2.15)可见,$\chi<1$ 时,球形核能量最低,有位垒阻碍核的变形,χ 越接近 1,这种位垒越低;当 $\chi \geqslant 1$ 时,核对裂变不稳定. 因此,根据液滴模型,不存在 $\chi > 1$ 的核. 图 2.3(a)给出了位能曲

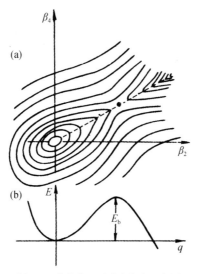

图 2.3　位能曲面及裂变位垒示意图

(a)位能曲面,β_2,β_4 分别为四极和十六极形变参量,虚线表示裂变谷,• 为鞍点;

(b)裂变位垒,q 表示沿虚线的形变参量,E_b 为鞍点高出原点的位能.

面的示意图,形变参量为 β_2,β_4,图上虚线表示沿着最低的位垒通过鞍点的裂变谷. 图 2.3(b)则给出了沿裂变谷变形时,位能曲面的高度随形变的变化,显示了裂变位垒.

已知位能曲面,即体系的最低能量作为形变参量 $q_1,\cdots,q_n$ 的函数,可由式

$$\frac{\partial E}{\partial q_i} = 0, \quad i = 1,\cdots,n \tag{2.2.16}$$

求得 E 的极值及相应的 q_i,这些极值中包括峰、谷及鞍点.对于液滴模型,取合理的形变参量,使核的形状保持轴对称和前后对称,则只有一个鞍点,鞍点时核的形状如图 2.4 所示.对于液滴模型,可以证明,即使对形变不加任何限制,所得鞍点时核的形状仍和图 2.4 一致.较细致的研究表明,所有 $\chi > 0.4$ 的核,鞍点都对前后不对称的变形是稳定的.也就是说,从液滴模型所给的位能曲面的形状看,对称裂变应该几率最大.当 $\chi < 0.4$ 时,鞍点就对前后不对称的形变不稳定.人们把这种由稳定到不稳定的转变点称为 Businaro-gallone 点[5],具体的 χ 值和描述形变的参量有关,通常都略低于 0.4.

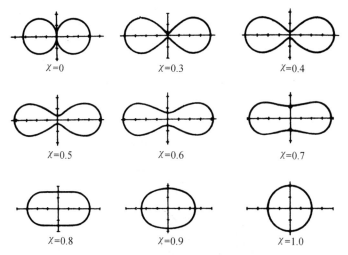

图 2.4　对不同可裂变参量 χ,由液滴模型计算的鞍点处核的形状

根据液滴模型计算的裂变位垒高度可以近似地由下式表示:

$$E_b = \begin{cases} 0.38(0.75 - \chi)E_{S0}, & \dfrac{1}{3} < \chi < \dfrac{2}{3}; \\ 0.83(1 - \chi)^3 E_{S0}, & \dfrac{2}{3} < \chi < 1. \end{cases} \tag{2.2.17}$$

理论与实验比较的情况如图 2.5 所示.液滴模型计算的位垒高度随 χ 变化的趋势和实验值大体上是一致的,在数值上也大致相符.液滴模型曾经相当准确地给出了

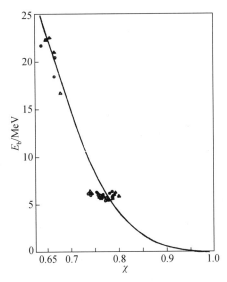

图 2.5 液滴模型计算的位垒高度 E_b 随 χ 的变化与实验测定的位垒高度比较[6]

原子核的质量,也曾对解释原子核的振动、转动和巨共振做出贡献,解释裂变现象时,也取得一定的成功. 但是应用液滴模型来计算位能曲面,有三个主要缺点:

第一,液滴模型预测,核的基态都是球形的,这时能量最低. 但在实验上,许多核的基态具有形变,例如和核裂变有密切关系的锕系元素的原子核,基态就有较大的四极和十六极形变.

第二,液滴模型不能解释大部分核素的非对称裂变.

第三,液滴模型预测位垒高度会随 χ 的增加而迅速降低,而实验测得锕系元素的位垒高度基本上不随 χ 变化. 因此,需要对液滴模型进行壳修正来克服上述缺点.

§2.3 有限力程模型

上节所陈述的液滴模型的三个缺点是所有宏观模型所共有的,只有加上微观修正后才能改进,但是作为宏观模型,液滴模型也还有应该加以修正的地方. 目前人们常用的小液滴模型(考虑了库仑能和压缩能引起核密度的不均匀性对能量公式修正的液滴模型[7])和有限力程模型就是对液滴模型的一种修正. 这里将只介绍与计算裂变位垒有密切关系的有限力程模型[8].

从微观的角度看,核的能量是由核子间相互作用的位能和核子的动能构成的. 在核内部,核子的运动状态和在无限大核物质内差不多,因此基本上不随核的大小而改变. 在很陡的边界上,一方面核子的运动受到边界的约束,根据量子力学原理,这种约束总会引起动能的增加;另一方面,由于边界外并无粒子,减少了核力的作用,也会导致位能的增加.表面能就是这两种作用的具体表现,因而与边界面积成正比.有两个因素会影响上面的考虑,第一,在核的边界上有一层弥散层,这与一个陡的边界对核子动能的影响是不同的;其次,核子间是通过一种力程有限(不为零)的核力而相互作用的,其位能在表面的减少是与表面的形状有关的.例如,在一个凹下去的点上位能的减少就比较小,而凸起的点上位能的减少就要大,因此不会简单地与面积成比例.

尽管有以上这些情况,对于球形核或形变不大的核,把表面能看成是简单地与表面积成正比的能量,并不会引起很大的误差,但是用到大形变核,就会引起较大的误差.实际上也是这样,用液滴模型或小液滴模型计算基态能量或小形变能量,以及重核的裂变位垒都没有什么问题,但是计算较轻的核($A \approx 152$)的裂变位垒,就比实验值高出很多.这是因为对于这些核,鞍点形状接近断点,中间有一很细的颈部,这些地方表面能较小.用同一表面张力来计算,就高估了表面能,因而提高了裂变位垒.有限力程理论就是为了弥补表面能的这种缺陷而提出来的.

这种模型的想法是很简单的,如果液滴模型表面能的缺点是因为没有考虑核力的有限力程引起的,那么用一个力程有限(可调节的)等效力来计算表面能就可以弥补这种缺陷了.如以 $-af(\boldsymbol{r})$ 来表示两核子相距 $\boldsymbol{r}$ 的吸引位能,可设 $f(\boldsymbol{r})$ 满足方程式

$$\int f(\boldsymbol{r})\mathrm{d}\tau = 1, \tag{2.3.1}$$

核子的密度分布为 $\rho(\boldsymbol{r})$,则相互作用位能为

$$E_{\mathrm{V}} = -\frac{a}{2}\iint \rho(\boldsymbol{r}_1)\rho(\boldsymbol{r}_2)f(\mid \boldsymbol{r}_1 - \boldsymbol{r}_2 \mid)\mathrm{d}\tau_1\mathrm{d}\tau_2. \tag{2.3.2}$$

为了简单起见,设 $\rho(\boldsymbol{r})$ 为液滴模型的密度分布,则

$$\begin{cases} \rho(\boldsymbol{r}) = 0, & \boldsymbol{r} \text{ 在体积 } V \text{ 以外};\\ \rho(\boldsymbol{r}) = \rho_0, & \boldsymbol{r} \text{ 在体积 } V \text{ 以内}; \end{cases} \tag{2.3.3}$$

则

$$E_{\mathrm{V}} = -\frac{1}{2}a\rho_0^2\int_V\int_V f(\mid \boldsymbol{r}_1 - \boldsymbol{r}_2 \mid)\mathrm{d}\tau_1\mathrm{d}\tau_2$$

$$= -\frac{1}{2}a\rho_0^2\int_V\int_\infty f(\mid \boldsymbol{r}_1 - \boldsymbol{r}_2 \mid)\mathrm{d}\tau_1\mathrm{d}\tau_2 + \frac{1}{2}a\rho_0^2\int_V\int_{V'} f(\mid \boldsymbol{r}_1 - \boldsymbol{r}_2 \mid)\mathrm{d}\tau_1\mathrm{d}\tau_2,$$

式中 V' 为除去 V 以外的整个空间.应用式(2.3.1),可得

$$E_{\mathrm{V}} = -\frac{1}{2}a\rho_0^2 V + \frac{1}{2}a\rho_0^2\int_V\int_{V'} f(\mid \boldsymbol{r}_1 - \boldsymbol{r}_2 \mid)\mathrm{d}\tau_1\mathrm{d}\tau_2, \tag{2.3.4}$$

上式第一项为核力作用的体积项,而第二项由于核力为短程力,只在 V 与 V' 的界面附近相互作用,是一种表面能.对薄壁型的密度分布,令

$$\rho(\boldsymbol{r}) = \rho_0 g(\boldsymbol{r}), \quad \int_\infty g(\boldsymbol{r}) \mathrm{d}\tau = V, \qquad (2.3.5)$$

则式(2.3.4)可改写成

$$E_\mathrm{V} = -\frac{1}{2} a \rho_0^2 V + \frac{1}{2} a \rho_0^2 \int_\infty \int_\infty [1 - g(\boldsymbol{r}_1)] g(\boldsymbol{r}_2) f(|\ \boldsymbol{r}_1 - \boldsymbol{r}_2\ |) \mathrm{d}\tau_1 \mathrm{d}\tau_2,$$

式中第二项为表面能.因在 V 内部,$1 - g(\boldsymbol{r}_1) \to 0$,在 V 外,$g(\boldsymbol{r}_2) \to 0$,故只有表面附近有值.从以上讨论可以看出,用一满足 $\int_\infty f(\boldsymbol{r}) \mathrm{d}\tau = 1$ 的短程力,不论用的是边界突变的密度,还是边界弥散的密度都能分出体积能与表面能两项.由于有限力程模型主要是改进表面能,若能找到一个合适的力,使体积能自然为零,这岂不方便.从以上讨论可以看出,只要满足

$$\int_\infty f(\boldsymbol{r}) \mathrm{d}\tau = 0, \qquad (2.3.6)$$

则体积能部分自然为零.经过试算,发现最合适的位能形式是所谓的汤川阱+指数阱形式,即

$$f(r) = \left(\frac{r}{a} - 2\right) \frac{\mathrm{e}^{-r/a}}{r}. \qquad (2.3.7)$$

不难证明,这种形式满足式(2.3.6)条件.a 为力程,约取 $0.7\ \mathrm{fm}(10^{-15}\ \mathrm{m})$,以满足重离子反应的需求.应用这种位阱,可将表面能写为

$$E_\mathrm{S} = -\frac{a_\mathrm{S}(1 - k_\mathrm{S} I^2)}{8\pi^2 r_0^2 a^3} \int_V \int_V f(|\ \boldsymbol{r}_1 - \boldsymbol{r}_2\ |) \mathrm{d}\tau_1 \mathrm{d}\tau_2. \qquad (2.3.8\mathrm{a})$$

根据液滴模型,体积 $V = \frac{4\pi}{3} R_0^3$,$R_0 = r_0 A^{1/3}$,对于球形核,很容易证明

$$\begin{aligned}
E_{\mathrm{S}0}(\text{球}) = {} & a_\mathrm{S}(1 - k_\mathrm{S} I^2) A^{2/3} \left\{ 1 - 3\left(\frac{a}{R_0}\right)^2 \right. \\
& \left. + \left(\frac{R_0}{a} + 1\right) \left[2 + \frac{3a}{R_0} + 3\left(\frac{a}{R_0}\right)^2 \right] \mathrm{e}^{-2R_0/a} \right\} \\
\approx {} & a_\mathrm{S}(1 - k_\mathrm{S} I^2) A^{2/3}. \qquad (2.3.8\mathrm{b})
\end{aligned}$$

由此可见,式(2.3.8a)积分号外因子的选择是为了使球形核的表面能又还原到液滴模型的形式.

表面能做了上述修正以后,对库仑能的弥散层也要进行修正.在较精确的液滴模型能量公式中,也对库仑能弥散层修正给出近似的公式,但是只适用于球形核或接近球形核的情况.对大形变的核,不如直接用含有弥散层的质子密度分布来计算库仑能.对于较轻的核,也是这样做更准确一些.因为较轻的核,大部分核子处在弥散层,显然不宜把弥散层作为一个小的修正来处理.严格地讲,只有知道在整个空间的密度分布,才能准确地计算库仑能.但是作为模型,只要有一个适当的密度分布就行了.最方便的是用折叠的方法,由一个液滴模型的分布,直接求得一个有弥

散层的分布. 设 $f(r/a)$ 为一短程的折叠函数,满足条件:

当 $r \gg a$, $f(r/a) \to 0$, a 为折叠程(相当于力程),

$$\int f(r/a)\mathrm{d}\tau = 1. \qquad (2.3.9)$$

利用 f,可由一密度分布 $\rho_1(\boldsymbol{r})$ 变成另一密度分布 $\rho_2(\boldsymbol{r})$,

$$\rho_2(\boldsymbol{r}) = \int f(|\boldsymbol{r}_1 - \boldsymbol{r}| / a)\rho_1(\boldsymbol{r}_1)\mathrm{d}\tau_1. \qquad (2.3.10)$$

利用上式,可将一个液滴模型分布化为一有弥散层的分布.弥散层的厚度则由折叠程 a 来决定,近似地正比于 a.最常用的折叠函数为汤川阱,

$$f(r/a) = \frac{1}{4\pi a^2 r}\mathrm{e}^{-r/a}.$$

如果 ρ_1 表示密度为 ρ_0、半径为 R 的球状分布,则

$$\rho_2(r) = \begin{cases} \rho_0\left[1 - \left(1 + \dfrac{R}{a}\right)\mathrm{e}^{-R/a}\,\dfrac{\mathrm{sh}(r/a)}{r/a}\right], & r \leqslant R; \\[3mm] \rho_0\left[R\,\mathrm{ch}\left(\dfrac{R}{a}\right) - a\,\mathrm{sh}\left(\dfrac{R}{a}\right)\right]\dfrac{\mathrm{e}^{-r/a}}{r}, & r > R. \end{cases}$$

这种密度分布在 $r=R$ 处的二次微商是不连续的,但用来计算库仑能并没有什么问题. a 将选取为 0.700 fm,以符合实验上测得的电荷分布的弥散层厚度.利用上述电荷分布,含弥散层修正的库仑能可写成

$$E_{\mathrm{C}} = \frac{\mathrm{e}^2}{2}\rho_0^2 \int_V \mathrm{d}\tau \int_V \mathrm{d}\tau' \int \mathrm{d}\tau_1 \int \mathrm{d}\tau_2\, f(|\boldsymbol{r} - \boldsymbol{r}_1| / a_{\mathrm{d}}) f(|\boldsymbol{r}' - \boldsymbol{r}_2| / a_{\mathrm{d}}) \frac{1}{|\boldsymbol{r}_1 - \boldsymbol{r}_2|}$$

$$= \frac{\mathrm{e}^2}{2a_{\mathrm{d}}}\rho_0^2 \int_V \int_V \frac{1}{\xi}\left[1 - \left(1 + \frac{\xi}{2}\right)\mathrm{e}^{-\xi}\right]\mathrm{d}\tau\mathrm{d}\tau', \qquad (2.3.11)$$

其中 $\xi = |\boldsymbol{r} - \boldsymbol{r}'| / a_{\mathrm{d}}$. 为了和表面能所用的 a 区别,上式中用 a_{d}.

这一模型中,随形变变化的仍为表面能和库仑能两项,上节公式(2.2.7)仍可应用. E_{S0}, E_{C0}, B_{S} 和 B_{C} 的具体计算公式如下(详细的推导及计算方法参看文献[8]及其所引文献):

表面能 $E_{\mathrm{S}} = E_{\mathrm{S0}}B_{\mathrm{S}}$,

其中

$$B_{\mathrm{S}} = \frac{1}{8\pi^2 R_0^2 a^4}\iint\left(\frac{\sigma}{a} - 2\right)\frac{\mathrm{e}^{-\sigma/a}}{(\sigma/a)}\mathrm{d}\tau\mathrm{d}\tau', \quad \sigma = |\boldsymbol{r} - \boldsymbol{r}'|. \qquad (2.3.12)$$

对球形核

$$B_{\mathrm{S0}} = 1 - \frac{3}{x_0^2} + (1 + x_0)\left(2 + \frac{3}{x_0} + \frac{3}{x_0^2}\right)\mathrm{e}^{-2x_0}, \quad x_0 = \frac{R_0}{a}.$$

库仑能 $E_{\mathrm{C}} = E_{\mathrm{C0}}B_{\mathrm{C}}$,

其中

$$B_{c} = \frac{15}{32\pi^2 R_0^5} \iint \frac{1}{\sigma} \left[1 - \left(1 + \frac{\sigma}{2a_{d}} \right) e^{-\sigma/a_{d}} \right] d\tau d\tau', \tag{2.3.13}$$

对球形核

$$B_{C0} = 1 - \frac{5}{y_0^2} \left[1 - \frac{15}{8y_0} + \frac{21}{8y_0^3} - \frac{3}{4} \left(1 + \frac{9}{2y_0} + \frac{7}{y_0^2} + \frac{7}{2y_0^3} \right) e^{-2y_0} \right],$$

式中 $y_0 = R_0/a_{d}$,式中所用的参量为:$r_0 = 1.16\,\mathrm{fm}$,$a = 0.68\,\mathrm{fm}$,$a_{d} = 0.704\,\mathrm{fm}$,$a_{S} = 21.13\,\mathrm{MeV}$,$k_{S} = 2.3$. 由上面的公式可见,$B_{c}$ 及 B_{S} 并不完全与 R_0 无关. 在计算裂变位垒时,作为一般研究,可取 β 稳定线附近的核,这时可用公式

$$Z = \frac{A}{2} \left(1 - \frac{4A}{A+200} \right)$$

来计算 Z. 由(2.2.1)式,根据不同模型计算所得裂变位垒见图 2.6.

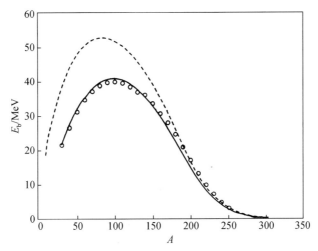

图 2.6 β 稳定线上核的裂变位垒 E_{b} 随质量数 A 的变化[9]

虚线为液滴模型计算值,实线为有限力程模型计算值,。为
Mustafa 用有限力程模型的计算值[10].

由上图可见,对于 $A > 200$ 的重核,与液滴模型结果差别很小,随 A 的减小,两模型的差别越来越大. 而有限力程模型的结果,加上壳修正后,更接近裂变位垒的实验值,这是有限力程模型的一个重要优点. 有限力程模型还可以与小液滴模型结合起来,形成更精确的有限力程小液滴模型,其计算公式可看文献[11]. 对于计算位能曲面,这种改进影响并不大.

§2.4 转动核的裂变位垒[9]

在第一章中已经指出,大多数的核裂变是发生在形成复合核以后. 当通过核反

应形成复合核时,很多复合核都带有角动量.对于重离子核反应,复合核还会带有很高的角动量.由于角动量守恒,这些核在到达鞍点时,也会带有角动量,因此我们要研究转动核的裂变位垒.

用宏观模型来处理转动核并不困难,只要加上一个转动能就行了,即把位能的公式(2.2.7)改成

$$E(q_i) = E_{s0}[B_s - 1 + 2\chi(B_c - 1)] + E_r, \tag{2.4.1}$$

式中 E_r 为转动能.当角动量较小时,例如为 $10 \sim 20 \hbar$ 左右,相当于核反应带进核的角动量.设总角动量为 $J\hbar$,而其在对称轴的投影为 $K\hbar$,则

$$E_r = \frac{\hbar^2}{2}[J(J+1) - K^2]/\mathscr{I}_v + \frac{\hbar^2}{2}K^2/\mathscr{I}_p, \tag{2.4.2}$$

式中 $\mathscr{I}_p$ 与 $\mathscr{I}_v$ 分别为平行与垂直于对称轴的转动惯量.严格地讲,$\mathscr{I}_p$ 与 $\mathscr{I}_v$ 不能用经典的刚体来计算,但作为近似估计,有时也用经典值,当激发能较低时,引起的误差并不大,这时,鞍点的形状与 J 为零时相同.

对于角动量很大的状态,可取 z 轴为转动轴,这时 E_r 可写成

$$E_r = \frac{1}{2}\hbar^2 J^2/\mathscr{I}_z, \tag{2.4.3}$$

$$\mathscr{I}_z = m\int \rho(x^2 + y^2)\mathrm{d}\tau, \tag{2.4.4}$$

式中 ρ 为核的粒子密度,m 为粒子质量,式(2.4.4)就是经典的转动惯量.如果单用宏观模型,当角动量不是很大时,核的形变应类似扁椭球形,以减小转动能.但是当角动量继续增大,扁椭球形导致的转动能减小不能补偿表面能的增加,核的形状变成三轴形,相当于三个轴不等的椭球.对 $A > 200$ 的重核,体系一旦达到三轴形,即导致裂变,不再有鞍点.对于较轻的核,还会经过一个较低(与转动达到平衡时体系的能量比较)的鞍点.当体系内部激发能不大时,即使转动的角动量很大,微观修正仍属必需.实验发现,不少处于高自旋态的核的平衡态,常常具有三轴形变.

§2.5 位能曲面的壳修正理论[3]

在核结构理论中,除了液滴模型外,壳模型是另一种取得广泛成功的模型.这两种模型相互独立,各自在不同领域内取得成功.壳模型能给出单粒子能级基态的自旋、宇称,解释幻数和形状,不能计算核的结合能.用一般的液滴模型来计算核的质量,虽然能很好地给出核质量的平均变化趋势,却不能重现核质量围绕平均值的涨落,这种涨落是一种明显的壳效应.在满壳层附近,核的质量明显地低于液滴模型计算的质量,而在两壳层间,核质量又稍高于液滴模型计算的平均值.因此,如果对液滴模型的公式加上某种壳修正,就有希望得到与实验更符合的质量公式.用这

种方法来计算裂变位能曲面,也可能得到更好的结果.

　　壳模型的基本特征是单粒子能级分布不均匀的壳层结构.在一壳层的中间能级较密,而在两壳层间则有一个较大的能隙.所谓壳效应,就是这种能级分布不均匀所引起的效应.可以预期,单粒子能级分布的不均匀性越显著,壳效应也越强烈.液滴模型相当于能级分布比较均匀的状况,类似于费米气体模型所给出的能级分布,能级密度随能量的增加而平滑地增加,无显著的不均匀性.实际上,人们可以用费米气体模型推导与液滴模型相当的质量公式.这种能级分布不均匀的概念,可以用来定性地解释核能量的壳效应.

　　对于深层的能级,只要平均能级密度相同,均匀化对核的能量没有影响,因此只要看费米面附近的能级.图 2.7 画出了三种不同的能级结构,中间的是液滴模型的均匀结构,在它左面,费米面正处在能级密度稀疏的区域(相当于接近满壳层区).两者比较,左面在费米面下的每一能级均比中间相应的能级距费米面远,因此其总能量也低于均匀的能级,壳修正是负的.在图中右面的能级中,费米面正处于能级密集的壳层中间区域.这时费米面下的每一能级距费米面均较相应的均匀能级近,总能量大于均匀能级的情况,壳修正是正的.

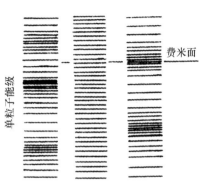

图 2.7　壳模型能级与均匀能级的比较

　　上面的讨论仅仅是一种定性的说明.可以证明,这是与用 Hartree-Fock(HF) 近似进行微观计算相当的一种近似.为了简化所用公式,可以用 Hartree 近似来说明这一点.如两粒子间的相互作用势为 $v(|\boldsymbol{r}_1-\boldsymbol{r}_2|)$,则根据 Hartree 近似,单粒子运动的薛定谔方程为

$$\left(-\frac{h^2}{2m}\nabla^2+u\right)\Psi_n=\varepsilon_n\Psi_n,\qquad(2.5.1)$$

$$u=\int\rho(\boldsymbol{r}_1)v(|\boldsymbol{r}_1-\boldsymbol{r}_2|)\mathrm{d}\boldsymbol{r}_1,\qquad(2.5.2)$$

$$\rho(\boldsymbol{r})=\sum_{n=1}^{N}\Psi_n^*(\boldsymbol{r})\Psi_n(\boldsymbol{r}).\qquad(2.5.3)$$

这里略去了自旋和同位旋,并假设能级是由低到高排列的,对于简并的情况,不同的 n 可以对应相同的能量.对由 N 个粒子组成的系统,基态的能量 E 为

$$E=\sum_{n=1}^{N}\varepsilon_n-\frac{1}{2}\iint\rho(\boldsymbol{r}_1)v(|\boldsymbol{r}_1-\boldsymbol{r}_2|)\rho(\boldsymbol{r}_2)\mathrm{d}\boldsymbol{r}_1\mathrm{d}\boldsymbol{r}_2,\qquad(2.5.4)$$

上式右方出现的第二项是因为在关于 ε_n 求和中把两粒子的相互作用能量重复计

算了一次. 由于 $\rho(\boldsymbol{r})$ 和 ε_n 均包含壳效应, 式(2.5.4)不便做壳修正的出发点. 引入平滑的、经过均匀化的密度 $\tilde{\rho}$, 则

$$\rho(\boldsymbol{r}) = \tilde{\rho} + \delta\rho,$$

并设 $\delta\rho$ 为一级小量, 其平方项可以忽略. 设

$$\tilde{u} = \int \tilde{\rho}(\boldsymbol{r}_1) v(|\boldsymbol{r}_1 - \boldsymbol{r}_2|) \mathrm{d}\boldsymbol{r}_1, \qquad (2.5.5)$$

$$\left(-\frac{h^2}{2m} \nabla^2 + \tilde{u}\right) \Psi_n = \varepsilon_n' \Psi_n'. \qquad (2.5.6)$$

式(2.5.2)与(2.5.5)相比较, u 与 $\tilde{u}$ 的差别为一级小量, 应用一级微扰, 可得

$$\varepsilon_n = \varepsilon_n' + \iint \delta\rho(\boldsymbol{r}_1) v(|\boldsymbol{r}_1 - \boldsymbol{r}|) \Psi_n^*(\boldsymbol{r}) \Psi_n(\boldsymbol{r}) \mathrm{d}\boldsymbol{r}_1 \mathrm{d}\boldsymbol{r}, \qquad (2.5.7)$$

$$\sum_{n=1}^{N} \varepsilon_n = \sum_{n=1}^{N} \varepsilon_n' + \iint \delta\rho(\boldsymbol{r}_1) v(|\boldsymbol{r}_1 - \boldsymbol{r}|) \rho(\boldsymbol{r}) \mathrm{d}\boldsymbol{r}_1 \mathrm{d}\boldsymbol{r}. \qquad (2.5.8)$$

代入式(2.5.4), 忽略 $\delta\rho$ 的二次项, 可得

$$E = \sum_{n=1}^{N} \varepsilon_n' - \frac{1}{2} \iint \tilde{\rho}(\boldsymbol{r}_1) v(|\boldsymbol{r}_1 - \boldsymbol{r}|) \tilde{\rho}(\boldsymbol{r}) \mathrm{d}\boldsymbol{r}_1 \mathrm{d}\boldsymbol{r}. \qquad (2.5.9)$$

上式准确到 $\delta\rho$ 的一次项, 壳效应全集中在右方第一项, 可以认为 ε_n' 就是壳模型的单粒子能级, 此后把它改写为 ε_n. 如采用 HF 近似, 也可以得到与上式类似的公式. 现在再来看 $\tilde{\rho}(\boldsymbol{r})$ 应采用什么形式. 为了避免壳层结构的涨落, $\tilde{\rho}(\boldsymbol{r})$ 不能取式(2.5.3) 的形式, 而应取

$$\tilde{\rho}(\boldsymbol{r}) = \sum n_i \Psi_i'^{*}(\boldsymbol{r}) \Psi_i'(\boldsymbol{r}), \qquad (2.5.10)$$

$$\sum n_i = N.$$

对低层能级, 式中 $n_i = 1$; 而在费米能级附近, n_i 取小于 1 的值, 横跨一个大壳, 逐步趋于 0. 应用这样定义的 $\tilde{\rho}(\boldsymbol{r})$, 仿照式(2.5.4), 可得均匀化能量的表达式为

$$\tilde{E} = \sum_{i=1}^{N} n_i \varepsilon_i - \frac{1}{2} \iint \tilde{\rho}(\boldsymbol{r}_1) v(|\boldsymbol{r}_1 - \boldsymbol{r}_2|) \tilde{\rho}(\boldsymbol{r}_2) \mathrm{d}\boldsymbol{r}_1 \mathrm{d}\boldsymbol{r}_2, \qquad (2.5.11)$$

由此可得壳修正 E_{Sh} 的定义

$$E_{\mathrm{Sh}} = E - \tilde{E} = \sum_{i=1}^{N} \varepsilon_i' - \sum_{i=1}^{N} n_i \varepsilon_i'. \qquad (2.5.12)$$

应该注意, 这里用的单粒子能量并不是 HF 方法算得的 ε_i, 而是非自洽的类似壳模型计算的单粒子能量 ε_i', 此后将 ε_i' 改写为 ε_i.

可以有好几种把能级均匀化的方法, 这里将只介绍用得最普遍的 Strutinsky 方法. 引入单粒子能级密度 g_0, 均匀化函数 $f(\varepsilon, \varepsilon')$, 以及均匀化能级密度 $\tilde{g}$.

$$g_0 = \sum_{i=1} \delta(\varepsilon - \varepsilon_i), \qquad (2.5.13)$$

$$\widetilde{g}(\varepsilon) = \int_{-\infty}^{\infty} g_0(\varepsilon') f(\varepsilon,\varepsilon') \mathrm{d}\varepsilon' = \sum_i f(\varepsilon,\varepsilon_i), \qquad (2.5.14)$$

则体系的费米能 ε_{f}、总能量 E 以及相应的均匀化能量 $\widetilde{\varepsilon}_{\mathrm{f}}$ 及 $\widetilde{E}$ 可以由下面式子决定：

$$\int_{-\infty}^{\varepsilon_{\mathrm{f}}} g_0(\varepsilon) \mathrm{d}\varepsilon = A, \qquad (2.5.15)$$

$$\int_{-\infty}^{\widetilde{\varepsilon}_{\mathrm{f}}} \widetilde{g}(\varepsilon) \mathrm{d}\varepsilon = A, \qquad (2.5.16)$$

以上两式可以确定 ε_{f} 及 $\widetilde{\varepsilon}_{\mathrm{f}}$.

$$E = \int_{-\infty}^{\varepsilon_{\mathrm{f}}} \varepsilon g_0(\varepsilon) \mathrm{d}\varepsilon, \qquad (2.5.17)$$

$$\widetilde{E} = \int_{-\infty}^{\widetilde{\varepsilon}_{\mathrm{f}}} \varepsilon \widetilde{g}(\varepsilon) \mathrm{d}\varepsilon. \qquad (2.5.18)$$

在以上的式子中，假设了体系有 A 个相同粒子，很容易推广到分别考虑质子和中子的情况. 求得 E 及 $\widetilde{E}$ 后，即可得能量的壳修正

$$E_{\mathrm{Sh}} = E - \widetilde{E}. \qquad (2.5.19)$$

均匀化函数 $f(\varepsilon,\varepsilon')$ 的选择，应满足如下两个要求：(1) 不改变 $g_0(\varepsilon)$ 的平均趋势；(2) 应把涨落部分都平均掉. 如把 $g_0(\varepsilon)$ 写成平滑部分 g_{s} 及涨落部分 g_{f}，则 $f(\varepsilon,\varepsilon')$ 的选择应满足

$$\int_{-\infty}^{\infty} g_{\mathrm{s}}(\varepsilon') f(\varepsilon,\varepsilon') \mathrm{d}\varepsilon' \approx g_{\mathrm{s}}(\varepsilon), \qquad (2.5.20)$$

$$\int_{-\infty}^{\infty} g_{\mathrm{f}}(\varepsilon') f(\varepsilon,\varepsilon') \mathrm{d}\varepsilon' \approx 0, \qquad (2.5.21)$$

上述条件只能近似地得到满足. 如将 $g_{\mathrm{s}}(\varepsilon')$ 在 ε 附近展开

$$g_{\mathrm{s}}(\varepsilon') = g_{\mathrm{s}}(\varepsilon) + (\varepsilon' - \varepsilon) g_{\mathrm{s}}'(\varepsilon) + \frac{1}{2}(\varepsilon' - \varepsilon)^2 g_{\mathrm{s}}''(\varepsilon) + \cdots, \quad (2.5.22)$$

选择 $f(\varepsilon,\varepsilon')$ 满足关系式

$$\int_{-\infty}^{\infty} f(\varepsilon,\varepsilon') \mathrm{d}\varepsilon' = 1,$$

$$\int_{-\infty}^{\infty} (\varepsilon' - \varepsilon)^k f(\varepsilon,\varepsilon') \mathrm{d}\varepsilon' = 0, \quad 1 \leqslant k \leqslant s. \qquad (2.5.23)$$

如 s 足够大，则式 (2.5.20) 可以得到满足. 如 $f(\varepsilon,\varepsilon')$ 的选择，使它在 ε' 变化区域内达到一满壳层范围时仍比较平滑，则式 (2.5.21) 也能得到满足，但 s 不能取得太大. 通常选择 $f(\varepsilon,\varepsilon')$ 为

$$f(\varepsilon,\varepsilon') = \frac{1}{\gamma\sqrt{\pi}} \exp(-u^2) L_n^{1/2}(u^2), \qquad (2.5.24)$$

$$u = (\varepsilon - \varepsilon')/\gamma, \qquad (2.5.25)$$

$$L_n^{1/2}(x) = \sum_{m=0}^{n} \frac{1}{(n-m)! m!} \frac{\Gamma(n+3/2)}{\Gamma(m+3/2)} (-x)^m. \qquad (2.5.26)$$

上面定义的 $f(\varepsilon,\varepsilon')$ 可以满足式(2.5.23),其中 $s=2n+1$. 如 n 不太大(n 为 3 或 4),取 γ 为 $7\sim8\,\mathrm{MeV}$,稍大于两大壳之间的距离,则条件(2.5.20)及(2.5.21)均可近似地满足. 但是在这种方法中,γ 和 n 都可以人为地选择,求出的 E_{Sh} 应该在合理的范围内,与 γ 和 n 的值无关. 用谐振子势给出的单粒子能级,实际计算结果正是这样. 如图 2.8 所示,从图上可以看到,当 $\gamma>1.2\,\hbar\omega_0$,且 $n\geqslant2$ 时,$^{208}\mathrm{Pb}$ 的中子部分的壳修正基本上与 γ 和 n 无关. 这里 ω_0 为谐振子势的频率,$\hbar\omega_0\approx7\,\mathrm{MeV}$,为两大壳之间的平均能量间隔.

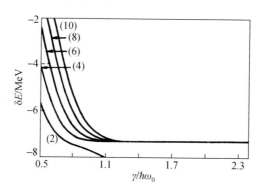

图 2.8 $^{208}\mathrm{Pb}$ 壳修正随 γ 及 n 的变化
曲线上注明的数字为 $2n$.

原子核的结合能还受到对效应的影响,即由于对相互作用而导致能量的降低. 这种效应也和费米能附近单粒子能级密度有关,即也受到壳结构的影响. 所谓对作用,是指粒子间的一种短程剩余相互作用. 通常核体系具有时间反演不变性,一能级具有相互为时间反演的两个简并态,占据这两个态的粒子组成一个质子或中子对,为了简单,以后将只讨论一种粒子对. 本来由壳模型,偶数的核子将填满最高的一个能级(可排为零能级,即费米能级). 但是由于对相互作用,引起粒子对在不同能级间的跃迁,从而改变了能级的占有率,使在费米能以下的能级的占有率随接近费米能而逐步减小,而在费米能以上的能级被占的几率也不为零,而是逐步减小到零. 一般假设受到这种影响的能级在费米能上下各 N 条(N 可取 10 左右). 对能的大小一般和 N 的具体数值关系不大. 奇质子或奇中子核,可用与相邻偶偶核相同的对能 E_{p},并加上最后一奇核子由于不能配对而形成的能隙 Δ. 为了简化,这里不把质子和中子分别写出. 根据一种近似的变分方法(BCS 近似),可求得由于对作用而附加的能量 E_{p}[12].

$$E_{\mathrm{p}}=\sum_{\nu=-N}^{N}2\varepsilon_\nu V_\nu^2-\sum_{\nu=-N}^{0}2\varepsilon_\nu-\frac{\Delta^2}{G}-G\Big(\sum_{\nu=-N}^{N}V_\nu^4-\sum_{\nu=-N}^{0}1\Big),\qquad(2.5.27)$$

这里 Δ 为对能隙,V_ν^2 为第 ν 能级被占据的几率,

$$V_\nu^2 = \frac{1}{2}\left[1 - \frac{\varepsilon_\nu - GV_\nu^2 - \lambda}{\sqrt{(\varepsilon_\nu - GV_\nu^2 - \lambda)^2 + \Delta^2}}\right], \tag{2.5.28}$$

V_ν^2, λ 及 Δ 由下式给出:

$$\sum_{\nu=-N}^{N} V_\nu^2 = 2N + 1, \tag{2.5.29}$$

$$\frac{1}{G} = \frac{1}{2}\sum_{\nu=-N}^{N}\frac{1}{\sqrt{(\varepsilon_\nu - GV_\nu^2 - \lambda)^2 + \Delta^2}}. \tag{2.5.30}$$

G 一般为 20/A MeV 左右. 为了求得对修正, 还要求得平均对能 $\widetilde{E}_{\mathrm{p}}$. 这仍可采用上述公式及由实验定出 Δ 值(约为 $12/\sqrt{A}$ MeV), 仅需把壳模型能级换成均匀能级就行了. 这可取 $\varepsilon_0 = \varepsilon_{\mathrm{f}}$, 能级平均间距为 $\left[\frac{1}{2}\widetilde{g}(\varepsilon_{\mathrm{f}})\right]^{-1}$, 并用式(2.5.30)确定 G, 所得 G 值即用来计算 $\widetilde{E}_{\mathrm{p}}$ 及 E_{p}. 核的总能量可写成

$$E = E_{\mathrm{LD}} + E_{\mathrm{Sh}} + E_{\mathrm{p}} - \widetilde{E}_{\mathrm{p}}. \tag{2.5.31}$$

应分别对质子和中子进行对修正和壳修正, 这种修正都随核的形状变化. 在式(2.5.31)中, 我们用液滴模型的能量 E_{LD} 来近似地表示核体系的平均能量.

图 2.9 给出了用这种方法计算的重核质量的壳修正. 从图上可以看到, 不考虑壳修正时, 液滴模型计算的质量, 在 ^{208}Pb 附近可以比实验值高出 10 MeV 以上, 加

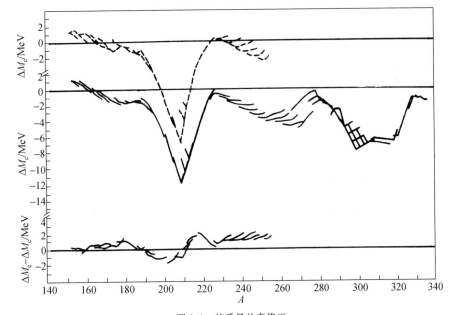

图 2.9 核质量的壳修正

上图: 壳修正的实验值 $\Delta M_{\mathrm{e}} = M_{\text{实验}} - M_{\mathrm{LD}}$, 中图: 壳修正的理论值 ΔM_{c}, 下图: 偏差 $\Delta M_{\mathrm{e}} - \Delta M_{\mathrm{c}}$.

上壳修正(包括对修正),理论与实验质量差均在 2 MeV 以内. 从图上还可以看到,在 $A=300$ 附近还有一新的稳定核区,即所谓超重核岛,在实验上尚未被证实.

运用壳修正方法计算位能曲面大体上要经历下列步骤:① 选择适当的位能曲面系列和形变参量;② 选择适当的液滴模型公式,常用 Myers 和 Swiatecki 液滴模型或有限力程模型;③ 选择适当的单粒子势,调整其参量,使其在某一质量区域内能级次序及间隔和实验测定的值接近,不同的质量区可采用不同的势参量;④ 计算单粒子能级;⑤ 计算含微观修正的位能曲面.

最后,还应简单介绍一下用来计算单粒子能级的单粒子势[12]. 常用的单粒子势是 Nilsson 势和 Woods-Saxon 势,所谓 Nilsson 势,实际上是一种经过修改的谐振子势. 对于球形核,谐振子势可写成

$$V_h = \frac{1}{2}m\omega_{00}^2 r^2. \tag{2.5.32}$$

为保证核的均方根半径为 $r_0 A^{1/3}$ $(r_0 = 1.2\,\text{fm})$, A 为核的质量数,可取

$$\hbar\omega_{00} = 40/A^{1/3}. \tag{2.5.33}$$

根据谐振子势的特点, $\hbar\omega_{00}$ 为两个相邻谐振子能级间的间距(MeV). 为了获得正确的幻数和单粒子能级,Nilsson 提出,把式(2.5.32)所定义的单粒子势改写为

$$V_N = \frac{1}{2}m\omega_{00}^2 r^2 - Cs \cdot l - D(l^2 - \langle l^2 \rangle), \tag{2.5.34}$$

式中 $s\hbar$, $l\hbar$ 分别为自旋及轨道角动量,而 $\langle l^2 \rangle$ 为 l^2 的本征值 $l(l+1)$ 在一大壳内的平均值. 第二项就是单粒子势中所需包含的自旋轨道耦合作用,最后一项的 D 在于弥补谐振子势能量本征值的轨道角动量的退化,而加上一项平均值 $\langle l^2 \rangle$ 是为了保证在一大壳内能级的平均位置不变. V_N 即球形核的 Nilsson 势.

对于变形核,可将谐振子势写成

$$V_h = \frac{1}{2}m\omega_0^2 r^2[1 + f(a_i, \theta, \varphi)], \tag{2.5.35}$$

式中 a_i 表示 $a_1, \cdots, a_n$, 为形变参量. 如球形核时,核表面的半径为 R_0, 位能为 $\frac{1}{2}m\omega_{00}^2 R_0^2$. 变形后表面能应不变,核体积也保持不变,故有

$$r = \frac{\omega_{00}R_0}{\omega_0} \frac{1}{\sqrt{1 + f(a_i, \theta, \varphi)}}, \tag{2.5.36}$$

$$\left(\frac{\omega_{00}}{\omega_0}\right)^3 \frac{1}{4\pi}\iint \left(\frac{1}{\sqrt{1 + f(a_i, \theta, \varphi)}}\right)^3 \sin\theta \mathrm{d}\theta \mathrm{d}\varphi = 1,$$

$$\omega_0 = \omega_{00}\left[\frac{1}{4\pi}\iint (1 + f(a_i, \theta, \varphi))^{-3/2}\sin\theta \mathrm{d}\theta \mathrm{d}\varphi\right]^{1/3}. \tag{2.5.37}$$

给出 $a_1, \cdots, a_n$ 后, ω_0 即可从式(2.5.37)算出. 这种以等位面定核形状以及保持体

积守恒的条件,对所有单粒子势都适用.

对于 Nilsson 势,为了简化计算,避免两大壳之间的耦合,人们往往采用拉伸坐标,做以下变数变换:

$$\begin{cases} \xi = \left\{ \dfrac{m\omega_0}{\hbar}\left[1 - \dfrac{2}{3}\varepsilon_2\cos\left(\gamma + \dfrac{2}{3}\pi\right) \right] \right\}^{1/2} x, \\[2mm] \eta = \left\{ \dfrac{m\omega_0}{\hbar}\left[1 - \dfrac{2}{3}\varepsilon_2\cos\left(\gamma - \dfrac{2}{3}\pi\right) \right] \right\}^{1/2} y, \\[2mm] \zeta = \left\{ \dfrac{m\omega_0}{\hbar}\left[1 - \dfrac{2}{3}\varepsilon_2\cos\gamma \right] \right\}^{1/2} z, \end{cases} \qquad (2.5.38)$$

式中 ε_2 及 γ 为四极形变及非轴对称形变参量,相当于拉伸坐标的球坐标为

$$\begin{cases} \rho_t = \xi^2 + \eta^2 + \zeta^2, \\[2mm] u = \cos\theta_t = \dfrac{\zeta}{\rho_t} \\[2mm] \quad = \left[\dfrac{1 - \dfrac{2}{3}\varepsilon_2\cos\gamma}{1 - \dfrac{1}{3}\varepsilon_2(3\cos^2\theta - 1) + \sqrt{1/3}\,\varepsilon_2\sin\gamma\sin^2\theta\cos2\varphi} \right]^{1/2} \cos\theta, \\[2mm] v = \cos\varphi_t = \dfrac{\eta^2 - \xi^2}{\eta^2 + \xi^2} \\[2mm] \quad = \dfrac{\left[1 + \dfrac{1}{3}\varepsilon_2\cos\gamma \right]\cos2\varphi + \sqrt{1/3}\,\varepsilon_2\sin\gamma}{1 + \dfrac{1}{3}\varepsilon_2\cos\gamma + \sqrt{1/3}\,\varepsilon_2\sin\gamma\cos2\varphi}. \end{cases} \qquad (2.5.39)$$

动能部分为

$$\begin{aligned} T &= -\frac{\hbar^2}{2m}\left(\frac{\partial^2}{\partial x^2} + \frac{\partial^2}{\partial y^2} + \frac{\partial^2}{\partial z^2} \right) \\ &= -\frac{1}{2}\hbar\omega_0\left\{ \left[1 - \frac{2}{3}\varepsilon_2\cos\left(\gamma + \frac{2}{3}\pi\right) \right]\frac{\partial^2}{\partial\xi^2} \right. \\ &\quad \left. + \left[1 - \frac{2}{3}\varepsilon_2\cos\left(\gamma - \frac{2}{3}\pi\right) \right]\frac{\partial^2}{\partial\eta^2} + \left[1 - \frac{2}{3}\varepsilon_2\cos\gamma \right]\frac{\partial^2}{\partial\zeta^2} \right\}. \end{aligned} \qquad (2.5.40)$$

位能部分为

$$\begin{aligned} V_t &= \frac{1}{2}\hbar\omega_0\rho_t^2\left[1 + 2\varepsilon_1 P_1(\cos\theta_t) - \frac{2}{3}\varepsilon_2\cos\gamma P_2(\cos\theta_t) \right. \\ &\quad + 2\varepsilon_6 P_6 + \frac{1}{3}\varepsilon_2\sin\gamma(Y_{22} + Y_{2-2}) + 2\varepsilon_3 P_3 \\ &\quad \left. + 2\varepsilon_4 V_4(\cos\theta_t, \cos2\varphi_t) + 2\varepsilon_5 P_5 \right] \\ &\quad - \kappa\hbar\omega_{00}\left[2\boldsymbol{l}_t \cdot \boldsymbol{s} + \mu(\boldsymbol{l}_t^2 - \langle\boldsymbol{l}_t^2\rangle) \right], \end{aligned} \qquad (2.5.41)$$

式中 l_t 表示在拉伸坐标中的角动量，$\kappa=\dfrac{C}{2\hbar\omega_{00}}$，$\mu=\dfrac{D}{\kappa\hbar\omega_{00}}$，为量纲为 1 的参数.

$$V_4 = \beta_{40}P_4 + \sqrt{\frac{4\pi}{9}}\big[\beta_{42}(Y_{42}+Y_{4-2})+\beta_{44}(Y_{44}+Y_{4-4})\big]. \qquad (2.5.42)$$

对于中重核及重核，κ 和 μ 的值见表 2.1.

表 2.1　κ 与 μ 的数值

	κ	μ
$50<Z<82$	0.0637	0.60
$Z>82$	0.0577	0.65
$82<N<126$	0.0637	0.42
$N>126$	0.0635	0.325

对小的形变，如忽略 ε_2^2 项，可将位能写成

$$V_t = \frac{1}{2}m\omega_0^2 r^2\big[1-2\beta_{20}Y_{20}\big],$$

则 ε_2 与 β_{20} 之间满足关系式

$$\varepsilon_2 = \frac{3}{2}\sqrt{\frac{5}{4\pi}}\beta_{20} \approx 0.95\beta_{20}.$$

由此可见，形变参量 ε_2 实际上和 β_{20} 很接近.

如选用 Woods-Saxon 势[13]，则可将质子和中子的单粒子哈密顿量 H_p，H_n 写成如下形式[16]：

$$H_p = \frac{p^2}{2m_p} + V_p(\boldsymbol{r}) - \frac{\lambda}{2m_p^2c^2}\boldsymbol{s}\cdot[\nabla V_p\times\boldsymbol{p}] + V_c(\boldsymbol{r}), \qquad (2.5.43)$$

$$H_n = \frac{p^2}{2m_n} + V_n(\boldsymbol{r}) - \frac{\lambda}{2m_n^2c^2}\boldsymbol{s}\cdot[\nabla V_n\times\boldsymbol{p}]. \qquad (2.5.44)$$

如以

$$r = R_0 f(\theta,\varphi) \qquad (2.5.45)$$

表示核表面，$r=Rf(\theta,\varphi)$ 为一系列等位面，则 V_i（$i=$n 或 p）可写成

$$V_i(r,\theta,\varphi) = -V_{0i}\Big[1+\exp\Big(\frac{r/f(\theta,\varphi)-R}{a}\Big)\Big]^{-1}, \qquad (2.5.46)$$

式中参数为

$$\begin{cases} V_{0n} = 53.3(1-0.63I)\ \text{MeV}, \\ V_{0p} = 53.3(1+0.63I)\ \text{MeV}. \end{cases} \qquad (2.5.47)$$

式中 $\lambda=23.8(1+2I)$，$R=1.24A^{1/3}$，$a=0.65\ \text{fm}$，$I=\dfrac{N-Z}{A}$.

$$V_c(\boldsymbol{r}) = \frac{3Ze^2}{4\pi R^3}\int_v \frac{1}{|\boldsymbol{r}-\boldsymbol{r}'|}\,\mathrm{d}\boldsymbol{r}'. \qquad (2.5.48)$$

对于大形变,取核表面为参考面,u 为一点距参考面的最短距离,当点在核内,u 取负值,在核外,则取正值.这样

$$V_i(r,\theta,\varphi) = -V_{0i}\left[1 + \exp\frac{u}{a}\right]^{-1},$$

上式可保证沿任一等位面各点的位势梯度均相等.

谐振子势可以给出任何能量范围内分立的单粒子能级,用这类势来计算壳修正没有什么特殊的困难,因此常常被用来做这种计算.但是,谐振子势在核边界以外以抛物线状增大,给出的波函数的边界条件不正确,大形变时这种缺点更为突出.从物理现实出发,当然选择如 Woods-Saxon 势等作用范围有限的势比较合理.这类势在一定数量的分立能级以上给出非约束的连续态.而上述壳修正的方法要用到费米能以上十几兆电子伏的能级.如舍去所有连续区的能级,则得到如图2.10所示的随 n 及 γ 做迅速变化的壳修正;如在连续区选择共振态(即虚能级),则可得到如图 2.11 所示较合理的壳修正,但仍限于选择适当 n 及 γ 的值,计算共振态比较麻烦.

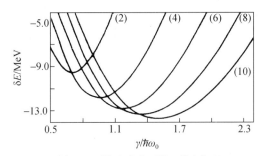

图 2.10　^{208}Pb 壳修正随 γ 的变化

用 Woods-Saxon 势,忽略连续态,曲线上数字为 $2n$.

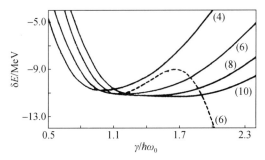

图 2.11　^{208}Pb 壳修正随 γ 的变化

用 Woods-Saxon 势,包括共振态,曲线上数字为 $2n$.

虚线为切断了 20 MeV 以上的共振态的贡献时的壳修正.

另一种常用的方法是用谐振子波函数将要求的波函数展开,然后用变分法求能量的本征值.采用足够多的项,就能得到足够高的在费米能以上的能级.用来作

为壳修正的单粒子能级,也能得到合理的结果.

　　概括地说,壳修正把体系能量的壳效应归结为单粒子能级分布不均匀引起的后果.如在费米能附近单粒子能级稀(满壳层附近),则得到负的壳修正;相反,如费米能处在壳层的中间单粒子能级密集的地方,则得到正的壳修正.既然壳效应来源于单粒子能级分布不均匀,则变形核也可能有壳效应.不过由于核的变形部分地消除了单粒子能量的简并度,减小了能量分布的不均匀性,因此壳效应和壳修正也小一些.图 2.12 给出了 $Z=100$, $N=150$ 时质子和中子壳修正随核拉长形变的变化.从图上可以看出:$c=1$ 的球形核有很强的壳效应;当核伸长到 $c=1.15$ 时,壳修正变得几乎和原来相反.可见在变形相当大的地方也有明显的壳效应.正是这种随形变变化的壳修正,大大改变了位能曲面的形状,改进了液滴模型的计算结果.具体的成果如下:

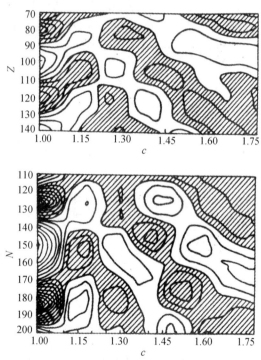

图 2.12　壳修正随形变参量 c 变化的等值图[14]

$2cR_0$ 为核沿对称轴的长度,阴影部分壳修正是负的,两线间的壳修正的差为 1 MeV,

用 Woods-Saxon 势,参量适宜于 ^{240}Pu 的壳修正.

　　(1) 大大改进了液滴模型质量公式与实验符合的情况.如图 2.9 所示,加了壳修正后,理论与实验值的差别一般在 2 MeV 以内.适当调整参量和修改液滴模型,可以把理论与实验的均方根偏差降到 1 MeV 以内.

（2）能够定量地解释大形变区（处于一壳层的中间部分）球形核的壳修正是正的，而对一定的拉长形变区（对于锕系元素，$c \approx 1.15$）壳修正是负的．两者的差别，足以补偿液滴模型因变形而增加的能量．因此，在此区域核的基态基本上是长椭球形，具体计算的四极和十六极形变参量也与实验结果大体相符．

（3）如图 2.13 所示，改变了锕系及更重的核的位能曲面的形状，使一些锕系元素的裂变位垒具有两个峰，即两个鞍点，成为双峰位垒．成功地解释了形状同质

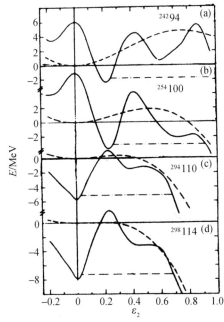

图 2.13　对十六极形变 ε_4 求极小后的位能随四极形变的变化（$\varepsilon_2 = 0.95\beta_2$）[14]
------液滴模型位垒；——加上壳修正和对修正后的位垒；
— · — · 自发裂变途径示意，纵坐标为位能 E．
（a），（b）中子数为 150 左右时 $c = 1.15$（$\varepsilon_2 = 0.2$），$c = 1.4$（$\varepsilon_2 = 6$）
两种形变负的壳修正导致锕系元素基态形变及双峰位垒；
（c），（d）在中子数为 184，质子数为 114 时球形核的满壳层效应
导致对裂变稳定的超重核（液滴模型位垒基本为零）．

异能态和激发能低于位垒裂变的中间结构等重要实验现象（见第四章）．计算所得的位垒参量也与实验值大体相符，还能定性或半定量地解释锕系元素的非对称裂变，以及裂变的多模式模型．

（4）引入了变形核壳层结构的新概念．例如，由图 2.12 可见，$c = 1.15$，$N = 152$ 时，壳修正取负的最大值，相当于满壳层．这可以解释比 Cm 更重的元素的同位素在 $N = 152$ 处具有最大的自发裂变的寿命，这是满壳层核特别稳定的一种表现．

应该指出,壳修正的方法也可用于有温度的激发态的核,不过修正能会随核的激发而迅速减小.当核温度达到 1 MeV 时对修正即可忽略,达到 2 MeV 或激发能达到 60 MeV 时,壳修正也可忽略,壳效应基本消失.

§2.6　位能曲面的微观计算[15]

在 §2.5 中我们介绍了计算体系能量的宏观模型及微观修正的方法.如果给予了核子间的相互作用,当然也可以用自洽平均场近似(即 HF 方法)来计算体系的能量.核子间的相互作用也可以有多种选择,这里只介绍一种最简单的,即核结构计算常用的 Skyrme 势.Skyrme 势是一种与密度有关的等效 δ 势.大量 HF 计算表明,只有与密度有关的势才有可能同时给出核基态能量和恰当的单粒子能级.从表面上看,似乎用 δ 势(零力程势)比较特殊,实际上由于核力的短程性质,δ 势是一般核力(包括由两体相互作用实验数据推得的现实唯象核势)的很好的近似.应用 δ 势的一个特殊优点是所推得的 HF 方程为微分方程,而一般相互作用时 HF 方程为微分积分方程,数学运算较繁,不适宜做大规模的计算.一般采用的 Skyrme 势的形式如下:

$$V_{\text{sky}}(1,2) = V_0 + V_1 + V_2 + V_3 + V_{S0}, \tag{2.6.1}$$

$$\begin{cases} V_0 = t_0(1 + x_0 P_\sigma)\delta(\boldsymbol{r}), \\ V_1 = \dfrac{1}{2}t_1(1 + x_1 P_\sigma)[\delta(\boldsymbol{r})k^2 + k'^2\delta(\boldsymbol{r})], \\ V_2 = t_2(1 + x_2 P_\sigma)\boldsymbol{k}'\delta(\boldsymbol{r}) \cdot \boldsymbol{k}, \\ V_3 = \dfrac{1}{6}t_3(1 + x_3 P_\sigma)\rho^\alpha\delta(\boldsymbol{r}), \\ V_{S0} = \mathrm{i}w_0(\boldsymbol{\sigma}_1 + \boldsymbol{\sigma}_2) \cdot \boldsymbol{k}' \times \delta(\boldsymbol{r})\boldsymbol{k}, \end{cases} \tag{2.6.2}$$

$\boldsymbol{r} = \boldsymbol{r}_1 - \boldsymbol{r}_2$,$P_\sigma$ 为自旋交换算符.

$$\begin{cases} \boldsymbol{k} = \dfrac{1}{2\mathrm{i}}(\nabla_1 - \nabla_2), & \text{向右作用;} \\ \boldsymbol{k}' = -\dfrac{1}{2\mathrm{i}}(\nabla_1 - \nabla_2), & \text{向左作用.} \end{cases} \tag{2.6.3}$$

为了求能量平均值,用到以下单粒子波函数的性质.为了描述自旋,单粒子波函数具有两个分量

$$\varphi_j(\boldsymbol{s}, q) = \left[\varphi_j\left(\boldsymbol{r}, q, \frac{1}{2}\right), \varphi_j\left(\boldsymbol{r}, q, -\frac{1}{2}\right)\right], \tag{2.6.4}$$

一般可写成 $\varphi_j(\boldsymbol{r}, q, s)$.时间反演态为 $\varphi_{\bar{j}}(\boldsymbol{r}, q, s)$,即

$$\begin{cases} \varphi_{\bar{j}}\left(\boldsymbol{r},q\right) = \left[\varphi_{\bar{j}}\left(\boldsymbol{r},q,\dfrac{1}{2}\right),\varphi_{\bar{j}}\left(\boldsymbol{r},q,-\dfrac{1}{2}\right)\right], \\[2mm] \varphi_{\bar{j}}\left(\boldsymbol{r},q,\dfrac{1}{2}\right) = -\varphi_{j}^{*}\left(\boldsymbol{r},q,-\dfrac{1}{2}\right), \\[2mm] \varphi_{\bar{j}}\left(\boldsymbol{r},q,-\dfrac{1}{2}\right) = \varphi_{j}^{*}\left(\boldsymbol{r},q,\dfrac{1}{2}\right), \end{cases} \qquad (2.6.5)$$

式中 q 表示粒子的种类, $q=1/2$ 为质子, $q=-1/2$ 为中子. 如单粒子哈密顿量具有时间不变性, 则 φ_n, $\varphi_{\bar{n}}$ 为一对具有相同能量的时间反演态(通常的相互作用, 都具有时间不变性, 对于转动参考系中的哈密顿量, 则不具有时间反演不变性). 体系的哈密顿量 H 可写成

$$H = -\frac{1}{2}\sum_{i}\nabla_{i}^{2} + \frac{1}{2}\sum_{i,j}V_{\text{sky}}(i,j), \qquad (2.6.6)$$

能量为

$$\begin{aligned} E = {} & \frac{1}{2m}\int\sum_{jsq}\nabla\varphi_{j}^{*}\left(\boldsymbol{r},q,s\right)\nabla\varphi_{j}\left(\boldsymbol{r},q,s\right)\mathrm{d}\boldsymbol{r} \\ & + \frac{1}{2}\sum_{j_1 s_1 q_1}\sum_{j_2 s_2 q_2}\iint\varphi_{j_1}^{*}\left(\boldsymbol{r}_1,q_1,s_1\right)\varphi_{j_2}^{*}\left(\boldsymbol{r}_2,q_2,s_2\right)V_{\text{sky}}(1,2) \\ & \times(1-P_M P_\sigma P_q)\varphi_{j_1}\left(\boldsymbol{r}_1,q_1,s_1\right)\varphi_{j_2}\left(\boldsymbol{r}_2,q_2,s_2\right)\mathrm{d}\boldsymbol{r}_1\mathrm{d}\boldsymbol{r}_2. \qquad (2.6.7) \end{aligned}$$

经过简化, E 可写成

$$E = \int E_\mathrm{d}\,\mathrm{d}\tau, \qquad (2.6.8)$$

式中 E_d 为体系的能量密度, 由下式给出:

$$\begin{aligned} E_\mathrm{d} = {} & \frac{\hbar^2}{2m}\tau + \frac{1}{2}t_0\left(1+\frac{x_0}{2}\right)\rho^2 - \frac{1}{2}t_0\left(\frac{1}{2}+x_0\right)(\rho_\mathrm{n}^2+\rho_\mathrm{p}^2) \\ & + \frac{1}{12}t_3\left(1+\frac{x_3}{2}\right)\rho^{2+\alpha} - \frac{1}{12}t_3\left(\frac{1}{2}+x_3\right)\rho^{\alpha}(\rho_\mathrm{n}^2+\rho_\mathrm{p}^2) \\ & + \frac{1}{8}t_1\left(1+\frac{x_1}{2}\right)\left[2\rho\tau+\frac{3}{2}(\nabla\rho)^2\right] \\ & - \frac{1}{8}t_1\left(\frac{1}{2}+x_1\right)\left[2\rho_\mathrm{n}\tau_\mathrm{n}+2\rho_\mathrm{p}\tau_\mathrm{p}+\frac{3}{2}(\nabla\rho_\mathrm{n})^2+\frac{3}{2}(\nabla\rho_\mathrm{p})^2\right] \\ & + \frac{1}{4}t_2\left(1+\frac{x_2}{2}\right)\left[\rho\tau-\frac{1}{4}(\nabla\rho)^2\right] \\ & + \frac{1}{4}t_2\left(\frac{1}{2}+x_2\right)\left[\rho_\mathrm{n}\tau_\mathrm{n}+\rho_\mathrm{p}\tau_\mathrm{p}-\frac{1}{4}(\nabla\rho_\mathrm{n})^2-\frac{1}{4}(\nabla\rho_\mathrm{p})^2\right] \\ & + \frac{1}{8}t_1\left(J_{\mu\nu\,\mathrm{p}}J_{\mu\nu\,\mathrm{p}}+J_{\mu\nu\,\mathrm{n}}J_{\mu\nu\,\mathrm{n}}-x_1 J_{\mu\nu}J_{\mu\nu}\right) \\ & - \frac{1}{8}t_2\left(J_{\mu\nu\,\mathrm{p}}J_{\mu\nu\,\mathrm{p}}+J_{\mu\nu\,\mathrm{n}}J_{\mu\nu\,\mathrm{n}}+x_2 J_{\mu\nu}J_{\mu\nu}\right) \end{aligned}$$

$$+\frac{1}{2}w_0(\boldsymbol{J}\cdot\nabla\rho+\boldsymbol{J}_{\mathrm n}\cdot\nabla\rho_{\mathrm n}+\boldsymbol{J}_{\mathrm p}\cdot\nabla\rho_{\mathrm p})$$

$$+\frac{e^2}{2}\rho_{\mathrm p}\int\frac{\rho_{\mathrm p}(\boldsymbol{r}')}{|\boldsymbol{r}-\boldsymbol{r}'|}\mathrm{d}\boldsymbol{r}'-\frac{3e^2}{4}\left(\frac{3}{\pi}\right)^{1/3}\rho_{\mathrm p}^{4/3}.\tag{2.6.9}$$

式中下标 n 及 p 表示核子为中子及质子,无下标的 ρ,τ 等量表示对电荷态求和后的总量,在一项中重复出现的 $\mu\nu$ 表示对 μ,ν 求和,最后两项分别为库仑能密度及对库仑能的交换修正.式中含 $J_{\mu\nu q}$ 的项常被略去,作为含若干参量的等效势,忽略这些小量对于拟合实验没有影响.对于轴对称且时间反演不变的体系

$$J_{\mu\nu q}J_{\mu\nu q}=J_q^2/2,$$

式中 $\rho_q,\tau_q,J_{\mu\nu q}$ 以及 $\boldsymbol{J}_q$ 分别为

$$\rho_q=\sum_{js}n_j\varphi_j^*(\boldsymbol{r},q,s)\varphi_j(\boldsymbol{r},q,s),\tag{2.6.10}$$

$$\tau_q=\sum_{js}n_j\nabla\varphi_j^*(\boldsymbol{r},q,s)\nabla\varphi_j(\boldsymbol{r},q,s),\tag{2.6.11}$$

$$J_{\mu\nu q}=-\mathrm i\sum_{js}n_j\partial_\mu\varphi_j^*(\boldsymbol{r},q,s')\partial_\nu\varphi_j(\boldsymbol{r},q,s)\langle s'|\boldsymbol\sigma|s\rangle,\tag{2.6.12}$$

$$\boldsymbol{J}_q=-\mathrm i\sum_{js}n_j\varphi_j^*(\boldsymbol{r},q,s')\nabla\varphi_j(\boldsymbol{r},q,s)\times\langle s'|\boldsymbol\sigma|s\rangle,\tag{2.6.13}$$

式中 n_j 为以 j 为标号的占有数,可取 $0,1,2$ 三值,$\boldsymbol\sigma$ 为泡里自旋矩阵.

由式(2.6.8)~(2.6.13)可见,E 为 φ_j^* 及 φ_j 的泛函数,HF 单粒子哈密顿量可由 E 关于 φ_j^* 变分求得.

$$H_q=-\nabla\cdot\frac{\hbar^2}{2m_q^*}\nabla+V_q(\boldsymbol{r})-\mathrm iw_q\cdot(\nabla\times\boldsymbol\sigma)$$

$$+e^2\left[\int\frac{\rho_{\mathrm p}(\boldsymbol{r})}{|\boldsymbol{r}-\boldsymbol{r}'|}\mathrm{d}\boldsymbol{r}'-\left(\frac{3}{\pi}\right)^{1/3}\rho_{\mathrm p}^{1/3}\right]\delta_{q\mathrm p}-\mathrm iB_{\mu\nu q}\nabla_\mu\sigma_\nu,\tag{2.6.14}$$

式中 m_q^* 为有效质量,由下式给出:

$$\frac{\hbar^2}{2m_q^*}=\frac{\partial E_{\mathrm d}}{\partial\tau_q}=\frac{\hbar^2}{2m}+\frac{t_1}{4}\left(1+\frac{x_1}{2}\right)\rho$$

$$-\frac{t_1}{4}\left(\frac{1}{2}+x_1\right)\rho_q+\frac{t_2}{4}\left(1+\frac{x_2}{2}\right)\rho+\frac{t_2}{4}\left(\frac{1}{2}+x_2\right)\rho_q,\tag{2.6.15}$$

$$V_q(\boldsymbol{r})=\frac{\delta E_{\mathrm d}}{\delta\rho_q}=\frac{\partial E_{\mathrm d}}{\partial\rho_q}-\left[\nabla\cdot\frac{\partial E_{\mathrm d}}{\partial(\nabla\rho_q)}\right],\tag{2.6.16}$$

$$w_q(\boldsymbol{r})=\frac{\partial E_{\mathrm d}}{\partial\boldsymbol{J}_q}=\frac{1}{2}w_0(\nabla\rho+\nabla\rho_q),\tag{2.6.17}$$

$$B_{\mu\nu q}=\frac{t_1-t_2}{4}J_{\mu\nu q}-\frac{t_1x_1+t_2x_2}{4}J_{\mu\nu}.\tag{2.6.18}$$

式(2.6.9)中忽略含 $J_{\mu\nu q}$ 项时,式(2.6.14)右方含 $B_{\mu\nu q}$ 项为零,则 H_q 化为通常的含自旋轨道耦合项的哈密顿量,即通常用的由 Skyrme 势导出的哈密顿量.经过反复

迭代,即可得 HF 方程的自洽解. 如这时所得的单粒子能量为 ε_{jq},则能量 E 为

$$E = \sum_{jq} n_{jq}\varepsilon_{jq} - \frac{1}{2}\int\left(E_d - \frac{\hbar^2}{2m}\tau\right)\mathrm{d}\boldsymbol{r}, \qquad (2.6.19)$$

求解 HF 方程,相当于在一多维函数空间求极值. 显然,这种极值会有很多,如果初始条件取的不恰当,就可能得不到所要求的极值. 例如,我们如从一开始就采用球对称的单粒子波函数,那么我们将始终求不到非球对称的解,我们所求得的是球形核的最低能量. 相反,如果所研究的核,球形时能量最低而我们想研究它变形时能量的变化,那么迭代的结果,也可能仍达到能量最低的球形态. 因此,为了求得位能曲面,必须对核的形状加以约束. 比较方便的约束方法是规定核多极矩的平均值,其中最常见的是四极矩.

$$Q_{20} = \sum_i (3z_i^2 - r_i^2), \qquad (2.6.20)$$

其平均值为

$$\langle Q_{20}\rangle = \int\rho(3z^2 - r^2)\mathrm{d}\boldsymbol{r}. \qquad (2.6.21)$$

如 $q_2 = \langle Q_{20}\rangle$ 为正值,则核具有拉长的形变;反之,则核在 z 轴方向具有压扁的形变,因此用 q_2 来描述核的形状是较方便的.

在条件

$$q_2 = \langle Q_{20}\rangle \qquad (2.6.22)$$

的约束下,

$$H' = H - \lambda Q_{20}, \qquad (2.6.23)$$

$$H'_q = H_q - \lambda Q_{20}, \qquad (2.6.24)$$

而 λ 即由条件(2.6.22)决定. 这样做,每迭代一次,都要计算并确定一次 λ,而保持 q_2 的值为规定的值;如果固定一个 λ 来迭代,则 q_2 不一定是 λ 的单值函数,不能靠 λ 的值来确定 q_2 的值. 因此人们又采用平均约束的办法,即取

$$E' = \int E_d\mathrm{d}\tau + \frac{1}{2}C(q_2 - \langle Q_{20}\rangle)^2. \qquad (2.6.25)$$

如取 C 足够大,则 E' 的极小值一定对应于 $q_2 = \langle Q_{20}\rangle$ 的情况,而不必变更 C. 在这种约束下

$$H'_q = H_q + C(q_2 - \langle Q_{20}\rangle)Q_{20}. \qquad (2.6.26)$$

方程式(2.6.26)仍用自洽法求解,而 C 及 q_2 均为给定的值.

上面讨论的约束方法不仅适用于 Skyrme 势,也适用于其他作用势. 这种约束方法的一个优点是虽然只考虑了四极形变,而变分方法已包含了对所有其他可能的形变求极小. 但是这种迭代方法往往受到初值的限制,不一定能达到绝对的极小值. 另一方面,裂变是一个动力学过程,裂变过程的途径,未见得和位能曲面的极小谷相对应. 上述方法未包括对相互作用,可以应用已求得的单粒子能级来计算对

能,还可以把对修正对波函数的影响包括在自洽计算中,这里不再详述.

当采用 Skyrme 势进行核结构微观计算时,常用的势参量如表 2.2 所示,表上所列出的几种 Skyrme 势,大体上都能给出单粒子势正确的壳结构和若干球形核结合能,但是能给出锕系元素裂变位垒的似乎仅有 SkM* 一种.

表 2.2　常用 Skyrme 势的参量值[16]

代号	t_0 /(MeV·fm³)	x_0	t_1 /(MeV·fm⁵)	x_1	t_2 /(MeV·fm⁵)	x_2	t_3 /(MeV·fm⁵)	x_3	w_0 /(MeV·fm⁵)	α
SⅢ	−1128.75	0.45	395.00	0	−95.00	0	14 000	1.0	120.0	1.0
Ska	−1602.78	−0.02	570.88	0	−67.70	0	8000	−0.286	125.0	1/3
SkM	−2645.00	0.09	385.00	0	−120.00	0	15 595.00	0	130.0	1/6
SkM*	−2645.00	0.09	410.00	0	−135.00	0	15 595.00	0	130.0	1/6

采用推广的 Thomas-Fermi 近似(ETF)可以把 $\tau,J_{\mu\nu},\boldsymbol{J}$ 等表示为 ρ_n,ρ_p 及其梯度的函数,因此可将 E_d 写成为 ρ_n,ρ_p 及其梯度的函数,这样就可以把能量写成 $\rho_n,$ ρ_p 的泛函,

$$E[\rho_n,\rho_p]=\int E_d\,\mathrm{d}\tau. \tag{2.6.27}$$

因为 ETF 是一种准经典近似,已对量子效应求了平均,不再显示出壳效应,由式(2.6.27)求极值所得的能量相当于对壳效应求平均后的能量,因此式(2.6.27)相当于一种建立在 Skyrme 势基础上的宏观模型.应该指出,假设能量为密度 ρ_n,ρ_p 的泛函几乎可以看成是各种宏观模型的微观基础,因为式(2.6.27)是建立在粒子间相互作用的基础上的.

直接由式(2.6.27)变分求极小也不容易,通常用各种近似方法来求得 E 和 $\rho_n,$ ρ_p 的值.常用的办法是对 ρ_n,ρ_p 的函数形式做某些假设,其中含若干参量,再求使 E 取极小的参量值.例如,可取

$$\rho_q(\boldsymbol{r})=\rho_{0q}(1+\mathrm{e}^{u/a_q})^{-\gamma},$$

u 为点 r 与核表面的最短距离. r 在表面外时,u 取正值,r 在表面内时,u 取负值.核表面为密度 $\rho_q=2^{-\gamma}\rho_{0q}$ 的等位面,表面所包的体积为 $\frac{4\pi}{3}R_q^3$. 这样定义的 ρ_n 及 ρ_p 各含 4 个参量,其中半径 R_n 及 R_p 可由中子数 N 和质子数 Z 决定,剩下的 6 个参量可由式(2.6.27)取极小的条件决定.可以由这样确定的 ρ_n,ρ_p 倒过来求得 $\tau_q,J_{\mu\nu q}$ 及 $\boldsymbol{J}_q$,代入式(2.6.14),求得单粒子哈密顿量 H_q 及单粒子能级及体系的能量.这种做法比 HF 方法要简单得多,可求各种形状下的能量,而且结果和相应的 HF 方法计算结果差不多.图 2.14 给出了用 ETF 近似(宏观模型)和几种 Skyrme 势计算的 ^{240}Pu 随 c 的变化(用 (c,h,α) 参量,$\alpha=0$,对给定的 c,变化 h 使能量取极小).由图上可见,只有 SkM* 势能给出较合适的宏观位垒(与液滴模型重合).

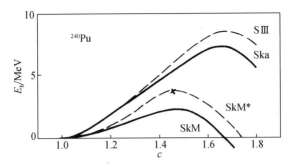

图 2.14　几种不同的 Skyrme 势用 ETF 近似计算所得的裂变位垒[16]

　　图 2.15 给出了用 HF 方法、SkM 势计算的裂变位垒, 同时给出了用 Strutinsky 方法的平均值. 可以看到, 此平均值与 ETF 计算结果很接近, 而用 × 表示的用壳修正方法计算的能量与 HF 方法的计算结果很接近. 在第二位垒处有一个向下的箭头和一小段曲线, 那表明在考虑了前后不对称性以后, 体系能量下移的量. 下移以后, 所得的第二位垒就太低, 这表明 SkM 势所给的位垒太低. 由图 2.14 可见, 换成 SkM* 势就能改进这一缺点.

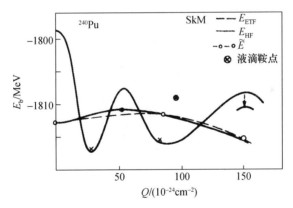

图 2.15　ETF 与 HF 计算 ^{240}Pu 裂变位垒的比较[16]

横坐标 Q 为核的质量四极矩.

参 考 文 献

[1]　R. W. Hasse, W. D. Myers. Geometrical Relationships of Macroscopic Nuclear Physics, Berlin, Springer-Verlag, 1988, 80~84.

[2]　钟云霄, 胡济民. 高能物理与核物理, 18, 1994, 342.

[3]　胡济民. 原子核理论(修订版), 第二卷, 北京: 原子能出版社, 1996, 339~351.

[4]　W. D. Myers, W. J. Swiatecki. *Ark. Fys.*, 36, 1967, 343.

[5]　U. L. Businaro, S. Gallone. *Nuovo Cim.*, 5, 1957, 315.

[6] S. Cohen, W. J. Swiatecki. *Ann. of Phys.*, 22, 1963, 406.

[7] W. D. Myers, W. J. Swiatecki. *Ann. of Phys.*, 84, 1974, 186.

[8] P. Moller, J. R. Nix. *Nucl. Phys.*, A361, 1981, 117.

[9] A. J. Sierk. *Phys. Rev.*, C33, 1986, 2039.

[10] M. G. Mustafa, D. A. Baisden, H. Chandra. *Phys. Rev.*, C25, 1982, 2524.

[11] P. Moller, J. R. Nix, W. D. Myers, W. J. Swiatecki. *Atomic Data and Nucl. Data Tables*, 59, 1995, 185.

[12] 胡济民，杨伯君，郑春开. 原子核理论(修订版)，第一卷，北京：原子能出版社，1993，62~86.

[13] A. Sobiczewski, T. Krogulski, J. Blocki, E. Szymanski. *Nucl. Phys.*, A168, 1971, 519.

[14] R. Vandenbosch, J. Huizenga. Nuclear Fission, New York, Academic Press, 1973, 33.

[15] D. Vautherin, D. M. Brink. *Phys. Rev.*, C5, 1972, 626.

[16] M. Brack, C. Guet, H. B. Hakansson. *Phys. Rev.*, 123, 1985, 304.

第三章 惯性及耗散

在上一章中讨论了描述体系能量随形变参量变化的位能曲面,然而裂变是一个形状随时间变化的动力学过程,要研究这种运动,我们还要计算体系集体运动的动能以及与单粒子运动的耦合而引起的集体运动能量的耗散.在本章第一节、第二节将介绍应用宏观模型计算惯性张量及耗散系数的方法,第三节、第四节介绍微观理论,第五节讨论核的能级密度.

§3.1 液滴模型计算动能

3.1.1 无旋液滴的方法

这是液滴模型的典型方法,即把核看做一个不可压缩的无旋液滴.设 n 为单位体积内核子的数目,m 为核子质量,v 为其运动速度.由于是无旋液体,故有

$$v = \nabla \Phi, \tag{3.1.1}$$

则原子核的动能 T 为

$$T = \frac{1}{2} mn \int \nabla \Phi \cdot \nabla \Phi \mathrm{d}\tau, \tag{3.1.2}$$

这里 $\mathrm{d}\tau$ 为体积元,又由于不可压缩,有 $\nabla \cdot v = 0$,因而必然有

$$\Delta \Phi = 0. \tag{3.1.3}$$

可以把(1.2)式的体积分化为面积分,即

$$T = \frac{1}{2} mn \oiint \Phi \nabla \Phi \cdot \mathrm{d}S, \tag{3.1.4}$$

只要求出核表面的速度势 Φ 就能求出核的动能.设 $q_1, q_2, \cdots, q_n$ 为形变参量,核表面公式为

$$F(\boldsymbol{r}, q_1, q_2, \cdots, q_n) = 0. \tag{3.1.5}$$

经过 Δt 时间,形变参量与核表面坐标均发生变化,现以 v 表示核表面上液体的速度,则必然有

$$v \cdot \nabla F + \sum_i \dot{q}_i \frac{\partial F}{\partial q_i} = 0. \tag{3.1.6}$$

令

$$\Phi = \sum_i \dot{q}_i \varphi_i, \qquad (3.1.7)$$

则由(3.1.3)式有

$$\Delta \varphi_i = 0. \qquad (3.1.8)$$

(3.1.8)式的解可以用球谐函数表达为

$$\varphi_i = \sum_s \alpha_{is} r^s P_s (\cos\theta). \qquad (3.1.9)$$

只要能求出系数 α_{is}, 就能计算动能了. 将(3.1.7)式代入(3.1.1)式, 求得 v 再代入 (3.1.6)式得

$$\nabla F \cdot \sum_i \dot{q}_i \sum_s \alpha_{is} \nabla [r^s P_s (\cos\theta)] = - \sum_i \dot{q}_i \frac{\partial F}{\partial q_i}. \qquad (3.1.10)$$

(3.1.10)式对任一组 $\dot{q}_i$ 都成立, 因而有

$$\nabla F \cdot \sum_s \alpha_{is} \nabla [r^s P_s (\cos\theta)] = -\frac{\partial F}{\partial q_i}. \qquad (3.1.11)$$

用有限个 s 的展开式无法得到式(3.1.11)的精确解. 因系数 α_{is} 有限, 而 θ 是连续变化的, 即有着无限个要满足的方程, 因而用有限个 α_{is} 时, 只能用最小二乘法来求其近似解. 实际上, 用 $s=1,3,5,\cdots,11$ 等 6 个奇数来解 i 为奇数时的 α_{is}, 用 $s=0,2,4,\cdots,12$ 等偶数来解 i 为偶数时的 α_{is} 已足够了. 一旦求得 Φ, 代入式(3.1.4), 就可以把动能 T 写成

$$T = \frac{1}{2} \sum_{ij} M_{ij} \dot{q}_i \dot{q}_j, \qquad (3.1.12)$$

公式(3.1.12)为动能的一般形式, M_{ij} 称为质量张量或惯性张量. 以式(3.1.7)代入式(3.1.4)可得

$$M_{ij} = mn \oiint \varphi_i \nabla \varphi_j \cdot \mathrm{d}\mathbf{S}, \qquad (3.1.13)$$

式中 φ_i 由式(3.1.9)给出, 而其中 α_{is} 则由求解式(3.1.11)得到, 在解式(3.1.11)时应注意保证质心不动.

并没有充分的理由认为核是一个无旋的不可压缩的液滴, 因而人们还常用更简便的 Werner-Wheeler 方法来计算质量张量.

3.1.2 Werner-Wheeler 方法[2]

Werner-Wheeler 计算动能的方法是比较常用的近似方法, 适用于轴对称的情况, 它建立在两个假设上:

(1) 以 z 轴为形变对称轴, 设粒子在 z 轴方向的平均速度只与 z 有关, 与径向坐标 ρ 无关, 即原来同在一与 z 轴垂直的平面上的粒子, 在运动中永远在同一平面内.

（2）在同一个与 z 轴垂直的平面中的粒子，沿 ρ 方向的运动速度正比于 ρ，即原来在同一圆周上的粒子，在运动中永远在同一圆周上，按半径的比例扩展或收缩。

这两个假设是对核子运动形态的一种限制，并无严格的理论根据，对于较小的形变，计算结果与无旋液体很接近，而计算要简化不少。

以 $q_1,q_2,\cdots,q_s$ 表示形变参量，以 v_z,v_ρ 分别表示沿 z 及 ρ 方向的速度，则上面两点假设可以用式子表达为

$$v_z = \sum_i A_i(z,q_1,q_2,\cdots,q_s)\,\dot q_i, \tag{3.1.14}$$

$$v_\rho = \frac{\rho}{\rho'(z)}\sum_i B_i(z,q_1,q_2,\cdots,q_s)\,\dot q_i, \tag{3.1.15}$$

其中 $\rho'(z)$ 为边界上的 ρ 值。原子核的动能 T 可以表示为

$$T = \frac{1}{2}mn\int\left[(v_z-\dot z_c)^2 + v_\rho^2\right]\mathrm d\tau, \tag{3.1.16}$$

其中 $\dot z_c$ 为质心运动速度。只要求出式(3.1.14)及(3.1.15)中的 A_i 与 B_i，动能就可以计算了。A_i 与 B_i 由两个条件决定：（1）边界上的点不因形变而离开边界；（2）形变时体积守恒。设核的形状方程式为

$$F(\rho,z,q_1,q_2,\cdots,q_s) \equiv \rho^2 - Q(z,q_1,q_2,\cdots,q_s) = 0. \tag{3.1.17}$$

从条件(1)得

$$\left(\frac{\partial F}{\partial \rho}\right)v_\rho + \left(\frac{\partial F}{\partial z}\right)v_z + \sum_i\left(\frac{\partial F}{\partial q_i}\right)\dot q_i = 0. \tag{3.1.18}$$

将式(3.1.14)，(3.1.15)与(3.1.17)代入(3.1.18)式，即得

$$2\rho B_i - Q_z A_i - \left(\frac{\partial Q}{\partial q_i}\right) = 0, \quad Q_z \equiv -\frac{\partial F}{\partial z}, \tag{3.1.19}$$

从条件(2)即体积守恒得

$$v_z Q = \sum_i\int_z^c \frac{\partial Q}{\partial q_i}\dot q_i\mathrm dz', \tag{3.1.20}$$

以式(3.1.14)代入(3.1.20)可得

$$A_i Q = \int_z^c \frac{\partial Q}{\partial q_i}\mathrm dz', \tag{3.1.21}$$

从式(3.1.21)求出 A_i，代入式(3.1.19)求出 B_i，代入式(3.1.14)及(3.1.15)可求出质量张量为

$$M_{ij} = \pi mnR_0^5\int_{-c}^c Q\left[\left(A_i-\frac{\partial\bar z}{\partial q_i}\right)\left(A_j-\frac{\partial\bar z}{\partial q_j}\right)+\frac{1}{2}B_iB_j\right]\mathrm dz, \tag{3.1.22}$$

式中 $\bar z$ 为质心的 z 坐标。上述这两种方法都是质量张量的经典计算方法，当核的激发能较大时，这些方法是适用的。一般认为用无旋不可压缩液滴更合适一些，Werner-Wheeler 方法缺乏理论根据。对于低激发态，这些方法都不适用，用微观模

型可能更合适一些.

§3.2 耗散函数的经典模型

耗散函数 $\Im$ 的定义为

$$\Im = -\frac{1}{2}\frac{\partial E}{\partial t}, \tag{3.2.1}$$

式中 E 表示集体运动的能量. 如以 q_i 表示形变参量, 则

$$\Im = \frac{1}{2}\sum_{ij}\gamma_{ij}\dot{q}_i\dot{q}_j, \tag{3.2.2}$$

γ_{ij} 为黏滞张量. 应用经典概念计算黏滞张量, 也有一体耗散和二体耗散两种模型, 分别介绍如下.

3.2.1 一体模型[3]

一体模型又称黏滞张量的墙公式, 认为原子核的能量损失来自核子与墙的碰撞. 把原子核想像成为一个在运动的墙状容器, 墙的运动代表着集体运动, 即核的形状的变化. 核子与墙碰撞后获得能量, 意味着集体运动能量的损失. 设 ΔS 为墙上一小面积, 该小面积的法线方向为 $\boldsymbol{x}$, 其法线速度为 u_n. 核子碰撞前的速度以 v_x, v_y, v_z 表示, 碰撞后的速度以 v'_x, v'_y, v'_z 表示. 因碰撞时动量守恒, 则有 $v'_y = v_y$, $v'_z = v_z, v_x - u_n = u_n - v'_x$. 设 f 为核子速度分布函数, 则单位时间打到面积元 ΔS 上的具有速度 $v_x \approx v_x + \mathrm{d}v_x, v_y \approx v_y + \mathrm{d}v_y, v_z \approx v_z + \mathrm{d}v_z$ 之间的核子数为

$$\Delta S(v_x - u_n)f\mathrm{d}v_x\mathrm{d}v_y\mathrm{d}v_z.$$

核子碰撞一次获得的能量为

$$\frac{1}{2}m(v'^2_x - v^2_x) = 2m(u^2_n - u_n v_x), \tag{3.2.3}$$

则单位时间打在 ΔS 上获得的能量为

$$I\Delta S = 2m\Delta S\int_0^\infty (v_x - u_n)(u^2_n - u_n v_x)g(v_x)\mathrm{d}v_x, \tag{3.2.4}$$

其中

$$g(v_x) = \int_{-\infty}^\infty\int_{-\infty}^\infty f(v_x, v_y, v_z)\mathrm{d}v_y\mathrm{d}v_z, \tag{3.2.5}$$

令 $\xi = v_x - u_n$, $\mathrm{d}\xi = \mathrm{d}v_x$,

$$g(v_x) = g(\xi + u_n) \approx g(\xi) + u_n\frac{\mathrm{d}}{\mathrm{d}\xi}g(\xi),$$

则

$$I\Delta S = -2m\Delta S\int_0^\infty u_n\xi^2\left[g(\xi) + u_n\frac{\mathrm{d}}{\mathrm{d}\xi}g(\xi)\right]\mathrm{d}\xi. \tag{3.2.6}$$

总的能量损失为

$$-\frac{\mathrm{d}E}{\mathrm{d}t} = \iint I\mathrm{d}S = -2m\iint \mathrm{d}S\int_0^\infty u_\mathrm{n}\xi^2\Big[g(\xi) + u_\mathrm{n}\frac{\mathrm{d}}{\mathrm{d}\xi}g(\xi)\Big]\mathrm{d}\xi. \tag{3.2.7}$$

由于在形变中体积保持不变,因而第一项积分为零,对第二项作一次分部积分得

$$-\frac{\mathrm{d}E}{\mathrm{d}t} = 4m\oiint u_\mathrm{n}^2\mathrm{d}S\int_0^\infty \xi g(\xi)\mathrm{d}\xi. \tag{3.2.8}$$

由于 u_n 与 v_x 比是一个小量,故

$$\int_0^\infty \xi g(\xi)\mathrm{d}\xi \approx \pi\int_0^\infty v^3 f(v)\mathrm{d}v = \frac{1}{4}n\bar{v}, \tag{3.2.9}$$

其中 n 为核子数密度,$\bar{v}$ 为平均速率. 可以把核子当作处于绝对零度时的费米气体看待,则

$$\bar{v} = \int_0^{v_\mathrm{f}} v^3\mathrm{d}v\Big/\int_0^{v_\mathrm{f}} v^2\mathrm{d}v = \frac{3}{4}v_\mathrm{f}, \tag{3.2.10}$$

其中 v_f 为与费米能级相应的速度. 设核的表面方程式仍如式(3.1.5)所示,则

$$u_\mathrm{n} = \frac{1}{|\nabla F|}\nabla F\cdot \boldsymbol{V}, \tag{3.2.11}$$

$\boldsymbol{V}$ 为核表面的速度,其两个分量按(3.1.14)与(3.1.15)式分别为

$$V_z = \sum_i A_i\dot{q}_i - \dot{z}_\mathrm{c}, \quad V_\rho = \sum_i B_i\dot{q}_i. \tag{3.2.12}$$

其中 $\dot{z}_\mathrm{c}$ 为质心速度,耗散函数 $\mathfrak{J}$ 为

$$\mathfrak{J} = -\frac{1}{2}\frac{\mathrm{d}E}{\mathrm{d}t} = \frac{3}{8}nmv_\mathrm{f}\oiint u_\mathrm{n}^2\mathrm{d}S. \tag{3.2.13}$$

以式(3.2.11)代入上式,可得黏滞张量为

$$\gamma_{ij} = \frac{9}{16}r_0 mA^{4/3}v_\mathrm{f}\int_{-c}^c\bigg\{\frac{1}{\sqrt{4Q + Q_z^2}}\Big[\frac{\partial Q}{\partial q_i} + Q_z\frac{\partial\bar{z}}{\partial q_i}\Big]$$

$$\times\Big[\frac{\partial Q}{\partial q_j} + Q_z\frac{\partial\bar{z}}{\partial q_j}\Big]\bigg\}\mathrm{d}z, \tag{3.2.14}$$

这里

$$Q_z \equiv \frac{\partial Q}{\partial z}. \tag{3.2.15}$$

当形变出现颈子的时候,原子核可分为明显的两部分,各具有不同的质心平均速度,通常把颈子处的截面叫做窗. 两部分的核子通过窗相互交换时,平均带过去不同的动量,使两部分通过窗有了黏滞性,这是墙公式在出现颈子时的特殊表现. 设以 $\Delta\sigma$ 表示窗面积,以 u_t 及 u_r 分别代表轴向及径向两碎块的相对速度,则与式(3.2.13)类似,由窗作用引起的耗散函数为

$$\mathfrak{J}' = \frac{1}{4}nm\bar{v}\Delta\sigma(u_\mathrm{t}^2 + u_\mathrm{r}^2), \tag{3.2.16}$$

其中 $\bar{v}$ 为核子平均速度. 以 $v_{1z}, v_{1r}, v_{2z}, v_{2r}$ 分别代表两块碎片质心处的平均速度,则

$$u_t = v_{2z} - v_{1z}, \quad u_r = v_{2r} - v_{1r}, \tag{3.2.17}$$

以(3.1.14)及(3.1.15)式代入式(3.2.17),经过化简,可得因"窗公式"引起的黏滞张量为

$$\gamma'_{ij} = \frac{9}{64} r_0 m A^{4/3} \bar{v} \left\{ [A_i(z_2) - A_i(z_1)][A_j(z_2) - A_j(z_1)] \right.$$

$$\left. + \frac{1}{2} [B_i(z_2) - B_i(z_1)][B_j(z_2) - B_j(z_1)] \right\}, \tag{3.2.18}$$

其中 z_1, z_2 分别为两碎片的质心坐标. 这样,当形变出现颈子的时候,就可以用"窗+墙公式"来计算黏滞张量,当然这里的"墙公式"分别是两碎片的"墙公式". 用"窗+墙公式"虽然能改进黏滞张量的计算,但从"墙公式"到"窗+墙公式"的过渡却没有找到一个比较好的自然过渡的方式,这未免是一个缺点.

式(3.2.14)及(3.2.18)中均不含可调参量,在实际应用时,往往发现这样算出的黏滞张量太大,需要引入一个可调因子 k_0,取值约为0.27.

3.2.2 二体模型[4]

二体模型实际上是黏滞流体模型,即认为流体的黏滞性来源于粒子与粒子的相互碰撞,使核的宏观运动能量转化为粒子热运动能量,从而出现黏滞性. 文献[4]对这个问题讨论得比较详细.

设 ε 为粒子热运动平均能量,$\boldsymbol{q}$ 为热流,σ 为黏滞张量,$\boldsymbol{v}$ 为流体速度,则流体的能量守恒方程为[3]

$$n \frac{d\varepsilon}{dt} + \nabla \cdot \boldsymbol{q} = -\sum_{ij} \sigma_{ij} \frac{\partial v_i}{\partial x_j}, \tag{3.2.19}$$

n 为单位体积中的粒子数. 按牛顿公式有

$$\sigma_{ij} = \eta \left(\frac{\partial v_i}{\partial x_j} + \frac{\partial v_j}{\partial x_i} \right), \tag{3.2.20}$$

(3.2.19)式等号右面是单位体积的流体在单位时间能量的损失,因而能量耗散函数 $\Im$ 为该项关于原子核全部体积积分,即

$$\Im = -\sum_{ij} \int \sigma_{ij} \frac{\partial v_i}{\partial x_j} d\tau = -\eta \sum_{ij} \int \left(\frac{\partial v_i}{\partial x_j} + \frac{\partial v_j}{\partial x_i} \right) \frac{\partial v_i}{\partial x_j} d\tau. \tag{3.2.21}$$

由于流体的无旋性,有

$$\frac{\partial v_i}{\partial x_j} = \frac{\partial v_j}{\partial x_i}, \tag{3.2.22}$$

又由于流体的不可压缩性,有

$$\sum_{ij} \left(\frac{\partial v_i}{\partial x_j} \right)^2 = \frac{1}{2} \sum_{ij} \frac{\partial^2}{\partial x_j^2} (v_i^2) = \frac{1}{2} \nabla^2 (\boldsymbol{v}^2) = \frac{1}{2} \nabla \cdot \nabla (\boldsymbol{v}^2), \quad (3.2.23)$$

则(3.2.21)式可以化简为

$$\mathfrak{I} = - \eta \oiint \nabla (\boldsymbol{v}^2) \cdot \boldsymbol{n} \mathrm{d} S, \quad (3.2.24)$$

这里 $\boldsymbol{n}$ 为核表面的法线方向单位矢量,$\boldsymbol{v}$ 为核表面的流体速度.应用第一节的方法,求得速度,即可求得黏滞张量,这种方法引入了一个黏滞系数 η,有待确定.

这一模型适用的前提是核子在核内的平均自由程很短,常常通过碰撞交换能量,当激发能较高时可能适用.

§3.3　质量张量的微观计算[5]

作为微观模型的基础,一般假设核子在核内,是在一平均场作用下,分布于各单粒子能级上,并受到平均场以外的剩余相互作用而不断改变其所处的能级.这时体系的哈密顿量 H 可以近似地写成如下形式:

$$H = \sum_i H_s (\boldsymbol{r}_i, q_i) - V_{av} + V_r, \quad (3.3.1)$$

式中 H_s 即单粒子哈密顿量,应用平均场近似时,即核子在平均场中运动的哈密顿量;V_{av} 为核子间的相互作用势,因为在平均场中,每一对核子间的相互作用势都计算了两次,因此应减去多算的一次.在平均场近似下,仅取其平均值.在 H_s 中,不但表示出了粒子的坐标,还标出了形变参量 $q_i (i=1, \cdots, n)$,正是由这些形变参量决定核的形状.V_r 即平均场以外的剩余相互作用.设 $q_i (i=1, \cdots, n)$ 不变(固定形变)时 H 的定态解为

$$H(q_i) \psi_n = E_n \psi_n, \quad (3.3.2)$$

如 q_i 随时间变化,则要解含时间的薛定谔方程

$$H \boldsymbol{\Psi} = \mathrm{i} \hbar \frac{\partial}{\partial t} \boldsymbol{\Psi}, \quad (3.3.3)$$

令 $\boldsymbol{\Psi} = \exp \left(- \frac{\mathrm{i}}{\hbar} \int^t E \mathrm{d} t \right) \psi$, 得

$$\left(H - \mathrm{i} \hbar \sum_i \dot{q}_i \frac{\partial}{\partial q_i} \right) \psi = E \psi, \quad (3.3.4)$$

采用绝热近似,上式左方第二项可看成微扰.设当 q_i 不变时,体系能量为 E_0,波函数为 ψ_0,则由于微扰的影响准确到 $\dot{q}_i$ 一次项的波函数为

$$\psi = \psi_0 + \sum_{n \neq 0} \frac{1}{(E_n - E_0)} \left\langle \psi_n \left| \mathrm{i} \hbar \dot{q}_i \frac{\partial}{\partial q_i} \right| \psi_0 \right\rangle \psi_n, \quad (3.3.5)$$

式中连续两个下标 i 为对 i 求和,下同. 准确到 $\dot{q}_i$ 二次项的能量为

$$E = E_0 - \left\langle \psi_0 \left| i\hbar \dot{q}_i \frac{\partial}{\partial q_i} \right| \psi_0 \right\rangle$$

$$- \sum_{n \neq 0} \frac{1}{(E_n - E_0)} \left\langle \psi_0 \left| i\hbar \dot{q}_i \frac{\partial}{\partial q_i} \right| \psi_n \right\rangle \left\langle \psi_n \left| i\hbar \dot{q}_i \frac{\partial}{\partial q_i} \right| \psi_0 \right\rangle. \tag{3.3.6}$$

而体系的平均能量 $\overline{E}$ 应为

$$\overline{E} = \langle \psi | H | \psi \rangle = E + \left\langle \psi \left| i\hbar \dot{q}_i \frac{\partial}{\partial q_i} \right| \psi \right\rangle. \tag{3.3.7}$$

以式(3.3.5)及(3.3.6)代入上式,准确到 $\dot{q}_i$ 二次项,可得

$$\overline{E} = E_0 + \hbar^2 \sum_{n \neq 0} \frac{1}{(E_n - E_0)} \left| \left\langle \psi_n \left| \dot{q}_i \frac{\partial}{\partial q_i} \right| \psi_0 \right\rangle \right|^2, \tag{3.3.8}$$

上式可看成形变参量的能量方程

$$\overline{E} = E_0(q_i) + \frac{1}{2} \sum_{ij} B_{ij} \dot{q}_i \dot{q}_j, \tag{3.3.9}$$

式中质量张量 B_{ij} 由下式给出:

$$B_{ij} = 2\hbar^2 \sum_{n \neq 0} \frac{1}{(E_n - E_0)} \left\langle \psi_n \left| \frac{\partial}{\partial q_i} \right| \psi_0 \right\rangle \left\langle \psi_0 \left| \frac{\partial}{\partial q_j} \right| \psi_n \right\rangle, \tag{3.3.10}$$

应用公式

$$\left\langle \psi_n \left| \left(H \frac{\partial}{\partial q_i} - \frac{\partial}{\partial q_i} H \right) \right| \psi_0 \right\rangle = (E_n - E_0) \left\langle \psi_n \left| \frac{\partial}{\partial q_i} \right| \psi_0 \right\rangle$$

$$= -\left\langle \psi_n \left| \frac{\partial}{\partial q_i} H \right| \psi_0 \right\rangle, \tag{3.3.11}$$

代入(3.3.10)式,可得

$$B_{ij} = 2\hbar^2 \sum_{n \neq 0} \frac{1}{(E_n - E_0)^3} \left\langle \psi_n \left| \frac{\partial H}{\partial q_i} \right| \psi_0 \right\rangle \left\langle \psi_0 \left| \frac{\partial H}{\partial q_j} \right| \psi_n \right\rangle. \tag{3.3.12}$$

由(3.3.1)式可知,在 H 中,如忽略 V_r,只有单粒子哈密顿 H_s 中含形变参量,故(3.3.12)式可改写为

$$B_{ij} = 2\hbar^2 \sum_{n \neq 0} \frac{1}{(E_n - E_0)^3} \left\langle \psi_n \left| \frac{\partial H_s}{\partial q_i} \right| \psi_0 \right\rangle \left\langle \psi_0 \left| \frac{\partial H_s}{\partial q_j} \right| \psi_n \right\rangle. \tag{3.3.13}$$

用单粒子近似,忽略剩余相互作用,则

$$| \psi_0 \rangle = | \mathrm{HF} \rangle = \prod_{\mu} a_{\mu}^{+} | 0 \rangle, \tag{3.3.14}$$

$$| \psi_n \rangle = a_{\nu}^{+} a_{\mu} | \mathrm{HF} \rangle, \tag{3.3.15}$$

式中 μ 表示费米能以下各能级,而 ν 表示费米能以上的能级,故式(3.3.13)又可

表为

$$B_{ij} = 2\hbar^2 \sum_{\mu \neq \nu} \frac{1}{(\varepsilon_\nu - \varepsilon_\mu)^3} \left\langle \nu \left| \frac{\partial H_s}{\partial q_i} \right| \mu \right\rangle \left\langle \mu \left| \frac{\partial H_s}{\partial q_j} \right| \nu \right\rangle, \tag{3.3.16}$$

式中 $\varepsilon_\mu, \varepsilon_\nu$ 表示单粒子能级. 对于具有温度 T 的核,处于 ε_μ 的几率 Γ_μ 由下式给出:

$$\Gamma_\mu = \frac{1}{1 + \exp[(\varepsilon_\mu - \varepsilon_f)/T]}, \tag{3.3.17}$$

式中的 ε_f 为费米能.

$$B_{ij} = 2\hbar^2 \sum_{\mu \neq \nu} \frac{\Gamma_\mu}{(\varepsilon_\nu - \varepsilon_\mu)^3} \left\langle \nu \left| \frac{\partial H_s}{\partial q_i} \right| \mu \right\rangle \left\langle \mu \left| \frac{\partial H_s}{\partial q_j} \right| \nu \right\rangle, \tag{3.3.18}$$

求和时除 $\varepsilon_\mu \neq \varepsilon_\nu$ 外,关于 μ, ν 无其他限制.

当考虑对相互作用时,若 BCS 近似,则对于偶偶核,基态为 $|\text{BCS}\rangle$,即

$$|\text{BCS}\rangle = \prod_\mu T(U_\mu + V_\mu a_\mu^+ a_{\bar\mu}^+) | 0 \rangle, \tag{3.3.19}$$

而激发态 $|m\rangle$ 为两赝粒子态,

$$|m\rangle = \alpha_\mu^+ \alpha_\nu^+ |\text{BCS}\rangle, \tag{3.3.20}$$

式中

$$\begin{cases} \alpha_\mu^+ = U_\mu a_\mu^+ - V_\mu a_{\bar\mu}^-, \\ \alpha_\nu^+ = U_\nu a_\nu^+ - V_\nu a_{\bar\nu}^-, \end{cases} \tag{3.3.21}$$

为赝粒子产生算符. 代入式(3.3.20):

当 $\nu \neq \bar\mu$ 时,

$$|m\rangle = |\mu, \nu\rangle = a_\mu^+ a_\nu^+ \prod_{\rho \neq \mu, \nu} (U_\rho + V_\rho a_\rho^+ a_{\bar\rho}^+) | 0 \rangle; \tag{3.3.22}$$

当 $\nu = \bar\mu$ 时,

$$|m\rangle = |\mu, \bar\mu\rangle = (U_\mu a_\mu^+ a_\nu^+ - V_\mu) \prod_{\rho \neq \mu} (U_\rho + V_\rho a_\rho^+ a_{\bar\rho}^+) | 0 \rangle. \tag{3.3.23}$$

由式(3.3.22)可得

$$\left\langle 0 \left| \frac{\partial H_s}{\partial q_i} \right| \mu, \nu \right\rangle = (U_\mu V_\nu + U_\nu V_\mu) \left\langle \nu \left| \frac{\partial H_s}{\partial q_i} \right| \bar\mu \right\rangle,$$

$$\left\langle 0 \left| \frac{\partial H_s}{\partial q_i} \right| \bar\mu, \nu \right\rangle = -(U_\mu V_\nu + U_\nu V_\mu) \left\langle \bar\mu \left| \frac{\partial H_s}{\partial q_i} \right| \bar\nu \right\rangle,$$

$$\left\langle 0 \left| \frac{\partial H_s}{\partial q_i} \right| \bar\mu, \bar\nu \right\rangle = (U_\mu V_\nu + U_\nu V_\mu) \left\langle \bar\mu \left| \frac{\partial H_s}{\partial q_i} \right| \nu \right\rangle.$$

代入式(3.3.16),可得

$$B_{1ij} = 2\hbar^2 \sum_{\mu \neq \nu} \left\langle \nu \left| \frac{\partial H_s}{\partial q_i} \right| \mu \right\rangle \left\langle \mu \left| \frac{\partial H_s}{\partial q_j} \right| \nu \right\rangle (U_\mu V_\nu + U_\nu V_\mu)^2 (E_\mu + E_\nu)^{-3},$$

$$\tag{3.3.24}$$

上式求和中应含 $\bar{\mu}$ 及 $\bar{\nu}$,即包括时间反演态. 对于式(3.3.23)中的态,可直接求

$$\left\langle 0 \left| \frac{\partial}{\partial q_i} \right| \mu, \bar{\mu} \right\rangle = \frac{1}{V_\mu} \frac{\partial U_\mu}{\partial q_i}$$

$$= -\frac{\Delta}{2E_\nu^2} \left[\left\langle \mu \left| \frac{\partial H_s}{\partial q_i} \right| \mu \right\rangle - \frac{\partial \lambda}{\partial q_i} - \frac{\partial \Delta}{\partial q_i} \frac{(\varepsilon_\mu - \lambda)}{\Delta} \right],$$

$$B_{2ij} = \hbar^2 \frac{\Delta^2}{4} \sum_\mu \left\{ \left[\left\langle \mu \left| \frac{\partial H_s}{\partial q_i} \right| \mu \right\rangle - \frac{\partial \lambda}{\partial q_i} - \frac{\partial \Delta}{\partial q_i} \frac{(\varepsilon_\mu - \lambda)}{\Delta} \right] \right.$$

$$\left. \times \left[\left\langle \mu \left| \frac{\partial H_s}{\partial q_j} \right| \mu \right\rangle - \frac{\partial \lambda}{\partial q_j} - \frac{\partial \Delta}{\partial q_j} \frac{(\varepsilon_\mu - \lambda)}{\Delta} \right] E_\mu^{-5} \right\}, \tag{3.3.25}$$

利用公式

$$\frac{1}{G} = \frac{1}{2} \sum_\nu \left[(\varepsilon_\nu - \lambda)^2 + \Delta^2 \right]^{-1/2} = \frac{1}{2} \sum \frac{1}{E_\nu},$$

$$N = \sum_\nu \left[1 - \frac{\varepsilon_\nu - \lambda}{E_\nu} \right],$$

式 G 及 N 均不随 q_i 变化. 将上式对 q_i 求偏微商,可得

$$\frac{\partial \lambda}{\partial q_i} = \frac{ac_i + bd_i}{a^2 + b^2}, \quad \frac{\partial \Delta}{\partial q_i} = \frac{bc_i - ad_i}{a^2 + b^2}, \tag{3.3.26}$$

其中

$$\begin{cases} a = \Delta \sum_\nu \frac{1}{E_\nu^3}, & b = \sum_\nu \frac{\varepsilon_\nu - \lambda}{E_\nu^3}, \\ c_i = \Delta \sum_\nu \frac{1}{E_\nu^3} \frac{\partial \varepsilon_\nu}{\partial q_i}, & d_i = \sum_\nu \frac{\varepsilon_\nu - \lambda}{E_\nu^3} \frac{\partial \varepsilon_\nu}{\partial q_i}. \end{cases} \tag{3.3.27}$$

最后可得质量张量的公式为

$$B_{ij} = B_{1ij} + B_{2ij}. \tag{3.3.28}$$

§3.4 转动惯量的微观理论[6]

在计算裂变几率时,计算转动能常常要用到转动惯量. 通常采用上一章介绍的宏观理论,但有时也要用微观理论来计算转动惯量,特别是当体系处于激发能很小的状态,量子效应尤为显著.

设当体系不转动时,哈密顿量 H_0 有一系列解:

$$H_0 | n \rangle = E_n | n \rangle. \tag{3.4.1}$$

转动时应用推转模型,有

$$(H_0 - \hbar_1 \omega) | \chi_\omega \rangle = E | \chi_\omega \rangle. \tag{3.4.2}$$

当 $\omega \to 0$ 时,$| \chi_\omega \rangle \to | 0 \rangle$,应用微扰理论

$$| \chi_\omega \rangle = | 0 \rangle + \sum_{n \neq 0} \frac{\hbar \langle n \mid J_1 \omega \mid 0 \rangle}{E_n - E_0} | n \rangle, \tag{3.4.3}$$

准确到 ω 的二次项

$$E = E_0 - \langle 0 \mid J_1 \mid 0 \rangle - \hbar^2 \omega^2 \sum_{n \neq 0} \frac{\langle 0 \mid J_1 \mid n \rangle \langle n \mid J_1 \mid 0 \rangle}{E_n - E_0} | n \rangle. \tag{3.4.4}$$

但 E 为式(3.4.2)的近似本征值,并非其能量,

$$E_\omega = \langle \chi_\omega \mid H_0 \mid \chi_\omega \rangle = E + \omega \hbar \langle \chi_\omega \mid J_1 \mid \chi_\omega \rangle. \tag{3.4.5}$$

以式(3.4.3)及(3.4.4)代入式(3.4.5),可得转动时体系的能量为

$$E_\omega = E_0 + \hbar^2 \omega^2 \sum_{n \neq 0} \frac{\langle 0 \mid J_1 \mid n \rangle \langle n \mid J_1 \mid 0 \rangle}{E_n - E_0}, \tag{3.4.6}$$

而转动能应为

$$E_\omega - E_0 = \frac{1}{2} \omega^2 \mathscr{I}_1,$$

其中

$$\mathscr{I}_1 = 2 \hbar^2 \sum_{n \neq 0} \frac{\langle 0 \mid J_1 \mid n \rangle \langle n \mid J_1 \mid 0 \rangle}{E_n - E_0}. \tag{3.4.7}$$

对于单粒子近似,基态为在费米能 ε_f 以下诸能级均填满的态,由于 J_1 为单粒子算符,因此 $| n \rangle$ 只能取一空穴的粒子态,即在费米能以下产生一空穴,而在费米能以上为一粒子. 因此 $\mathscr{I}_1$ 可写成

$$\mathscr{I}_1 = 2 \hbar^2 \sum_{\varepsilon_\mu < \varepsilon_f, \varepsilon_\nu > \varepsilon_f} \frac{\langle 0 \mid J_1 \mid n \rangle \langle n \mid J_1 \mid 0 \rangle}{\varepsilon_\nu - \varepsilon_\mu}. \tag{3.4.8}$$

对于轴对称的核,上式仅适用于与对称轴垂直的转动轴. 可以证明,对于较大的形变,由式(3.4.8)计算所得的转动惯量,与宏观模型计算的结果相差不大.

考虑对相互作用,对于偶偶核有

$$| 0 \rangle = | \mathrm{BCS} \rangle, \quad | n \rangle = \alpha_\mu^+ \alpha_\nu^+ | \mathrm{BCS} \rangle.$$

代入式(3.4.7),可得

$$\begin{aligned} \mathscr{I}_1 &= \hbar^2 \sum_{\mu, \nu} \frac{\langle \mathrm{BCS} \mid J_1 \alpha_\mu^+ \alpha_\nu^+ \mid \mathrm{BCS} \rangle^2}{E_n - E_0} \\ &= \hbar^2 \sum_{\mu, \nu} (U_\nu V_\mu - U_\mu V_\nu)^2 \frac{\langle \mu \mid J_1 \mid \nu \rangle^2}{E_n - E_0}, \end{aligned} \tag{3.4.9}$$

上式对 μ, ν 求和中均包括时间反演态.

对于奇 A 核,情况要复杂一些,基态可写成

$$| 1 \rangle = \alpha_1^+ | \mathrm{BCS} \rangle,$$

为一赝粒子态,其能量为 E_1,而中间态有两种,分别为

$$| n_1 \rangle = \alpha_\mu^+ \alpha_\nu^+ \alpha_1^+ | \mathrm{BCS} \rangle, \quad | n_2 \rangle = \alpha_r^+ | \mathrm{BCS} \rangle.$$

其能量为

$$E_n = E_\mu + E_\nu + E_1 \quad 及 \quad E_n = E_r,$$

则

$$\mathscr{I}_1 = \hbar^2 \sum_{\mu,\nu} (U_\nu V_\mu - U_\mu V_\nu)^2 \frac{\langle \mu \mid J_1 \mid \nu \rangle^2}{E_n - E_1}$$

$$+ \hbar^2 \sum_{r \neq 1} (U_r U_1 - V_r V_1)^2 \frac{(\langle r \mid J_1 \mid 1 \rangle^2 + \langle r \mid J_1 \mid \overline{1} \rangle^2)}{E_r - E_1}. \tag{3.4.10}$$

§3.5 核的能级密度[7]

对于处于较高激发态的原子核,人们往往不能逐一描述核的能级,而引入能级密度的概念,即在单位能级区间(如 1 MeV 或 10 keV 等)内核体系的能级数目 $\rho(E)$,对于一个核体系,其能量可以分为单粒子运动及集体运动两部分,因而能级密度也可分为两部分.在裂变过程中,集体运动部分常常需要分开具体研究,而单粒子运动部分则用能级密度来讨论.本节所讨论的,即在给定内部运动激发能时单粒子运动能级密度的计算方法.

为了简单起见,先设体系由 A 个全同费米子组成,则其能级密度可写成

$$\rho(A,E) = \sum_{i,N} \delta(N-A) \delta[E_i(N) - E], \tag{3.5.1}$$

这里把 A 和 E 当做连续变量来处理,$E_1(N), E_2(N), \cdots$ 表示粒子数为 N 时状态 $1,2,\cdots$ 的能量.每一个不同的情态给一个编号,不同的 i 取相同的 E_i 是允许的,$\rho(A,E)$ 的意义是

$$\rho(A,E)\Delta A\Delta E = \int_{A-\Delta A/2}^{A+\Delta A/2} \int_{E-\Delta E/2}^{E+\Delta E/2} \sum_{i,N} \delta(N-A)\delta[E_i(N)-E]\mathrm{d}A\mathrm{d}E, \tag{3.5.2}$$

为区间 $\Delta A\Delta E$ 中的状态数.如区间只含有一个整数值 N_0,而 ΔE 中含能级 $E_s(N_0), E_{s+1}(N_0), \cdots, E_{s+k-1}(N_0)$ 时,则状态数为

$$\rho(A,E)\Delta A\Delta E = k.$$

显然,由式(3.5.2)定义的状态数只取整数值.本来,仅仅考虑能级密度,粒子数 A 可以取固定的整数值.但是取 A 为可变值,不仅可使理论适用于粒子数可变的情况,而且可以简化理论,在统计物理中人们定义巨正则配分函数 $\Pi(\alpha,\beta)$ 为

$$\Pi(\alpha,\beta) = \iint \rho(A,E)\mathrm{e}^{\alpha A - \beta E} \mathrm{d}A\mathrm{d}E = \sum_{N,i} \mathrm{e}^{\alpha N - \beta E_i(N)}. \tag{3.5.3}$$

如 $\hat{N}$ 为粒子数算符,并定义密度矩阵 $\hat{\rho}$ 为

$$\hat{\rho} = \exp(\alpha\hat{N} - \beta\hat{H}), \tag{3.5.4}$$

则配分函数即为密度矩阵 $\hat{\rho}$ 的迹,即

$$\Pi(\alpha,\beta) = Tr\hat{\rho}. \tag{3.5.5}$$

因此如能求得核多体系问题的解,即可由式(3.5.5)计算配分函数.应该指出,这里

引用巨正则配分函数,以及后面将要引入的核温度熵等仅仅是为了计算能级密度
而引入的.能级密度是一个仅仅由体系的组成及相互作用所决定的量,与体系实际
处在什么状态毫无关系.当然一旦体系处于统计平衡,则由式(3.5.4)定义的密度
矩阵,就可决定体系处在各个状态的几率.

求得配分函数 Π,经过一次拉普拉斯变换,即可求得 $\rho(A,E)$,

$$\rho(A,E) = (2\pi i)^{-2} \int_{-i\infty}^{i\infty} \int_{-i\infty}^{i\infty} \Pi(\alpha,\beta) \exp(-\alpha A + \beta E) d\alpha d\beta$$

$$= (2\pi i)^{-2} \int_{-i\infty}^{i\infty} \int_{-i\infty}^{i\infty} \exp[\ln\Pi(\alpha,\beta) - \alpha A + \beta E] d\alpha d\beta. \qquad (3.5.6)$$

以式(3.5.3)定义的 $\Pi(\alpha,\beta)$ 代入上式,就重新得到由式(3.5.1)所定义的能级密
度.这表明式(3.5.6)定义的 $\rho(A,E)$ 和式(3.5.1)的定义是一致的.式(3.5.6)的好
处在于可以推得计算 $\rho(A,E)$ 的近似方法.

式(3.5.6)的积分中,在大部分的积分路线上,α 和 β 都有比较大的虚部,而 A
和 E 一般又很大,被积函数是一个迅速振荡的函数,因此在 $-i\infty$ 到 $i\infty$ 的积分路线
上,大部分积分值相互抵消,对 $\rho(A,E)$ 并无贡献.仅当 α 和 β 的虚部绝对值很小
时,即积分路线经过 α 和 β 两复平面的实轴时,积分才有较大的贡献.如函数
$\ln\Pi(\alpha,\beta) - \alpha A + \beta E$ 在 α 和 β 的实轴上有一鞍点,由这一点过实轴,并选择积分路
线使在鞍点处被积函数取极大值,则积分的主要贡献来自这一小区间.如忽略路线
其他部分对积分的贡献,则算出的积分成为鞍点近似.在统计物理中,将鞍点近似
用于宏观物体是非常准确的,在核物理中这也是很好的近似,对能级密度计算的误
差,主要不是由此引入的.

设 α_0,β_0 为函数 $\ln\Pi(\alpha,\beta) - \alpha A + \beta E$ 的鞍点,则

$$\left\{\frac{\partial}{\partial\alpha}[\ln\Pi(\alpha,\beta) - \alpha A + \beta E]\right\}_{\alpha=\alpha_0,\beta=\beta_0} = 0,$$

$$\left\{\frac{\partial}{\partial\beta}[\ln\Pi(\alpha,\beta) - \alpha A + \beta E]\right\}_{\alpha=\alpha_0,\beta=\beta_0} = 0,$$

由此可得

$$\left[\frac{\partial}{\partial\alpha}\ln\Pi(\alpha,\beta)\right]_{\alpha=\alpha_0,\beta=\beta_0} = A, \qquad (3.5.7a)$$

$$\left[\frac{\partial}{\partial\beta}\ln\Pi(\alpha,\beta)\right]_{\alpha=\alpha_0,\beta=\beta_0} = -E, \qquad (3.5.7b)$$

式(3.5.7a),(3.5.7b)即为鞍点条件,α_0,β_0 值就由上式给出.具体计算表明这样定
出的 α_0,β_0 为正实数.

令 $X(\alpha,\beta) = \ln\Pi(\alpha,\beta) - \alpha A + \beta E$,并将 $X(\alpha,\beta)$ 在 α_0,β_0 附近展开,保留二次
项,得

$$X(\alpha,\beta) = \ln\Pi(\alpha_0,\beta_0) - \alpha_0 A + \beta_0 E + \frac{1}{2}(\alpha-\alpha_0)^2 \left[\frac{\partial^2\ln\Pi(\alpha,\beta)}{\partial\alpha^2}\right]_0$$

$$+\frac{1}{2}(\beta-\beta_0)^2\left[\frac{\partial^2\ln\Pi(\alpha,\beta)}{\partial\beta^2}\right]_0$$

$$+(\alpha-\alpha_0)(\beta-\beta_0)\left[\frac{\partial^2\ln\Pi(\alpha,\beta)}{\partial\alpha\partial\beta}\right]_0. \tag{3.5.8a}$$

当 α,β 取实数时,以 $(\alpha-\alpha_0)$,$(\beta-\beta_0)$ 为变量的二次方程是正定的(以后将用实例证明),因此对于实数的 α,β,$X(\alpha,\beta)$ 在 α_0,β_0 处取极小值. 如积分路线沿虚轴方向过 α_0,β_0 点,令

$$\alpha=\alpha_0+\mathrm{i}x,\quad \beta=\beta_0+\mathrm{i}y,$$

则

$$X(\alpha,\beta)=X(\alpha_0,\beta_0)-\frac{1}{2}x^2\left[\frac{\partial^2\ln\Pi(\alpha,\beta)}{\partial\alpha^2}\right]_0$$

$$-xy\left[\frac{\partial^2\ln\Pi(\alpha,\beta)}{\partial\alpha\partial\beta}\right]_0-\frac{1}{2}y^2\left[\frac{\partial^2\ln\Pi(\alpha,\beta)}{\partial\beta^2}\right]_0. \tag{3.5.8b}$$

当 α,β 沿虚轴方向变化时,$X(\alpha,\beta)$ 在 α_0,β_0 处取极大值,这既表明 α_0,β_0 点是 $X(\alpha,\beta)$ 函数的鞍点,也表明正确的积分路线应该沿虚轴方向经过这一点. 以 x,y 为积分变量,式(3.5.6)可以写成

$$\rho(A,E)=\frac{1}{4\pi^2}\mathrm{e}^{X(\alpha_0,\beta_0)}\int_{-\infty}^{\infty}\int_{-\infty}^{\infty}\exp\left\{-\frac{1}{2}x^2\left[\frac{\partial^2\ln\Pi(\alpha,\beta)}{\partial\alpha^2}\right]_0\right.$$

$$\left.-xy\left[\frac{\partial^2\ln\Pi(\alpha,\beta)}{\partial\alpha\partial\beta}\right]_0-\frac{1}{2}y^2\left[\frac{\partial^2\ln\Pi(\alpha,\beta)}{\partial\beta^2}\right]_0\right\}\mathrm{d}x\mathrm{d}y. \tag{3.5.9}$$

应该看到,式(3.5.8a)只适用于 $|\alpha-\alpha_0|$,$|\beta-\beta_0|$ 比较小的区域. 但是由于其他区域的积分路线对积分无贡献,而且在式(3.5.9)中又只有 x,y 的绝对值较小时,即在鞍点附近的区域,被积函数才有较大的值,因此把积分限扩充到 $\pm\infty$ 仅仅是为了计算上的方便,并不影响积分的数值. 经过适当的变换 $(x,y)\to(u,v)$,可将二项式

$$\frac{1}{2}x^2\left[\frac{\partial^2\ln\Pi(\alpha,\beta)}{\partial\alpha^2}\right]_0+xy\left[\frac{\partial^2\ln\Pi(\alpha,\beta)}{\partial\alpha\partial\beta}\right]_0+\frac{1}{2}y^2\left[\frac{\partial^2\ln\Pi(\alpha,\beta)}{\partial\beta^2}\right]_0$$

化为标准形式 $\gamma_1u^2+\gamma_2v^2$. 由于原来的二项式是正定的,故 $\gamma_1>0$,$\gamma_2>0$,而积分

$$\int_{-\infty}^{\infty}\int_{-\infty}^{\infty}\exp\left\{-\frac{1}{2}x^2\left[\frac{\partial^2\ln\Pi(\alpha,\beta)}{\partial\alpha^2}\right]_0-xy\left[\frac{\partial^2\ln\Pi(\alpha,\beta)}{\partial\alpha\partial\beta}\right]_0\right.$$

$$\left.-\frac{1}{2}y^2\left[\frac{\partial^2\ln\Pi(\alpha,\beta)}{\partial\beta^2}\right]_0\right\}$$

$$=\int_{-\infty}^{\infty}\int_{-\infty}^{\infty}\exp\left[-\frac{1}{2}(\gamma_1u^2+\gamma_2v^2)\right]\mathrm{d}u\mathrm{d}v=\frac{2\pi}{\sqrt{\gamma_1\gamma_2}}. \tag{3.5.10}$$

代入(3.5.9)式,得

$$\rho(A,E)=\frac{1}{2\pi\sqrt{D}}\exp\left[x(\alpha_0,\beta_0)\right], \tag{3.5.11}$$

$$D = \gamma_1 \gamma_2 = \begin{vmatrix} \left[\dfrac{\partial^2 \ln \Pi(\alpha, \beta)}{\partial \alpha^2} \right]_0 & \left[\dfrac{\partial^2 \ln \Pi(\alpha, \beta)}{\partial \alpha \partial \beta} \right]_0 \\ \left[\dfrac{\partial^2 \ln \Pi(\alpha, \beta)}{\partial \alpha \partial \beta} \right]_0 & \left[\dfrac{\partial^2 \ln \Pi(\alpha, \beta)}{\partial \beta^2} \right]_0 \end{vmatrix}. \tag{3.5.12}$$

式(3.5.12)中后一个等式是根据二项式本征值的乘积等于二项式的行列式这一代数学定理得出的.式(3.5.11)表明,一旦求得配分函数 $\Pi(\alpha, \beta)$,即可由式(3.5.7a),(3.5.7b)求得 α_0, β_0,再由式(3.5.11)算出能级密度.

需要采用某种模型才可以求配分函数 $\Pi(\alpha, \beta)$,常用的模型是单粒子运动近似.设核子在核的平均场作用下可取单粒子态 $1, 2, \cdots$,其相应的能量为 $\varepsilon_1, \varepsilon_2, \cdots$,具有相同能量的不同态也要分别编号.先考虑只有一种费米子的情况,这时配分函数即为

$$\Pi(\alpha, \beta) = Tr \exp[\alpha \hat{N} - \beta \hat{H}] = Tr \exp[(\alpha - \beta \varepsilon_i) a_i^+ a_i]$$
$$= \prod_i [1 + \exp(\alpha + \beta \varepsilon_i)]. \tag{3.5.13}$$

代入式(3.5.9),即可求得 $\rho(A, E)$.由式(3.5.7a),(3.5.7b)求出 α_0, β_0,即可求得体系的熵为

$$S = \beta_0 \left(E - \frac{\alpha_0}{\beta_0} A \right) + \ln \Pi(\alpha_0, \beta_0). \tag{3.5.14}$$

如设单粒子能级是均匀分布的,其密度为 $g(\varepsilon)$,则可获得能级密度的简单表示式

$$\rho(A, E^*) = \frac{1}{\sqrt{48}} \frac{1}{E^*} \exp(2\sqrt{aE^*}), \tag{3.5.15}$$

式中 E^* 为内部运动的激发能,其中

$$a = \frac{\pi^2}{6} g(\varepsilon_f) \tag{3.5.16}$$

为能级密度常数.

在一般情况下,应分别考虑质子数 Z、中子数 N 以及总的磁量子数 M,则

$$\Pi(\alpha_n, \alpha_p, \beta, \gamma) = \prod_\nu [1 + \exp(\alpha_n - \beta \varepsilon_\nu - \gamma m_\nu)]$$
$$\times \prod_\mu [1 + \exp(\alpha_p - \beta \varepsilon_\mu - \gamma m_\mu)], \tag{3.5.17}$$

式中 m_ν 为单粒子态 ν 的磁量子数.$\alpha_n, \alpha_p, \beta, \gamma$ 由公式

$$\left[\frac{\partial \ln \Pi(\alpha, \beta)}{\partial \alpha_n} \right] = N, \quad \left[\frac{\partial \ln \Pi(\alpha, \beta)}{\partial \alpha_p} \right] = Z,$$
$$\left[\frac{\partial \ln \Pi(\alpha, \beta)}{\partial \gamma} \right] = -M, \quad \left[\frac{\partial \ln \Pi(\alpha, \beta)}{\partial \beta} \right] = -E \tag{3.5.18}$$

给出.能级密度由公式

$$\rho(N, Z, E^*, M) = \frac{e^s}{4\pi^2 \sqrt{D}} \tag{3.5.19}$$

给出,式(3.5.19)中

$$S = \ln \Pi(\alpha_0, \beta_0) - \alpha_{n0} N - \alpha_{p0} Z + \beta_0 E + \gamma_0 M, \quad (3.5.20)$$

$$D = \begin{vmatrix} \dfrac{\partial^2 \ln \Pi(\alpha,\beta)}{\partial \alpha_n^2} & \dfrac{\partial^2 \ln \Pi(\alpha,\beta)}{\partial \alpha_n \partial \alpha_p} & \dfrac{\partial^2 \ln \Pi(\alpha,\beta)}{\partial \alpha_n \partial \beta} & \dfrac{\partial^2 \ln \Pi(\alpha,\beta)}{\partial \alpha_n \partial \gamma} \\[2mm] \dfrac{\partial^2 \ln \Pi(\alpha,\beta)}{\partial \alpha_p \partial \alpha_n} & \dfrac{\partial^2 \ln \Pi(\alpha,\beta)}{\partial \alpha_p^2} & \dfrac{\partial^2 \ln \Pi(\alpha,\beta)}{\partial \alpha_p \partial \beta} & \dfrac{\partial^2 \ln \Pi(\alpha,\beta)}{\partial \alpha_p \partial \gamma} \\[2mm] \dfrac{\partial^2 \ln \Pi(\alpha,\beta)}{\partial \beta \partial \alpha_n} & \dfrac{\partial^2 \ln \Pi(\alpha,\beta)}{\partial \beta \partial \alpha_p} & \dfrac{\partial^2 \ln \Pi(\alpha,\beta)}{\partial \beta^2} & \dfrac{\partial^2 \ln \Pi(\alpha,\beta)}{\partial \beta \partial \gamma} \\[2mm] \dfrac{\partial^2 \ln \Pi(\alpha,\beta)}{\partial \gamma \partial \alpha_n} & \dfrac{\partial^2 \ln \Pi(\alpha,\beta)}{\partial \gamma \partial \alpha_p} & \dfrac{\partial^2 \ln \Pi(\alpha,\beta)}{\partial \gamma \partial \beta} & \dfrac{\partial^2 \ln \Pi(\alpha,\beta)}{\partial \gamma^2} \end{vmatrix}. \quad (3.5.21)$$

均匀能级近似为

$$\rho(N,Z,E^*,M) = \frac{\exp[2\sqrt{a(E^* - M^2/2\mathscr{I}_{\mathrm{II}})}]}{\sqrt{288 \mathscr{I}_{\mathrm{II}}(E^* - M^2/2\mathscr{I}_{\mathrm{II}})^3}},$$

式中 $\mathscr{I}_{\mathrm{II}}$ 为一截断因子(cut off factor),即经典近似中沿 z 轴的转动惯量.

当考虑对相互作用时,用赝粒子表象,哈密顿量可写成[7,8]

$$H_0 - \lambda N = E_0 + \sum E_\mu (\alpha_\mu^+ \alpha_\mu + \alpha_{\bar\mu}^+ \alpha_{\bar\mu}), \quad (3.5.22)$$

其中

$$E_0 = \sum_\mu (2\varepsilon_\mu V_\mu^2 - GV_\mu^4) - \frac{\Delta^2}{G},$$

$$E_\mu = \sqrt{(\varepsilon_\mu - \lambda)^2 + \Delta^2}, \quad (3.5.23)$$

而

$$\Pi(\alpha,\beta) = Tr \exp[\beta(\lambda N - H_0 + \gamma M)] = e^\Omega, \quad (3.5.24)$$

$$\Omega = -\beta \sum 2(\varepsilon_\mu - \lambda - E_\mu)$$

$$+ \sum_\mu \ln\{1 + \exp[-\beta(E_\mu - \gamma m_\mu)]\}$$

$$+ \sum_\mu \ln\{1 + \exp[-\beta(E_\mu + \gamma m_\mu)]\} - \frac{\beta\Delta^2}{G}. \quad (3.5.25)$$

从 $\dfrac{\partial \Omega}{\partial \Delta} = 0$,得

$$\sum_\mu \frac{1}{2E_\mu} \left[\tanh \frac{1}{2}\beta(E_\mu - \gamma m_\mu) + \tanh \frac{1}{2}\beta(E_\mu + \gamma m_\mu) \right] = \frac{2}{G}, \quad (3.5.26)$$

Δ 由上式决定. 取 $\mu = \beta\gamma$,则

$$\frac{\partial \Omega}{\partial \alpha} = N, \quad \frac{\partial \Omega}{\partial \mu} = M, \quad \frac{\partial \Omega}{\partial \beta} = -E,$$

解上面三式,可得 α,β,μ 的值,记为 α_0,β_0 及 μ_0. 能级密度则由下式决定:

$$\rho = \frac{\mathrm{e}^S}{(2\pi)^{3/2} D^{1/2}}, \tag{3.5.27}$$

其中
$$S = \Omega + \beta E - \alpha N - \mu M, \tag{3.5.28}$$

$$D = \begin{vmatrix} \dfrac{\partial^2 \Omega}{\partial \alpha^2} & \dfrac{\partial^2 \Omega}{\partial \alpha \partial \beta} & \dfrac{\partial^2 \Omega}{\partial \alpha \partial \mu} \\[2mm] \dfrac{\partial^2 \Omega}{\partial \beta \partial \alpha} & \dfrac{\partial^2 \Omega}{\partial \beta^2} & \dfrac{\partial^2 \Omega}{\partial \beta \partial \mu} \\[2mm] \dfrac{\partial^2 \Omega}{\partial \mu \partial \alpha} & \dfrac{\partial^2 \Omega}{\partial \mu \partial \beta} & \dfrac{\partial^2 \Omega}{\partial \mu^2} \end{vmatrix}. \tag{3.5.29}$$

在式(3.5.28)及(3.5.29)中,α,β,μ 的值均应用 α_0,β_0 及 μ_0 代入. 这些公式只适用于核温度较低(T 约为 1 MeV)的情况,温度较高时通常可以忽略对作用而用本节前面的公式.

参 考 文 献

[1] 胡济民. 原子核理论(修订版),第二卷,北京:原子能出版社,1996,377~379.

[2] K. T. R. Davies, A. J. Sierk, J. R. Nix. *Phys. Rev.*, C13, 1976, 2285.

[3] W. J. Swiatecki. *Prog. in Part. and Nucl. Phys.*, 4, 1980, 383.

[4] J. Schirmer, S. Krack, G. Sussmann. *Nucl. Phys.*, A199, 1973, 31.

[5] M. Brack, J. Damgaard, H. C. Pauli, A. S. Jensen, V. M. Strutinsky, C. Y. Wang. *Rev. Mod. Phys.*, 44, 1972, 320.

[6] 胡济民,杨伯君,郑春开. 原子核理论(修订版),第一卷,北京:原子能出版社,1993,110~116.

[7] 胡济民. 原子核理论(修订版),第二卷,北京:原子能出版社,1996,203~213.

[8] L. G. Moretto. Physics and Chemistry of Fission, IAEA, Vol. 1, 1973, 329~361.

第四章 裂 变 几 率

重核的裂变,可以看成是分两个阶段进行的,先是体系由形变而越过鞍点,这时在绝大多数情况下,核都将裂变.因此,可以说越过鞍点的几率就是裂变的几率,这就是裂变的第一个阶段.经过鞍点以后,裂变核通过继续形变到达断点,分裂为大小不等、动能和激发能不等的碎块,碎块释放中子和 γ 射线,并经过 β 和 γ 衰变而达到稳定核的基态,这就是裂变的第二阶段.在对裂变的实验和理论研究中,也往往分为这两个方面来进行.当然,作为一个过程的整体,这两方面是有联系的,本章将着重讨论裂变几率问题.

§4.1 自 发 裂 变

4.1.1 关于自发裂变的实验状况

一个重核($A>200$ 的核)分裂为两个大小相当的核,会释放出近 200 MeV 的能量.因此单从能量的角度看,重核都是不稳定的,甚至像 $^{120}_{50}$Sn 那样轻的核,分裂为两个 $^{60}_{25}$Mn,也会放出 14.7 MeV 的能量.但是由于原子核先要穿过位垒才能裂变,对较轻的处在基态的核,穿过位垒的几率很小,因此很难观察到这种自发裂变,而首先观察到的是核处于激发态的裂变.然而就在裂变发现后的一年,前苏联的 K. Petrzhak 和 G. Flerov 在 1940 年 10 月发现了 U 的自发裂变[1].

他们本来在用灵敏的电离室观察光中子引起的铀裂变.为了降低仪器的噪声,实验是在地下 50 m 深处进行的,为了对比,他们拿掉中子源进行观测,结果发现当扣除了所有可能的本底以后,仍在每小时里观察到 6 个脉冲,这样就发现了半衰期约为 10^{16} a(年)的 ^{238}U 自发裂变.为了进一步检验他们的实验结果,他们又在相同的条件下采用 Th 做实验,测得其自发裂变的半衰期为 10^{19} a.现在知道,^{238}U 的自发裂变半衰期为$(8.2\pm0.1)\times10^{15}$ a,与当时估计的数值相差不大;对 ^{232}Th 只能确定其半衰期的下限为 10^{21} a.由于其半衰期太长,观察到的裂变事件太少,因此半衰期就很难准确测定,比 ^{232}Th 的原子序数更小的核素就更难测定其自发裂变的半衰期.由于上述原因,自发裂变的研究主要在半衰期较短的超铀元素方面.

大量的 $Z>100$ 的超铀元素是通过反应堆或核爆炸产生的,是核燃料 U 或 Pu 在强中子源的辐照下,可能吸收十多个中子并经过一系列的 β 衰变而形成,当然也有一些短寿命的同位素是通过核反应获得的. 在 20 世纪 90 年代以前, 所有已测定的 $Z \geqslant 90$ 的核素的自发裂变的半衰期如表 4.1 所示.

表 4.1　自发裂变半衰期实验值 ($T_{1/2}$)[2,3]

核素	$T_{1/2}$	核素	$T_{1/2}$	核素	$T_{1/2}$
^{230}Th	>2(18)	^{245}Cm	1.4±0.2(12)	^{256}Fm	2.86±0.02 h
^{232}Th	>1(21)	^{246}Cm	1.81±0.02(7)	^{257}Fm	131±3
^{231}Pa	>1(17)	^{248}Cm	4.15±0.03(6)	^{258}Fm	0.37±0.02(−3) s
^{230}U	>4(10)	^{249}Cm	1.13±0.05(4)	^{259}Fm	1.5±0.2 s
^{232}U	8.0±6.0(13)	^{249}Br	1.9±0.1(9)	^{259}Md	100 min
^{233}U	>2.7(17)	^{246}Cf	2.0±0.2(3)	^{260}Md	32 d
^{234}U	1.5±0.2(16)	^{248}Cf	3.2±0.3(4)	^{250}No	2.5(−4) s
^{235}U	1.0±0.3(19)	^{249}Cf	8.0±1.0(10)	^{252}No	8.6 s
^{236}U	2.5±0.1(16)	^{250}Cf	1.7±0.1(4)	^{254}No	6 h
^{238}U	8.2±0.1(15)	^{252}Cf	8.5±1.0	^{256}No	18 min
^{237}Np	>1(18)	^{254}Cf	60.7±0.2 d	^{258}No	1.2(−3) s
^{236}Pu	2.1±0.1(9)	^{256}Cf	12±1 min	^{260}No	0.1 s
^{238}Pu	4.75±0.09(10)	^{253}Es	6.4±0.2(5)	^{262}No	5(−3) s
^{239}Pu	8±2(15)	^{254}Es	>2.5(7)	^{261}Lr	0.39 min
^{240}Pu	1.16±0.02(11)	^{255}Es	2.44±0.14(3)	^{262}Lr	216 min
^{241}Pu	<6.0(16)	^{242}Fm	0.8±0.2(−3) s	^{254}Rf	0.5(−3) s?
^{242}Pu	6.77±0.07(10)	^{244}Fm	3.3±0.5(−3) s	^{256}Rf	6.9(−3) s
^{244}Pu	6.6±0.2(10)	^{246}Fm	15.00±5.0 s	^{258}Rf	14(−3) s
^{241}Am	1±0.4(14)	^{248}Fm	10±5 h	^{260}Rf	21(−3) s?
^{243}Am	2.0±0.5(14)	^{250}Fm	8.3±1.5	^{262}Rf	47(−3) s
^{240}Cm	1.9±6(6)	^{252}Fm	126±11	^{260}Ha	16 s
^{242}Cm	7.0±0.2(6)	^{254}Fm	228±1 d	^{260}(106)	7.2(−3) s
^{243}Cm	5.5±0.9(11)	^{255}Fm	≈1(4)	^{254}(108)	≥1(−4) s
^{244}Cm	1.32±0.02(7)				

表中半衰期未注明单位者一律以年为单位. 括号中的数表示应乘的 10 的方次, 如 (6) 表示应乘以 10^6. 问号表示尚有疑问. 元素 106 与 108 尚未命名, 用括号表明原子序数.

表中半衰期实验值是经过编评的数据, 取自文献 [2], Md 以后的数据取自文献 [3]. 从表上可以看出若干经验规律, 首先可以看到偶偶核的同位素的自发裂变半衰期随中子数 N 的变化有一定的规律, 如图 4.1 所示. 从图上可以看到, 当 N 较小时, 每一同位素的半衰期 $T_{1/2}$ 基本上是随 N 的增加而增加的. 这种定性的行为, 从液滴模型就能得到解释. 因为可裂变参量 $\chi \approx Z^2/A$, 当 Z 不变时, 随着 A 的增加, 可裂变参量减小, 因而裂变位垒增加, 裂变几率减小, 半衰期增加. 但是这些锕系核都是形变核, 当 $N = 152$ 时, 基态的壳修正取负的极大值, 提高了裂变位垒. 因而 N 增大到接近 152 时, 壳修正的影响超过了可裂变参量增加的效果, 导致自发裂变半衰期在达到一极大值后又随 N 的增加而下降. 如果我们考察同中子数的核裂变半衰期随 Z 变化的情况, 这从表 4.1 上很容易看出, 每一组同中子数核的裂变半衰期都是随 Z 的增加而下降的, 可裂变参量的增加正好解释了这一现象.

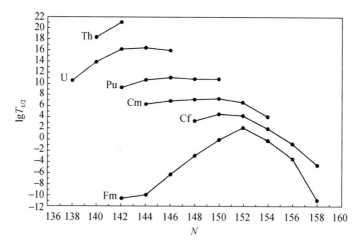

图 4.1　偶偶核同位素自发裂变半衰期 $T_{1/2}$ 随中子数 N 的变化（$T_{1/2}$ 的单位为年）

从表上还可以看到，奇 A 核的裂变半衰期明显地高于相邻的偶偶核. 为了定量地研究这一现象，人们引入一阻碍因子 HF，其定义如下：

对奇 Z 核：$HF(A,Z) = \dfrac{T_{1/2}(A,Z)}{\sqrt{T_{1/2}(A-1,Z-1)\times T_{1/2}(A+1,Z+1)}}$,

对奇 N 核：$HF(A,N) = \dfrac{T_{1/2}(A,N)}{\sqrt{T_{1/2}(A-1,N-1)\times T_{1/2}(A+1,N+1)}}$.

由实验测定的裂变半衰期算出的阻碍因子，如图 4.2 所示[4]. 这些奇 A 核都有一个核子占据一单粒子态，因而沿对称轴角动量量子数 $K\neq0$，当形变时要保持 K 不变，填充的能级不一定能保持最低的，这就会导致位垒的提高. 虽然变化不过 1 MeV 左右，却会使半衰期增加四五个量级，这对于合成新的重核素是有利的.

4.1.2　自发裂变半衰期的理论计算方法[5]

自发裂变是一个多维位垒的穿透问题，严格处理这样的问题是很困难的，通常只采用一维近似. 对于质量为 m 的粒子，在势场 V 中运动的薛定谔方程为

$$\left(-\frac{\hbar^2}{2m}\frac{\partial^2}{\partial x^2}+V\right)\psi = i\hbar\frac{\partial}{\partial t}\psi. \tag{4.1.1}$$

采用 WKB 近似（一种准经典近似），令

$$\psi = Ae^{iS/\hbar}, \tag{4.1.2}$$

可得

$$\frac{1}{2m}\left(\frac{\partial S}{\partial x}\right)^2+V = -\frac{\partial S}{\partial t}, \tag{4.1.3}$$

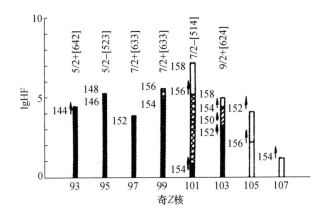

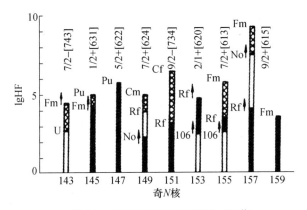

图 4.2 对奇 Z 核及奇 N 核的 lg HF 值

空柱形表示计算时只用了一边的相邻核的半衰期数据,箭头表示图上的柱高为下限,

顶部所标数码为最外层奇核子在基态所处的壳模型单粒子态.

这就是经典力学的哈密顿-雅可比方程,其中 S 为作用函数.令 $S=S_0-Et$,则

$$\frac{1}{2m}\left(\frac{\partial S_0}{\partial x}\right)^2+V=E,$$

$$S_0=\int_{x_0}^x\sqrt{2m(E-V)}\,\mathrm{d}x,\tag{4.1.4}$$

代入式(4.1.2),即可得式(4.1.1)的准经典近似解

$$\psi=A\mathrm{e}^{\mathrm{i}S/\hbar}=A\exp\left[\frac{\mathrm{i}}{\hbar}\int_{x_0}^x\sqrt{2m(E-V)}\,\mathrm{d}x-\frac{\mathrm{i}Et}{\hbar}\right].\tag{4.1.5}$$

位能如图 4.3 所示,而粒子能量 E 小于最大位能 V_0,则在 $x_a<x<x_b$ 的区域内为经典的禁区.根据 WKB 近似的边界连接方法,可得穿越这一位垒的穿透系数为

$$T=\left\{1+\exp\left[\frac{2}{\hbar}\int_{x_a}^{x_b}\sqrt{2m(V-E)}\,\mathrm{d}x\right]\right\}^{-1}.\tag{4.1.6}$$

如设 V 为一倒置的抛物线

$$V = V_0 - \frac{1}{2}C(x-x_0)^2,$$

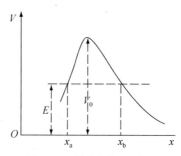

图 4.3　一维位垒穿透示意图

则

$$x_a = x_0 - x_1, \quad x_b = x_0 + x_1, \quad x_1^2 = 2(V_0 - E)/C,$$

代入式(4.1.6)积分,可得

$$T = \left\{ 1 + \exp\left[\frac{2\pi(V_0 - E)}{\hbar\omega_f} \right] \right\}^{-1}, \tag{4.1.7}$$

式中 $\omega_f = \sqrt{C/m}$ 为位垒频率. 可以证明,式(4.1.7)是严格成立的,不但适用于 E 小于 V_0 时,也适用于 E 大于 V_0 时(此时(4.1.6)式不再适用)[6]. 对于一般位垒,当 E 与 V_0 相差不大时,都可以把位垒近似地看成倒置的抛物线,则式(4.1.7)均可近似适用.

如以 n 表示单位时间射到位垒上的粒子数,则单位时间穿越位垒的几率为

$$P = nT. \tag{4.1.8}$$

对于多维集体运动,能量关系为

$$\frac{1}{2}\sum_{ij} M_{ij}\dot{q}_i\dot{q}_j + V(q_i) = E. \tag{4.1.9}$$

当人们研究从位垒的一侧的 A 点到位垒的另一侧的 F 点穿越位垒的几率时,可用一条任意曲线把 A 点和 F 点连接起来,以 ξ 为曲线的参数,其参数方程为 $q_i = q_i(\xi)$, $i=1,2,\cdots,n$. 代入(4.1.9)式可得

$$\frac{1}{2}\sum_{ij} M_{ij} \frac{dq_i}{d\xi}\frac{dq_j}{d\xi}\left(\frac{d\xi}{dt}\right)^2 + V(q_i) = E. \tag{4.1.10}$$

引入作用函数 S,则沿轨道 ξ,式(4.1.10)可写成准经典方程式

$$\frac{1}{2M}\left(\frac{\partial S}{\partial \xi}\right)^2 + V = -\frac{\partial S}{\partial t},$$

$$M = \sum_{ij} M_{ij}\frac{dq_i}{d\xi}\frac{dq_j}{d\xi},$$

式中 M_{ij} 为质量张量,其计算方法已在前一章中介绍.

对于 ξ 只是一维运动,仿照式(4.1.6)及(4.1.8),将单位时间穿透几率写为

$$P = n\left\{1 + \exp\left[\frac{2}{\hbar}\int_{\xi_A}^{\xi_F}\sqrt{2(V-E)\sum_{ij}M_{ij}\frac{dq_i}{d\xi}\frac{dq_j}{d\xi}}\,d\xi\right]\right\}^{-1}. \qquad (4.1.11)$$

与一维运动的区别在于曲线是任意的.从量子力学的观点看,可以认为所有途径都是可能的,但是仅当 P 取极大值,即积分

$$\int_{\xi_A}^{\xi_F}\sqrt{2(V-E)\sum_{ij}M_{ij}\frac{dq_i}{d\xi}\frac{dq_j}{d\xi}}\,d\xi$$

取极小值时,才是最可几的途径.应用式(4.1.11)计算裂变几率时,首先应选择形变参量,并计算位能曲面 V 及质量张量 M_{ij},取 E 为零或零点振动能 $\frac{1}{2}\hbar\omega$($\approx$ 0.5 MeV),并取 $n = \omega$.选择各种把位能曲面上 $V = E$ 的两点连起来的曲线,一点接近基态形变,一点超过裂变鞍点、接近断点的形变.由式(4.1.11)计算对应于每一曲线的 P 值,将最大值定为裂变几率.

作为例子可以介绍一下 Pauli 及 Ledergerber 的计算结果[7].他们选择的形变参量是前面介绍过的 (c,h,α) 组(见第二章§1).图4.4给出了计算的能量壳修正及质量张量的对角项随伸长形变参量 c 的变化.从图上看到较小形变时两者相对应的起伏,表明了质量张量的壳效应.

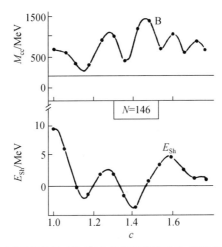

图 4.4　^{240}Pu 中子质量张量的对角项 M_{cc} 及能量壳修正 E_{Sh} 随伸长形变参量 c 的变化

图4.5画出了由 S 取极值求出的 ^{240}Pu 的裂变途径在 $\alpha = 0$ 面上的投影和位能曲面的等高图.从图上可见,裂变不一定沿着位能最低的谷进行,甚至完全没有经过鞍点,这是因为 S 的值和质量张量、位能及途径长短都有关系,并不仅仅由位能曲面决定.图4.6给出了理论与实验比较的情况,所得的符合的情况是对表面能项

做了一些调整而获得的(在图的左下角注明).总地来讲,这一类计算所含不定因素还比较多,不宜强调理论与实验的定量比较.

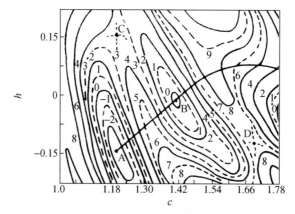

图 4.5　^{240}Pu 裂变途径在 $\alpha=0$ 面上的投影及位能曲面等高图
A,B 相应于两稳定态(基态及同质异能态)的形变,C,D 为两鞍点.

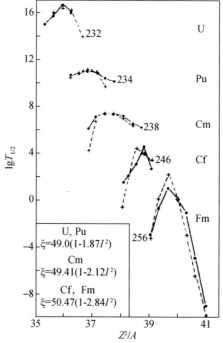

图 4.6　几种锕系元素的自发裂变半衰期

● 及实线为计算值,+ 及虚线为实验值,ζ 为调整后的表面能,$T_{1/2}$ 以年为单位.

　　在上述理论中,人们会指出,式(4.1.9)是经典运动方程式.虽然可以用绝热近似从量子多体方程中推出,但不能适用于能量为负的位垒穿透的情况,其类似的量子力学方程可以从生成坐标近似推得.上述计算的主要弱点还在于把多维位垒简化为一维,缺乏理论根据.

　　这里举的例子是用微观推转模型计算的质量张量.根据穿透几率取极大值确定的裂变路径而计算的自发裂变半衰期,从图4.6看,似乎实验与理论符合的还好,这是由于表面能做了调整而获得的.这种调整,有利于使 Fm 同位素的半衰期随中子数的增加而迅速下降.新的计算对位能曲面进行了更详尽的计算[8],发现了位能曲面可给出两个裂变通道,而新增的通道使裂变几率增加了几个量级(能量差不超过 1 MeV),从而解释了 Fm 同位素裂变半衰期的迅速下降.这个问题我们将在第七章中讨论裂变多模式理论时再做介绍.

　　另一方面也要指出,质量参量的微观计算,强烈依赖于核的微观结构,而这又与模型有关,是不容易确定的.因此有人建议,在进行裂变计算时,用一个经验公式来表示沿裂变方向的质量参量[8]

$$M_{\mathrm{f}} = k(M_{\mathrm{ir}} - \mu) + \mu, \tag{4.1.12}$$

式中 M_{ir} 为用无旋液滴计算的质量,μ 为折合质量,k 为大于 10 的一个因子.图4.7为当 $k=11.5$ 时,式(4.1.12)的计算值与推转模型的微观值的比较.图上用"推转(动力学)"标出的曲线为根据最大穿透几率计算的质量参量,而用"推转(静力学)"标出的曲线则为由基态—鞍点—同质异能态—第二鞍点的连线计算的质量参量值.由图上可见,经验值再现了微观计算的平均行为,而这种平均行为大体上与模型无关.

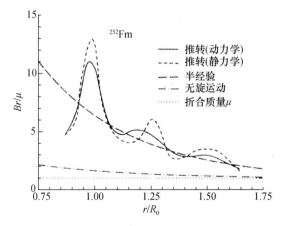

图 4.7　沿裂变方向(r)质量参量的比较[9]

纵坐标为核惯性 B_r,横坐标为两块碎片质心距离 r/R_0.

§4.2　重离子放射性衰变与冷裂变[10]

4.2.1　重离子放射性的发现

人们最早是从 α 衰变现象中发现粒子穿透位垒现象的,实质上这也可以看成是一个核分裂为两个核的特例.重原子核也可能释放比 α 更重的粒子,发生重离子衰变.卢希庭在他主编的《原子核物理》(1981 年出版)中曾预测到可能存在碳离子的放射性,并指出^{224}Ra 或 ^{223}Ra 是可能的母核[11].Sandulescu,Poenaru 和 Greiner 在 1980 年也预测到可能存在核子集团的放射性[12],可是重离子的电荷和质量都比较大,穿透位垒的几率比 α 粒子要小得多,在强 α 粒子的本底下,很难探测到这种放射性.只是在 1984 年,Rose 和 Jones 应用 $\Delta E\text{-}E$ 探测器,探测到^{223}Ra 的^{14}C 放射性和 α 衰变的分支比为 10^{-9}[13],此后人们又用径迹探测器发现了 C,F,Ne,Mg,Si 等元素的放射性,最重的元素为^{34}Si[10].

显然,这也是一种核分裂现象,与裂变在一起研究是很有意义的.作为对比,可以指出,它和通常的裂变有两点重要的差别:第一,产物只有固定的几种,例如,^{234}U只发现了^{24}Ne,^{28}Ne,^{28}Mg 3 种重离子放射性;^{238}Pu只发现了^{32}Si,^{30}Mg,^{28}Mg 3 种重离子放射性.当然也会有一些因为分支比太小而观察不到,但总的放射性核素数目不超过几种,看来具有可观测放射性几率的重离子放射性是不多的.第二个特点是放射性产物和母核都处于基态或低激发态(尚未观测到),不像裂变碎片那样有较高的激发能,可以发射中子和 γ 射线.部分原因或在于这种重离子放射性释放的能量要比裂变小得多,然而人们更怀疑重离子放射性和裂变是两种运动模式的不同衰变过程.但是即使在通常的裂变中,人们也观察到碎片不发射中子而处于低激发态的情况,称此为冷裂变现象,这就和重离子放射性衰变相近了.由于这些原因,人们普遍认为,重离子放射性衰变可以看成是和核裂变紧密联系的一种核现象.

4.2.2　模型理论简况[10,12]

理论上讲,重离子放射性衰变和 α 衰变相似,都包含两个部分,第一部分为重离子的形成及射向位垒的频率,第二部分为体系位能的计算,一旦算得位能,即可参照前一节的方法,计算每秒的穿透几率.

$$P = n\left\{1 + \exp\left[\frac{2}{\hbar}\int_{r_a}^{r_b} \sqrt{2m(r)(V-Q)}\,dr\right]\right\}, \qquad (4.2.1)$$

式中 Q 为衰变释放的能量,n 及 V 的计算方法不同而提出了多种模型,典型的模型可介绍下列三种.

1. 方位阱模型(SqW)

设当 $r < r_a$ 时,两核(放射离子质量数为 A_2,电荷数为 Z_2,子体质量数及电荷数分别为 A_1,Z_1)间的作用为一深的方位阱,其中

$$r_a = 0.928(A_1^{1/3} + A_2^{1/3})\text{fm},$$

系数 0.928 是为了拟合实验数据选定的.当 $r > r_a$ 时,则有

$$V = \frac{Z_1 Z_2 e^2}{r}.$$

对于偶偶核,选 n 为 4.3×10^{26};奇奇核,选 n 为 1.1×10^{25},均由拟合实验数据选定.

2. 集团模型(BW)

把放射离子和子核看成为母核分裂的两个集团,则根据集团模型的方法,可以计算形成集团的几率及两集团之间的相互作用,这方法不用直接拟合实验参数,但是没有考虑分裂前核体系的形变.

3. 完全采用自发裂变的计算方法——解析超非对称裂变模型(ASAFM)

为了适应具体分裂方式而对形变做了简化,只考虑 r 一个形变参量.

三种方法所给出的位能 V 如图 4.8 所示.在图上还给出了标为 SS 的曲线,是参考了两核的接触相互作用而算得的位能曲线.对于 ASAFM 模型,$Q' = Q + V$,其余的 $Q' = Q$.计算的半衰期与实验值的比较见表 4.2,$T_{1/2}$ 以 s(秒)为单位.

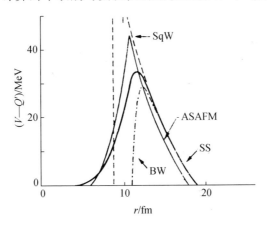

图 4.8 各模型给出的 $^{234}\text{U} \rightarrow ^{24}\text{Ne} + ^{208}\text{Pb}$ 的位垒曲线
图上标出的 SS 为由接近势计算的位垒.

表 4.2   重离子衰变的半衰期($\lg T_{1/2}$)[10]

核素(离子)	能量 /MeV	理论值 (ASAFM)	理论值 (BW)	理论值 (SqW)	实验值	自发 裂变
^{221}Fr(^{14}C)	39.28	14.4	15.5	15.2	>15.77	
^{221}Ra(^{14}C)	30.34	14.3	14.2	14.1	>14.35	
^{222}Ra(^{14}C)	30.97	11.2	11.8	11.2	11.02±0.06	
^{223}Ra(^{14}C)	29.85	15.2	15.1	15.0	15.2±0.05	
^{224}Ra(^{14}C)	28.63	15.9	16.2	16.0	15.9±0.12	
^{225}Ac(^{14}C)	28.57	17.8	18.6	18.7	>18.34	
^{226}Ra(^{14}C)	26.46	21.0	21.1	21.0	21.33±0.2	
^{231}Pa(^{23}F)	46.68	25.9	—	26.0	>24.61	>24.5
^{230}Th(^{24}Ne)	51.75	25.3	29.8	24.8	24.64±0.07	>25.8
^{232}Th(^{26}Ne)	55.37	28.8	27.9	29.1	>27.94	>28.5
^{231}Pa(^{24}Ne)	54.14	23.4	23.4	23.7	23.38±0.08	
^{232}U(^{24}Ne)	55.86	20.8	20.8	20.7	21.06±0.1	21.4
^{233}U(^{24}Ne)	54.27	24.8	25.4	24.9	—	
^{233}U(^{25}Ne)	54.32	25.0	—	25.1	24.82±0.15	24.9
^{237}U(^{24}Ne)	52.81	26.3	25.6	25.8	—	
^{234}U(^{26}Ne)	52.87	26.5	26.4	26.2	25.25±0.05	23.7
^{234}U(^{28}Mg)	65.26	25.8	25.4	25.4	25.75±0.06	
^{237}Np(^{30}Mg)	61.16	27.5	29.9	28.3	>27.27	15.5
^{238}Pa(^{30}Mg)	67.00	25.7	25.8	25.9	—	
^{238}Pu(^{28}Mg)	67.32	26.0	26.9	25.5	25.7±0.25	18.2
^{238}Pu(^{32}Si)	78.95	25.1	25.7	25.7	25.3±0.16	
^{241}Am(^{34}Si)	80.60	24.5	28.8	26.5	>25.3,>24.2	21.5

4.2.3   冷裂变现象

上述重离子放射性如推广到全部质量分割,那么就得到类似裂变的过程. 与裂变的区别在于其碎片都处于低激发态,不会释放中子. 上面介绍的几种模型,只有原来就和裂变理论相接近的 ASAFM 模型可以比较容易推广到各种离子的放射性衰变. 计算的 ^{234}U 衰变半衰期如图 4.9 所示,$T_{1/2}$ 以秒为单位.

从图 4.9 可见,我们已观测到的 ^{234}U 的 α 和 ^{28}Mg 放射性衰变半衰期是最短的(注意图中的纵坐标向下方向是增大的),其次是 ^{234}U 分裂为 ^{100}Zr 和 ^{134}Te. 这种放射性的半衰期已经太长,我们无法在实验上把这种冷裂变和一般自发裂变区分开来. 在图上我们还看到,当放射粒子质量在 120 和 50 附近,放射性的半衰期特别长,我们无法在自发裂变中观察验证这些结果. 但对于激发核,也可近似地看到冷裂变现象,即碎片总动能几乎接近反应 Q 值的现象. 对 ^{233}U(n,f) 的观察发现,确实在碎片质量数为 100,134 附近观察到这种冷裂变现象,而对于对称裂变,则不能观察到这种现象. 对于冷裂变的详细研究,无疑对于弄清裂变机制是很有帮助的. 但是由于事件数目太少,对这现象做详尽的研究还比较困难. 我们在第五章中还会讨论到冷裂变现象.

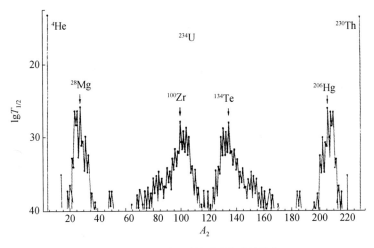

图 4.9 ^{234}U 重离子衰变半衰期的计算值

§4.3 激发核的裂变几率[14]

在核反应过程中,常常会形成处于激发态的原子核,这种原子核如寿命较长($>10^{-20}$ s),激发能不很高(如 E 在 $100\,\mathrm{MeV}$ 左右),则可称为复合核,这种复合核会通过各种反应道而衰变. 单位时间沿反应道 a 衰变几率 P_a 可表示为

$$P_\mathrm{a} = \frac{\Gamma_\mathrm{a}}{\hbar}, \tag{4.3.1}$$

式中 Γ_a 称为该反应道的宽度. 显然,该道的平均寿命 τ_a 为

$$\tau_\mathrm{a} = \frac{1}{P_\mathrm{a}} = \frac{\hbar}{\Gamma_\mathrm{a}},$$

即

$$\Gamma_\mathrm{a}\tau_\mathrm{a} = \hbar. \tag{4.3.2}$$

上式即为时间与能量测不准关系. 在条件许可的情况下,裂变道(记为 f)往往是一个重要的出射道,因此研究激发核的裂变几率是裂变物理中一个很重要的方面,有着广泛的应用. 在这方面的研究,将分为三个方面. 最简单的情况,是轻于锕系、其位垒是单峰的原子核,而激发能又不很高时,这种复合核的裂变是本节要研究的问题. 锕系元素的裂变位垒有两个峰,称为双峰位垒. 穿过这类位垒而且发生裂变,情况要复杂一些,将在 §4.4,§4.5 中讨论. 本章最后一节将讨论理论与实验比较的情况.

4.3.1　实验情况[15]

实验上,常用质子或 α 粒子轰击重核来引起裂变,并测定其截面.图 4.10 和图 4.11 就是两个例子,图上曲线是为了帮助观察而画上的,横坐标用的是裂变核的激发能.

为了与理论比较,我们要测定的是裂变宽度 Γ_f,而不是裂变截面 σ_f,如已知复合核形成的截面为 σ_c,则

$$\Gamma_f = \frac{\sigma_f}{\sigma_c}\Gamma_t. \qquad (4.3.3)$$

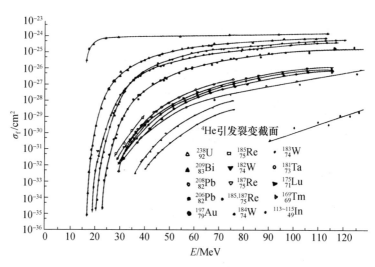

图 4.10　(α,f)裂变截面
横坐标为激发能,纵坐标为裂变截面.

对于能量不很高的核反应,σ_c 可以用光学模型计算的核反应截面 σ_r,而总宽度 Γ_t 可以近似地用中子宽度 Γ_n 代替.观察到的裂变,既可能是形成复合核后即发生的一次裂变,也可能是复合核先发射其他粒子(主要是中子)带走部分能量后再发生的次级裂变.为了使观察到的裂变都是在固定的激发能下发生的,必须尽量减少次级裂变的干扰.很明显,在裂变截面迅速上升的阶段,如图 4.11 所示,次级裂变的干扰是很小的,而在图 4.10 上,则不宜采用 σ_f 曲线变成水平的高激发能阶段(例如把激发能限制在 70 MeV 以下的做法是可取的).实验误差一般较大,用光学模型计算的反应截面也有较大的误差(两者均可达到 25% 左右),但是由于 Γ_f 随复合核激发能的变化很快,这些误差并不严重影响数据分析的结果.

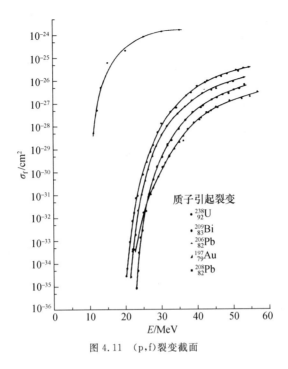

图 4.11 (p,f)裂变截面

4.3.2 裂变道理论

用核反应理论来处理裂变,首先碰到的问题是如何来认识裂变反应道.根据一般核反应的原理,是根据终态的不同来区分反应道的.而一次裂变可以有成千上万种不同激发态的不同碎片,也就是不同的终态,这将使裂变的核反应理论变得非常复杂,这和我们在第一章介绍的 Bohr-Wheeler 裂变位垒理论有很大的距离.在这方面,A. Bohr 提出的裂变道理论起了重要的作用.这理论认为,裂变体系在鞍点可处于各种量子情态(相应于鞍点形状的最低能态和各种集体运动态以及单粒子态),体系在某一给定鞍点情态越过鞍点时,即称为某一裂变道[16].

这一理论不但为计算裂变道的宽度提供了物理基础,而且也得到实验验证.我们知道,低激发态的复合核是处在分立的共振态的,各种反应的道宽在各共振态处于一种统计分布.如果某一反应只有一个道对它有贡献,则其道宽分布为泊松分布,即完全无规的分布.如几个道有贡献,则其总的道宽分布一般有较大的涨落.可由统计规律计算,将计算结果与实验测得的分布比较,即可大体上确定有贡献的反应道的数目.特别地,当一个反应有很多道有贡献时,则其总道宽基本为一不变的常数,只有很小的涨落,而实验测定的共振态裂变的道宽分布,都有较大的涨落,表明只有两三个道对裂变有贡献.这是对裂变道理论的一个直接的验证.在第五章我们会看到,裂变碎片的角分布也是由裂变道在对称轴角动量量子数 K 所决定的.

那么人们会提出疑问:"既然同一裂变可能有各种各样的终态,为什么由一个裂变道会导致许多不同的终态呢? 这些终态又与裂变道在鞍点所处的情况有什么关系呢?"这些问题并不难回答. 对于低激发态的共振,当体系穿越鞍点时,基本上处于给定的几个量子态,而以后的运动则是由鞍点所处的量子态所决定的,经过由鞍点降落的运动,各物理量仍会具有统计分布的性质,但是裂变过程是由通过的鞍点决定的,因此应该根据可能占据的鞍点量子态来决定体系的道.

4.3.3　裂变几率的统计公式(Bohr-Wheeler 公式)[15]

现在让我们用统计模型来计算复合核在单位时间内沿 i 道裂变的几率. 如图 4.12, q 为沿裂变方向的形变参量(集体运动坐标),实曲线为位能曲面在裂变方向

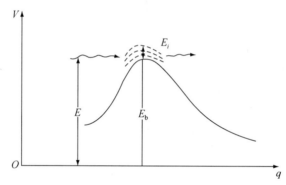

图 4.12　激发态的位垒穿透

E 为体系的激发能,E_b 为位垒高度,E_i 为态 i 在鞍点的激发能.

的投影,E_b 为裂变位垒. 由于裂变经由 i 道,体系在鞍点处激发能应为 E_i,故有效位垒应上移,如图中虚线所示. 和自发裂变不同,这时体系的激发能 E 至少是很接近 E_b 的,在其他部分都比位垒高,因此只有在顶部附近的位能 V 对裂变运动有影响,故 V 可以写成

$$V = E_b - \frac{1}{2}M\omega^2(q-q_0)^2,\qquad(4.3.4)$$

式中 M 为沿裂变方向的质量参量. 上式为一倒置的谐振子势,也称为抛物线位垒,其穿越的几率可严格计算,由下式给出:

$$\tau_i = \left\{1+\exp\left[-\frac{2\pi(E-E_i-E_b)}{\hbar\omega}\right]\right\}^{-1}.\qquad(4.3.5)$$

为了计算裂变几率,还要计算体系处于可穿越位垒状态的几率. 复合核在激发能为 E 及 $E+\Delta E$ 之间的总状态数为

$$N_0 = \rho_0(E)\Delta E,\qquad(4.3.6)$$

而处于可穿透位垒状态数为

$$N_f = \frac{\Delta q \Delta p}{h}, \tag{4.3.7}$$

式中 h 为普朗克常数,p 为沿裂变方向的动量. 在 Δt 时间间隔内,体系形变达到鞍点,故

$$\Delta q = \dot{q} \Delta t, \tag{4.3.8}$$

式中 $\dot{q}$ 为沿裂变方向形变的速率. 代入(4.3.7)式可得

$$N_f = \frac{\dot{q} \Delta t \Delta p}{h} = \frac{\Delta E \Delta t}{h}.$$

因此在单位时间内,处于可穿越位垒状态的几率 P 为

$$P = \frac{1}{\Delta t} \frac{N_f}{N_0} = \frac{1}{h\rho_0(E)}, \tag{4.3.9}$$

因此单位时间经 i 道衰变几率为

$$P_i = \frac{1}{h\rho_0(E)} \tau_i = \frac{1}{h\rho_0(E)} \left\{ 1 + \exp\left[-\frac{2\pi(E - E_i - E_b)}{\hbar\omega} \right] \right\}^{-1},$$

裂变宽度为

$$\Gamma_i = \hbar P_i = \frac{1}{2\pi\rho_0(E)} \left\{ 1 + \exp\left[-\frac{2\pi(E - E_i - E_b)}{\hbar\omega} \right] \right\}^{-1}, \tag{4.3.10}$$

总的裂变宽度 Γ_f 则为

$$\Gamma_f = \sum_i \Gamma_i = \frac{1}{2\pi\rho_0(E)} \sum_i \left\{ 1 + \exp\left[-\frac{2\pi(E - E_i - E_b)}{\hbar\omega} \right] \right\}^{-1}, \tag{4.3.11}$$

这里求和是对所有在鞍点的低激发态求和,只适用于激发能较低的情况. 当激发能较高时,鞍点的能级变得很密,则(4.3.11)式中的求和可换成积分

$$\Gamma_f = \frac{1}{2\pi\rho_0(E)} \int_0^\infty \rho_s(\varepsilon_s) d\varepsilon_s \left\{ 1 + \exp\left[-\frac{2\pi(E - \varepsilon_s - E_b)}{\hbar\omega} \right] \right\}^{-1}$$

$$= \frac{1}{2\pi\rho_0(E)} \int_{-\infty}^{E-E_b} \rho_s(E - E_b - k) dk \left[1 + \exp\left(-\frac{2\pi k}{\hbar\omega} \right) \right]^{-1}. \tag{4.3.12}$$

式中 ρ_s 为鞍点能级密度,ε_s 为核在鞍点的激发能(除去沿裂变方向的集体运动动能),做较精确的计算,可直接用式(4.3.12). 作为简化的公式,可采用下列近似. 根据对位能曲面和质量参量的一般计算,$\hbar\omega$ 的值约为 1 MeV. 由此可见,一旦 k 取负值,因子 $[1 + \exp(-2\pi k/\hbar\omega)]^{-1}$ 即迅速减小,因此对积分的贡献很小. 但当 k 取正值时,$\rho_s(E - E_b - k)$ 又随 k 的增加而迅速减小. 因此,只有当 k 取小的正值时,对积分有主要贡献,这时因子 $[1 + \exp(-2\pi k/\hbar\omega)]^{-1}$ 接近 1,故可以近似地得

$$\Gamma_f \approx \frac{1}{2\pi\rho_0(E)} \int_0^{E-E_b} \rho_s(E - E_b - k) dk. \tag{4.3.13}$$

已知 $\ln\rho_s(E)$ 为 E 的平滑曲线,当 ΔE 不大时,可采用泰勒级数展开,保留前两项得

$$\ln\rho_s(E+\Delta E) = \ln\rho_s(E) + \left[\frac{\mathrm{d}\ln\rho_s(E)}{\mathrm{d}E}\right]\Delta E.$$

令

$$\frac{1}{T_s} = \left[\frac{\mathrm{d}\ln\rho_s(E)}{\mathrm{d}E}\right], \tag{4.3.14}$$

则

$$\rho_s(E+\Delta E) = \rho_s(E)\exp\left(\frac{\Delta E}{T_s}\right). \tag{4.3.15}$$

式中 T_s 称为核温度,在适当的近似下,与第三章所介绍的统计意义上的核温度在数值上相差不大. 在式(4.3.15)中,取 ΔE 为 $-k$,E 为 $E-E_b$,代入式(4.3.13),积分可得

$$\Gamma_f \approx \frac{T_s}{2\pi\rho_0(E)}\rho_s(E-E_b)\left\{1-\exp\left[\frac{-(E-E_b)}{T_s}\right]\right\},$$

略去大括号中较小的后一项,可得

$$\Gamma_f \approx \frac{T_s}{2\pi\rho_0(E)}\rho_s(E-E_b). \tag{4.3.16}$$

Γ_f 并不能与实验值直接比较,实验测定的是裂变截面 σ_f,如除以总的复合核截面 σ_c,即得裂变几率 P_f. 如以 Γ_t 表示复合核衰变总宽度,则

$$P_f = \frac{\Gamma_f}{\Gamma_t} = \frac{\sigma_f}{\sigma_c}. \tag{4.3.17}$$

当激发能不很高时,释放中子的中子道为主要衰变道,设其宽度为 Γ_n,则 $\Gamma_t \approx \Gamma_f + \Gamma_n$,代入式(4.3.17),可得

$$\frac{\Gamma_f}{\Gamma_n} = \frac{P_f}{1-P_f} \approx P_f. \tag{4.3.18}$$

因此,由实验测定的 P_f,即可求得 Γ_f/Γ_n,而中子宽度是比较容易计算的,因此可用理论计算的 Γ_f/Γ_n 与实验比较,验证理论或确定某些裂变参量.

计算中子宽度可用细致平衡原理,即当复合核、中子及释放中子后的剩余核处于统计平衡时,单位时间内复合核释放中子形成剩余核的几率与由中子打入剩余核形成复合核的几率相同. 设中子被剩余核吸收的截面为 $\sigma_R(E',\varepsilon)$,E' 为剩余核的激发能,而 ε 为中子能量,如以 v 为中子速率,p 为其动量,则在单位时间内,处于 $v\sigma_R(E',\varepsilon)$ 内的中子会被吸收. 中子在相空间的密度为

$$Q = 2\times 4\pi\times v\sigma_R(E',\varepsilon)\frac{p^2\mathrm{d}p}{h^3}, \tag{4.3.19}$$

式中第一因子 2 是因为中子可取两个自旋方向,4π 为关于动量方向的积分. 化成中子能量 ε,上式可写成

$$Q = 16m\pi\sigma_R(E',\varepsilon)\frac{\varepsilon\mathrm{d}\varepsilon}{h^3}, \tag{4.3.20}$$

式中 m 为中子质量. 剩余核的能级密度为

$$\rho_R(E')dE = \rho_R(E - B_n - \varepsilon)dE,$$

式中 B_n 为复合核的中子结合能. 以 Q 乘以 $\rho_R(E')$ 并除以总的能级密度 $\rho_0(E)$, 对 ε 积分, 可得总的单位时间发射中子的几率为

$$P_n = \frac{1}{\rho_0(E)} \frac{16m\pi}{h^3} \int_0^{E-B_n} \rho_R(E - B_n - \varepsilon)\sigma_R(E - B_n - \varepsilon, \varepsilon)\varepsilon d\varepsilon,$$

乘以 $\hbar$, 可得

$$\Gamma_n = \frac{2m}{\pi^2 \rho_0(E)\hbar^2} \int_0^{E-B_n} \rho_R(E - B_n - \varepsilon)$$
$$\times \sigma_R(E - B_n - \varepsilon, \varepsilon)\varepsilon d\varepsilon. \tag{4.3.21}$$

如若忽略 σ_R 对能量的依赖, 并将 ρ_R 关于 ε 展开, 可对 ε 积分, 如积分后再略去 $\exp[-(E-B_n)/T_R]$, $T_R = \left[\dfrac{d}{dE'}\rho_R(E')\right]_{E'=E-B_n}^{-1}$ 为剩余核温度, 可得

$$\Gamma_n = \frac{2m\sigma_R}{\pi^2 \rho_0(E)\hbar^2} T_R^2 \rho_R(E - B_n), \tag{4.3.22}$$

与式(4.3.16)结合, 可得

$$\frac{\Gamma_f}{\Gamma_n} = \frac{\pi\hbar^2}{4m\sigma_R} \frac{T_s}{T_R^2} \frac{\rho_s(E - E_b)}{\rho_R(E - B_n)}. \tag{4.3.23}$$

如入射粒子能量较高, 则系统也会接受一部分角动量, 总角动量在裂变过程中是守恒的. 可以设转动能不参与体系能级密度的分配, 则激发能中应将转动能部分减去, 式(4.3.23)变为

$$\frac{\Gamma_f}{\Gamma_n} = \frac{\pi\hbar^2}{4m\sigma_R} \frac{T_s}{T_R^2} \frac{\rho_s(E - E_s - E_b)}{\rho_R(E - E_R - B_n)}, \tag{4.3.24}$$

式中

$$E_s = \frac{\hbar^2 I(I+1)}{2\mathscr{I}_s}, \quad E_R = \frac{\hbar^2 I'(I'+1)}{2\mathscr{I}_R}, \tag{4.3.25}$$

I 为复合核的角动量量子数, $\mathscr{I}_s$ 为在鞍点处转动惯量, 可近似地用液滴模型计算. I' 为剩余核的角动量, 由于中子仅带走几个 $\hbar$ 的角动量, 因此 I' 约比 I 小 1 到 2, $\mathscr{I}_R$ 为剩余核转动惯量.

在与实验做较精密的比较时, 我们仍采用式(4.3.12)和(4.3.21). 当求比值 Γ_f/Γ_n 时, $\rho_0(E)$ 被消去了. 中子截面

$$\sigma_R(E - B_n - \varepsilon, \varepsilon) \approx \sigma_R(E),$$

可用光学模型计算, 对剩余核激发能 $E - B_n - \varepsilon$ 的依赖可以忽略. 剩余核能级密度可以用实验值或用壳模型+对作用计算(见第三章). 在(4.3.12)中, $\hbar\omega$ 可采用通用值 1 MeV. $\rho_s(E - E_b - k)$ 可用均匀单粒子能级密度 g_f 及壳能隙 Δ 计算, 因此整

个计算中只有 E_b, g_f, Δ 三个可调参量,可通过拟合实验数据确定.图 4.13 为对质子引起的四个核裂变几率的拟合结果,表 4.3 则为对若干核的拟合参量.

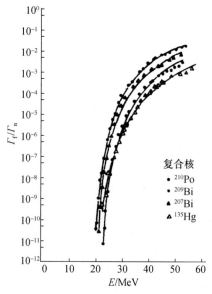

图 4.13　裂变几率的拟合结果

实线为计算值.

表 4.3　若干较轻的核的裂变参量拟合值

复合核	E_b/MeV	g_f/MeV^{-1}	Δ/MeV
$^{213}\mathrm{Ac}$	17.0	7.67	0.38
$^{212}\mathrm{Po}$	19.5	7.36	0.06
$^{211}\mathrm{Po}$	19.7	7.08	0.84
$^{210}\mathrm{Po}$	20.5	7.42	0.60
$^{209}\mathrm{Bi}$	23.3	7.55	0.22
$^{207}\mathrm{Bi}$	21.9	7.63	0.11
$^{201}\mathrm{Tl}$	22.3	7.67	0.39
$^{198}\mathrm{Hg}$	20.4	7.43	0.68
$^{191}\mathrm{Ir}$	23.7	7.16	0.05
$^{189}\mathrm{Ir}$	22.6	6.84	0.10
$^{188}\mathrm{Os}$	24.2	6.89	0.54
$^{187}\mathrm{Os}$	22.7	6.84	0.83
$^{186}\mathrm{Os}$	23.4	6.66	0.43
$^{185}\mathrm{Re}$	24.0	6.51	0.60
$^{179}\mathrm{Ta}$	26.1	6.53	0.99
$^{173}\mathrm{Lu}$	28.0	6.17	0.87

§4.4 裂变同质异能素[17]

4.4.1 裂变同质异能素的发现与测定[17]

像在科学研究常见的情况一样,裂变同质异能素是在为了别的目的而进行的实验中发现的. 在 20 世纪 60 年代初,$Z>100$ 的新核素,特别是新元素是核反应研究的一个备受注意的前沿领域. 从已发现的 101 和 102 号元素的性质,人们也在推测更高 Z 的元素很可能是自发裂变寿命很短的核素. 为了合成 104 号元素,Flerov 和 Polikanov 等人在 Dubna 研究所进行了以 ^{22}Ne 轰击 ^{242}Pu 的实验,他们预期会出现下列反应:

$$^{242}\text{Pu} + {}^{22}\text{Ne} \longrightarrow {}^{260}104 + 4\text{n},$$

而 $^{260}104$ 将为自发裂变寿命较短的同位素. 实验结果确实发现了一种自发裂变半衰期为 14 ms 的核素,这种核素是不是 104 号元素呢? 为了检验,他们用 ^{22}Ne 轰击 ^{238}U,这个反应最多只能得到 102 号元素,当然不会产生 $^{260}104$,然而实验结果仍然发现了自发裂变半衰期为 14 ms 的核素. 接着就进行了一系列实验来判断这种半衰期为 14 ms 的核素究竟是什么核素,这些实验中包括了用快中子轰击 ^{243}Am 的实验,最后才确定了这种核素是 ^{242}Am 的同质异能素 ^{242m}Am,这是人们发现的第一例裂变同质异能素. 它是 Am 的同质异能素,因为通常 Am 同位素的自发裂变半衰期为 $10^{12} \sim 10^{14}$ a,这样短的半衰期意味着它比 Am 的基态有较高的激发能(后来从反应阈能的测量也得到其激发能高达 3 MeV),此核 γ 衰变的半衰期也一定大于或等于 14 ms. 根据当时对同质异能素的知识,一个核除非具有很高的自旋,否则不可能同时具有这样高的激发能和长的半衰期. 如果 ^{242m}Am 是自旋较高的态,那么它的产额应该和反应所可能提供的角动量有关. 但是实验表明,即使是平均角动量不足一单位的(p,n)反应的同质异能态比 σ_m/σ_t 和平均角动量达到 15 单位的重离子反应相差不大,这表明 ^{242m}Am 并不具有高自旋.

为了找寻解释,Polikanov(1962)[18] 和 Flerov(1964)[19] 就曾提出 ^{242m}Am 为形状同质异能态的解释,但直到 1966 年这种解释才得到理论上的支持. 为了正确计算位能曲面提出的壳修正方法,却意外地给出了锕系元素的双峰位垒,为这种同质异能素提供了两峰之间的第二个稳定谷,裂变同质异能态就是处在第二稳定谷的核态,它的稳定性是由双峰位垒造成的. 第二谷和第一谷核形状是不同的,因此这种同质异能态又称形状同质异能态. 了解了这种同质异能素形成的原因以后,人们很快在具有双峰位垒的锕系元素中找到许多裂变同质异能素,形成了一个以 $N=146 \sim 148$,$Z=94 \sim 96$ 为中心的同质异能素岛,如图 4.14 所示.

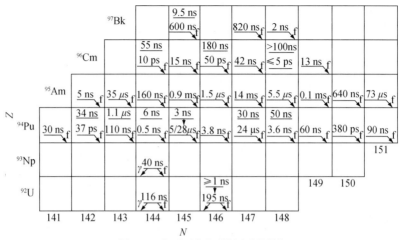

图 4.14 锕系元素的裂变同质异能素

f 和 γ 分别表示裂变和放射 γ 射线,一格中两个数字表示两个同质异能态.

从图上可以看到,有几个同质异能素除了通过裂变衰变外,还可以通过发射 γ 射线而衰变到基态.原则上这一衰变道对每一个同质异能素都存在,但是由于在实验中一般有很高的 γ 射线本底,如果 γ 分支比较小,就难以观察到.因此图上所列的半衰期,由于包括了 γ 衰变寿命,可能比实际的裂变半衰期略短一些.在相邻的核素中,奇奇核的同质异能素的寿命最长.第一个被发现的 ^{242m}Am 寿命为 14 ms,正是所有已经发现的裂变核素中寿命最长的同质异能态.根据计算的位能曲面,可以预期会有更多的同质异能态,有些也许是因为寿命太短而难以观察到.另外也有些核素,如 U,Th 等都具有双峰位垒,但是因为第一峰较低,因而裂变分支比较小,如仅有 γ 分支,就难以和一般同质异能态区分.实际上根据理论计算的位能曲面,不少 U 和 Th 的同位素以及更轻一些的核素都可能存在形状同质异能态.在图上还可以看到,有半数左右的核素,都具有两种半衰期不同的同质异能素.仅仅在 ^{239}Pu 和 ^{238}U 观察到两同质异能态之间的跃迁.

4.4.2 双峰位垒的穿透几率与共振[20]

位能曲面具有双峰位垒的核,其位能在给定裂变自由度 q 时,所取的极小值如图 4.15 所示.在图上,我们看到 Ⅰ(基态)和 Ⅱ(同质异能态)两个谷和 A,B 两个峰,这两个峰实际是两个鞍点(对其他非裂变形变而言是极小值).当从谷 Ⅰ 穿透 A,B 两鞍点而到达裂变态是要经过谷 Ⅱ,这就可能使这一段形变运动变得很复杂.在这里首先介绍一下重要的共振现象.在谷 Ⅱ 中,核体系可以进行各种单粒子和集体运动,但激发能不高时(低于位垒 A 与 B),这些集体运动态可以近似看成是约束态.因此在谷 Ⅱ 中可以有若干能级,不过这些约束态都有一定的几率穿越位垒而走出谷Ⅱ,因此这些态都有一定的宽度,激发能离位垒顶越近,宽度越宽.在这些集体运动中最重要的是一种沿裂变方向的振动运动,如果当体系穿越位垒时,其沿裂变方向的动能正好和谷Ⅱ的振动本征能量相同,则会在谷Ⅱ中形成近似的驻波,从而大大增加穿越双峰的几率,这就是共振现象.

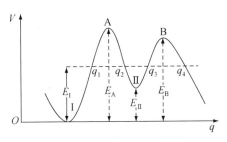

图 4.15　双峰位垒穿透示意图

　　为了定性说明双峰位垒穿透的共振现象,可采用一维位垒穿透的模型,如图 4.15 所示.设体系沿裂变方向的集体运动能量为 E,形变参量为 q,质量参量为 M,根据 WKB 近似,穿透 A 与 B 的几率分别为

$$P_A = \exp\left[-2\int_{q_1}^{q_2} K(q)\mathrm{d}q\right], \tag{4.4.1a}$$

$$P_B = \exp\left[-2\int_{q_3}^{q_4} K(q)\mathrm{d}q\right], \tag{4.4.1b}$$

式中

$$K = \frac{1}{\hbar}\{2M[V(q)-E]\}^{1/2}.$$

如令

$$\varphi(E) = \int_{q_2}^{q_3} \mathrm{d}q\, \frac{1}{\hbar}\{2M[E-V(q)]\}^{1/2}, \tag{4.4.1c}$$

则根据 WKB 近似,当

$$\varphi(E_n) = \left(n+\frac{1}{2}\right)\pi \tag{4.4.2}$$

时,两峰间具有能量为 E_n 的准稳态.由 WKB 的连接条件,可以算得穿透两位垒的几率 P 为

$$P = \frac{1}{4}P_A P_B\left[\frac{(P_A+P_B)^2}{16}\sin^2\varphi + \cos^2\varphi\right]^{-1}, \tag{4.4.3}$$

通常 P_A 与 P_B 都比 1 要小得多,在一般情况下,

$$\frac{(P_A+P_B)^2}{16}\sin^2\varphi \ll \cos^2\varphi,$$

所以

$$P = \frac{1}{4}\frac{P_A P_B}{\cos^2\varphi} \approx P_A P_B,$$

即穿透两个位垒的几率要比穿透一个位垒的几率小得多. 但当 E 和条件(4.4.2)所确定的某一准稳态能量 E_n 相同时, $\cos\varphi = 0$, $\sin\varphi = \pm 1$,

$$P = \frac{4P_A P_B}{(P_A + P_B)^2}. \tag{4.4.4}$$

当 $P_A = P_B$ 时, $P = 1$, 取最大值. 即使两位垒穿透几率之比为 $10:1$, P 的值也达到 $1/3$. 这种大的穿透几率是由于体系的形态在两位垒之间反复振荡引起的一种共振现象. 当能量满足式(4.4.2)时, 入射波可以在两峰之间形成驻波, 因而大大增加了位垒穿透的几率.

当 E 在 E_n 的附近时, 可将 $\varphi(E)$ 展开为

$$\varphi(E) = \left(n + \frac{1}{2}\right)\pi + \frac{(E - E_n)\tau_n}{\hbar}, \tag{4.4.5}$$

$$\frac{\tau_n}{\hbar} = \left(\frac{\mathrm{d}\varphi}{\mathrm{d}E}\right)_{E = E_n},$$

τ_n 为振动周期. 如以式(4.4.5)右方第二项为小量, 代入式(4.4.3), 只保留到二次项, 可得在 E_n 附近

$$P \approx \frac{(\Gamma/2)^2}{(E - E_n)^2 + (\Gamma/2)^2}\frac{4P_A P_B}{(P_A + P_B)^2}, \tag{4.4.6}$$

式中

$$\Gamma = \frac{P_A + P_B}{2}\frac{\hbar}{\tau_n},$$

式(4.4.6)是典型的共振公式, 只适用于共振能附近.

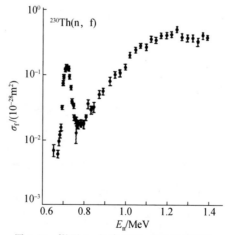

图 4.16　^{230}Th(n, f) 在 720 keV 处的共振峰

现在来看看这种共振现象在裂变核反应中的表现.在发现裂变同质异能态和双峰位垒之前,本来在裂变反应中,有两种共振现象是很难解释的,一是如图 4.16 所示的很接近裂变阈能处裂变截面有一个峰值,它不是一般意义下复合核的共振能级,因为同一复合核在其他核反应中,并没有这种共振峰,这个现象用上述的谷Ⅱ的共振就能得到合理的解释.关于这一具体的例子还牵涉到 ^{231}Th 的裂变位垒的第二个峰,将在本章 §4.6 再做分析.在其他一些裂变反应如 ^{239}Pu(d,pf), ^{231}Th(n,f), ^{231}Pa(n,f) 等也可以观察到这类接近位垒的共振.分析这些激发曲线是获得关于双峰位垒参量的重要手段.对于激发能比位垒低的中子裂变,仅仅在一些共振峰的地方观察到裂变.人们发现有些核裂变共振峰要比中子全截面的共振峰稀得多,并且一小群一小群地出现.图 4.17 画出了 ^{240}Pu 的中子全截面和裂变截面的激发曲线,两者的差别是很明显的.为什么同是中子共振态,而发生裂变的几率差别却很大呢?这种现象只能从双峰位垒才得到合理的解释.

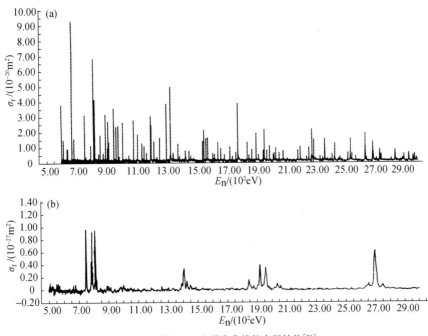

图 4.17　^{240}Pu(n,f)激发曲线的中间结构[21]

(a)中子全截面;(b)中子裂变截面.

如图 4.18 所示,双峰位垒提供了两个谷,核吸收一个中子后,激发能约5 MeV,这时在谷Ⅰ中能级已很密,所以共振态也很密,如图 4.17(a)所示.但是在谷Ⅰ形成的共振态直接穿透双峰位垒发生裂变的几率极小,一般不会裂变.谷Ⅱ的底要比基态高出 2~3 MeV,因而激发能相对于同质异能态而言,高出谷Ⅱ的底也不过 2~3 MeV,因此能级很稀.当两谷的能级能量很接近时,可以通过能级之间的耦合,激发谷Ⅱ内的共振态.通过前面所说的机制,实现位垒穿透而发生裂变.能引起裂变的只是谷Ⅱ内的振动能级,因而裂变共振截面分布很稀.但是,这时谷Ⅰ中能级已很密集,可以有好几个能级与谷Ⅱ中一能级耦合,因此可以观察到一组好几个共振峰都有较大的裂变宽度.上述现象对热中子裂变核如 ^{235}U(n,f) 观察不到.这类核吸收一个中子后激发能已超过裂变位垒,因此每一个共振能级都有一定的几率发生裂变.

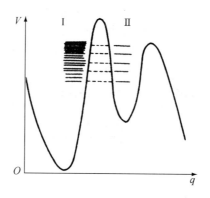

图 4.18　双峰位垒两谷能级分布比较示意图

谷Ⅰ:基态谷,能级密集;谷Ⅱ:同质异能态谷,虚线表示共振耦合.

4.4.3　裂变同质异能态的核谱[22]

裂变同质异能态是唯一的具有较大形变和较长寿命的核态,研究它的结构将有可能提供在大形变下核结构的较详细知识.但是由于形成这种态的几率较小,寿命又短,又伴随着很大的裂变本底,要通过核谱研究这种态的结构,实验上困难很大,因而所知也很有限.下面分三方面介绍一些情况.

1. 裂变同质异能态衰变的 γ 分支

处于谷Ⅱ的同质异能态,除了裂变外,还可能通过 γ 辐射而回到谷Ⅰ,这是衰变的 γ 分支.在图 4.14 可见,只有 ^{237m}Np,^{236m}U,^{238m}U 三个同质异能态画出了 γ 分支,Z≥94 的同质异能素均未观察到 γ 分支.简单的解释是这些同质异能素的位垒 B 较低,要穿越位垒 A 而实现 γ 衰变,由于是电磁相互作用,无法与裂变道竞争.但对于 Z≤93 的核素,则不但同质异能素很少,而且仅有的几个同质异能素的同质异能素产额比(σ_m/σ_c)也突然降低很多,一种可能的解释是 γ 道的竞争大大减少了裂变道碎片的产额.对于 ^{238m}U 和 ^{236m}U 衰变的 γ 分支,曾经测量过,这种测量的困难在于本底太大.许多裂变碎片都有同质异能态,它们会放出推迟的 γ 射线,一般要比同质异能态衰变的 γ 射线强得多.经过适当的实验安排和屏蔽措施,才能观察到

一些 γ 射线峰,然后经过几种选择方法才能选出哪几条是同质异能态衰变的 γ 射线.例如可以与另一种能引起裂变而同质异能态产额很小的反应所测定的 γ 谱比较,这时同质异能态衰变的 γ 射线强度将明显减弱.另一鉴定的方法是测定 γ 射线的半衰期,由同质异能素发出的 γ 射线半衰期应该与同质异能态谱的裂变半衰期相同,当然只有在充分降低本底时选择方法才有效.经过这些鉴定以后,确定^{238m}U有两条衰变 γ 射线,较强的为 2.514 MeV,而较弱的为 1.879 MeV.对照已知的^{238}U基态附近的能谱,并假设^{238m}U基态的自旋宇称为 0$^+$(所有偶偶核基态自旋宇称都是 0$^+$),可以判定 2.514 MeV 射线是由 0$^+$跃迁到^{238}U的激发能为 0.045 MeV的 2$^+$态,这是集体性很强的电四极矩跃迁,而 1.879 MeV 射线是跃迁到^{238}U能量为 0.680 MeV 的 1$^-$态.由此可知,^{238m}U基态高出^{238}U基态 2.56 MeV.这也许是测定最准确的裂变同质异能素的激发能.对于^{236m}U,也测定了 γ 射线的能量,可得其激发能为 2.77 MeV.应该讲,测定 γ 衰变能量是测定裂变同质异能态激发能很准确的方法,可惜这方法能应用的核很少.对于^{238m}U,γ 分支占了衰变几率 9/10,测定还遇到很大困难.对于 $Z \geqslant 94$ 的同质异能态,估计 γ 衰变的几率很小,更难以测定了.

2. 同质异能态的转动激发

同质异能态是一个形变较大的态,测定其转动谱是研究这种态的有力手段.由于形变较大,转动态之间的跃迁的 γ 射线的能量较低,这种谱的内转换的几率很大,因此可以用测定内转换电子谱来获得关于转动谱的数据.这时人们又遇到了本底很大的困难,核基态的转动谱放出的内转换电子,要比同质异能态强 1 万倍.好在同质异能态会裂变,而基态的裂变几率很小,因此采用与裂变碎片延迟符合的方法,可以把由同质异能态发射的内转换电子分开,由此获得转动谱.图4.19 给出了^{240}Pu 和^{240m}Pu的转动谱,这些能级和角动量的关系,都可以近似地用公式

$$E(J) = AJ(J+1) + BJ^2(J+1)^2$$

来表示,其中第一项为主要项,$A = \hbar^2/\mathscr{I}$,$\mathscr{I}$ 为体系垂直于对称轴的转动惯量.从图上标出的 A 值可见,同质异能态的 A 值相当于基态的二分之一,也就是说,转动惯量要大一倍以上.系数 B 是转动偏离完全转子的一种度量.同质异能态的 B 值比基态小得多,实际上这种 B 值在所有转动谱中属最小的一类,因此这种形状同质异能态是最好的转子.

关于^{240}Pu 转动惯量的计算值,如图 4.20 曲线所示.与实验值相比,符合状况是令人满意的.对于其他裂变同质异能态,理论与实验符合的情况与此相似.

如果能测到这些转动态的寿命,还可以算出同质异能态的电四极矩,这将提供关于同质异能态形状的直接知识.由于绝大部分跃迁是通过内转换电子实现的,因此难以用通常测 γ 跃迁的半衰期的方法测定.相反,倒可以利用这种特点来测定它

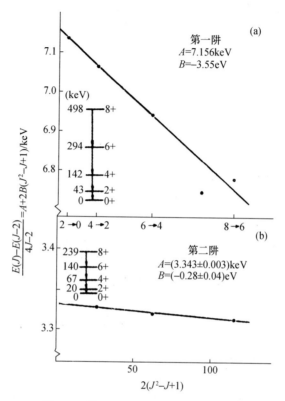

图 4.19 ^{240}Pu 基态及同质异能态的转动谱
直线斜率为 B,与纵坐标交点为 A.

的半衰期. 我们知道,在一个重核的 K 层或 L 层发生一次内转换,射出一个电子,这一深层的空位,将会引起一连串的俄歇电子发射,使离子带十几个电荷. 现在用薄靶使反应产物飞出一段距离,在途中放置一个电荷重调薄膜,穿过后可使离子只带一两个平衡电荷. 如果内转换发生在穿膜以前,那么大部分电荷将被重调而消失;反之,则离子将带较多电荷,可用磁场将这两类离子分开并计数(为了保证记录的为同质异能态离子,应采用与裂变碎片延迟符合的办法,加以甄别). 如薄膜距靶的距离为 d,离子飞行速率为 v,则根据计算,即可获得转动态在时间间隔 $t(=d/v)$ 内衰变的几率. 改变 d,分析所得数据,即可获得转动态各个带的半衰期和电四极矩跃迁几率,从而计算同质异能态电四极矩,后者与理论值的比较情况如表 4.4. 为了比较,表上最后一列还给出了 ^{240}Pu 基态的电四极矩,这是锕系元素基态电四极矩的典型值,而同质异能态的电四极矩比它大 3 倍左右. 大的转动惯量和电四极矩是裂变同质异能态比基态具有较大形变的有力证据. 计算结果与实验符合,表明壳修正方法计算的位能曲面对于不很大的形变是基本可信的.

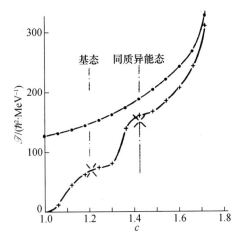

图 4.20 ^{240}Pu 转动惯量随拉长形变参量 c 的变化

+—+表示推转模型和 BCS 波函数计算值;

•—• 刚体值;×表示实验值,形变 c 由位能曲面所确定.

所有计算都表明,裂变同质异能态的形状是轴对称和前后对称的,类似于一长椭球,其长轴与短轴的比为 2:1,相当于 c 为 1.42 左右.对应于这一形变,在中子数为 144 时,壳修正取一极小值,相当于这种形变的满壳层同质异能素岛,即以 $N=$ 144 为中心,如图 4.14 所示.

表 4.4　裂变同质异能态电四极矩

核素	^{236m}U	^{238m}U	^{236m}Pu	^{239m}Pu	^{240m}Am	^{240g}Pu
电四极矩 (实验)/eb	32±5	29±3	27^{+14}_{-8}	36±4	33±2	11.3±0.5
电四极矩 (理论)	+33.1	+36.7	+36.7	—	—	+11.9

3. 其他激发态[22]

在谷 II 中,最先引人注意的是振动态,它由于导致共振裂变而受到重视.最先观察到的一个例子,是由反应 ^{239}Pu(d,pf)观察到的,对 ^{240}Pu 基态激发能为 4.95 MeV 的共振态,相当于在谷 II 振动能量为 2.4 MeV 的振动态,但是很难判断这是几个振动声子的态,其他情况类似,都没有观察到振动能很低的振动态.

在图 4.14 中,我们看到有不少核素有两个半衰期不同的同质异能态,这大概是在谷 II 中的两个态,但是能观察到它们之间的跃迁的仅是少数.对于偶偶核,有些形状同质异能态的激发能高,产额低,而寿命长的,可能是在谷 II 中的两赝粒子激发态.对于奇 A 核,则可能是单粒子激发态.

§4.5 位垒参数的确定[17,23]

在§4.3中,我们讨论了如何由裂变截面确定裂变位垒参数的方法.那时候,讨论的是一个位垒,通过分析实验数据,确定了位垒高度、单粒子能级的平均密度和对能隙 Δ.后两个参数是为了计算在鞍点处的能级密度而确定的,而位垒穿透系数 $\hbar\omega$ 则取了不变的平均值 1 MeV.这一套参数能很好地描述各种较轻核素激发能不很高的裂变几率.对于锕系元素,由于有双峰位垒,情况要复杂得多,如图 4.15,单是描述位垒最少就要两个鞍点位垒高度 E_A 和 E_B,中间还要有一个谷 II 谷底高度 E_{II},此外对每一个位垒,还有一个穿透系数 $\hbar\omega_A$ 和 $\hbar\omega_B$,谷 II 的振荡频率为 ω_{II}.此外还需要基态、第一位垒、同质异能态和第二位垒处四种不同的能级密度.显然,对每一个核要拟合实验数据确定这许多参数是困难的.一般对能级密度又做一些理论分析和实验拟合以后,确定了一些通用的值,对 $\hbar\omega_{II}$,$\hbar\omega_A$ 和 $\hbar\omega_B$,也确定了一些大概的数值,而留待拟合实验的主要是鞍点 A,B 和谷 II 的位能高度 E_A,E_B 和 E_{II}.用来确定这些鞍点参数的实验值可分以下三个方面,即同质异能态的半衰期,在核反应中生成同质异能态的激发曲线和在低能核反应中锕系元素的裂变截面随激发能变化的激发曲线.

4.5.1 同质异能态的半衰期[23]

裂变同质异能态最重要的特征是它的自发裂变寿命要比处于基态的核短得多.但由于寿命很短,事件不多而本底又很大,因此准确测定这些同质异能态的寿命是较困难的.由图 4.14 所列出的同质异能态的半衰期并不很准确,较近的略有改进的结果如表 4.5 所示.表中所列激发能很多是估计值,更不准确,保留仅供参考.对于一个核素有两个同质异能态时,由激发能的差别,可以看出哪一个处于较低的激发态.

表 4.5 裂变同质异能态的半衰期

核素	半衰期	激发能/MeV	核素	半衰期	激发能/MeV
^{236}U	115 ns	~2.35	^{243}Am	5.5 μs	2.0
^{238}U	240 ns		^{244}Am	900 μs	1.6
^{237}Np	45 ns	2.85		~6.5 μs	~2.0
^{237}Pu	110 ns	~2.3	^{245}Am	640 ns	~2.5
	1.1 μs	~2.6	^{246}Am	73 μs	~2.0
^{238}Pu	0.5 ns	2.4	^{240}Cm	10 μs	~2.0
	6.5 ns	3.7	^{241}Cm	15 ns	~2.3
^{239}Pu	8 μs	3.1	^{242}Cm	40 ps	~1.8
^{240}Pu	3.8 ns	2.8		180 ns	2.8

（续表）

核素	半衰期	激发能/MeV	核素	半衰期	激发能/MeV
^{241}Pu	24 μs	～2.2	^{243}Cm	42 ns	1.5
^{242}Pu	4 ns	～2.2	^{244}Cm	＜5 ps	～2.0
	28 ns	～2.5	^{245}Cm	14 ns	～2.4
^{243}Pu	45 ns	1.8	^{242}Bk	9.5 ns	～2.0
^{244}Pu	400 ps	～2.0		600 ns	～3.0
^{237}Am	5 ns	～2.4	^{243}Bk	5 ns	～2.2
^{239}Am	163 ns	2.5	^{244}Bk	820 ns	～2.0
^{240}Am	910 μs	3.0	^{245}Bk	2 ns	
^{241}Am	1.5 μs	～2.2	^{246}Cf	45 ns	～2.5
^{242}Am	14 ms	～2.3			

这种裂变同质异能素的半衰期有明显的奇偶效应,在图 4.21 上画出各同位素（按质量数的奇偶分类）半衰期 $T_{1/2}$（单位为秒）随中子数 N 的变化. 对于具有一个以上的同质异能素的核,只采用了对应于最低激发能的同质异能素的半衰期. 从图上可以看到,除了 ^{234}Pu 外,所有同位素的同质异能态的半衰期随 N 都呈现出规则的并且相似的变化,峰值在 $N=147$ 左右. 图上也显示了明显的奇偶效应,阻塞因子约为 3 左右. 比基态自发裂变的阻塞因子 5 要小一些.

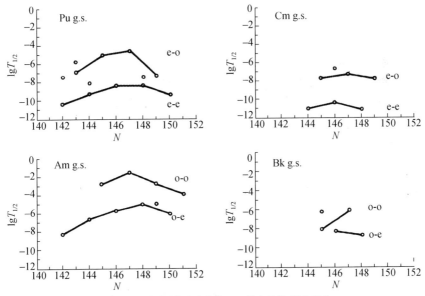

图 4.21　同质异能态半衰期 $T_{1/2}$ 随中子数 N 的变化

● 表示处于激发态的半衰期,○ 表示处于同质异能态的最低能态的半衰期.

裂变同质异能素的半衰期理论公式和一般自发裂变半衰期的相同. 严格讲, 这是一个多维位垒穿透问题, 即使简化成一维, 计算也很复杂. 但是由于同质异能态已具有激发能 $2\sim3\,\mathrm{MeV}$, 可以认为一旦穿透位垒 B, 即发生裂变, 而作为单独的位垒, 这时其半衰期可以简单地由下式给出

$$T_{1/2} = \frac{\ln 2}{nP}, \tag{4.5.1}$$

$$P = \left[1 + \exp\left(2\pi\,\frac{E_{\mathrm{B}} - E_{\mathrm{II}}}{\hbar\omega_{\mathrm{B}}}\right)\right]^{-1}, \tag{4.5.2}$$

$$n = \frac{2\pi}{\omega_{\mathrm{II}}}. \tag{4.5.3}$$

由于 $\exp\left(2\pi\,\dfrac{E_{\mathrm{B}} - E_{\mathrm{II}}}{\hbar\omega_{\mathrm{B}}}\right) \gg 1$, 故 (4.5.1) 式可简单由下式给出:

$$T_{1/2} = \frac{\omega_{\mathrm{II}}}{2\pi}\exp\left(2\pi\,\frac{E_{\mathrm{B}} - E_{\mathrm{II}}}{\hbar\omega_{\mathrm{B}}}\right)\ln 2. \tag{4.5.4}$$

这公式含有四个参量, 仅可用做确定这些参量时的参考, 不能单独用来确定参量. 其特点是与能级密度和位垒 A 的性质无关, 因此可以用来检验其他的量. 人们常常取 $\hbar\omega_{\mathrm{II}}$ 为 $1\,\mathrm{MeV}$, $\hbar\omega_{\mathrm{B}} \approx 0.5\,\mathrm{MeV}$, 则由式 (4.5.4) 可以直接估算 $E_{\mathrm{B}} - E_{\mathrm{II}}$, 即

$$E_{\mathrm{B}} - E_{\mathrm{II}} = \frac{\hbar\omega_{\mathrm{B}}}{2\pi}\ln\left(\frac{2\pi T_{1/2}}{\omega_{\mathrm{II}}\ln 2}\right). \tag{4.5.5}$$

4.5.2　裂变同质异能素产生的激发曲线[17]

裂变同质异能素可以通过各种核反应, 如 $(\mathrm{n}, \mathrm{n}')$, $(\mathrm{n}, 2\mathrm{n})$, $(\mathrm{d}, \mathrm{pn})$ 等等产生. 通常通过测定同质异能素的产生截面随激发能变化的激发曲线, 或延迟裂变 (同质异能素) 与瞬发裂变产额的比值随激发能的变化曲线, 拟合这种激发曲线, 就可以获得关于位垒的参量. 在上面引述的核反应中, 裂变同质异能素的形成都要分几个阶段, 最后通过释放中子以及 γ 退激发而形成. 例如, 最简单的 $(\mathrm{n}, \mathrm{n}')$ 反应, 第一阶段先形成复合核, 第二阶段通过释放一个中子而达到同质异能素的激发态, 再通过 γ 发射达到同质异能素的基态. 对于其他核反应, 也需要经过这些阶段. 这种多阶段反应的计算, 原则上并没有困难. 为了避免过多地牵涉到核反应理论, 我们将只讨论两阶段的反应. 如图 4.22 所示, 经过反应的第一阶段, 生成了激发能 E^*、自旋宇称为 J^π、质量数为 $A+1$ 的复合核, 这个复合核可以裂变或释放一个中子而达到核 A 的谷 I 或谷 II, 处在谷 II 的态还可以通过瞬发裂变或经过由 γ 发射而达到同质异能素基态而发生延迟裂变. 实验测定的是总的延迟裂变和瞬发裂变的比.

设通过某一反应, 形成激发能为 E、自旋为 J、核子数 $A+1$ 的复合核. 设自旋为 J 的几率为 $\alpha(J)$. §4.3 中, 在计算裂变及中子发射几率时, 曾引用过裂变宽度

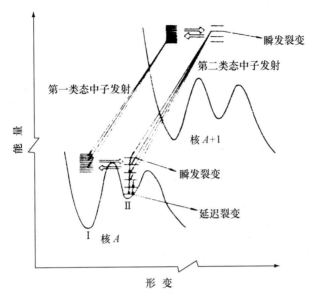

图 4.22　裂变同质异能素形成过程

及中子宽度,现在将(4.3.12)式乘以共同因子 $2\pi\rho_0$ 换成穿透系数,即

$$T_{\mathrm{A}}(E,J) = \int_0^{E-E_{\mathrm{A}}} \rho_{\mathrm{A}}(J,\varepsilon) \left\{ 1 + \exp\left[\frac{2\pi(E_{\mathrm{A}}+\varepsilon-E)}{\hbar\omega_{\mathrm{A}}}\right] \right\}^{-1} \mathrm{d}\varepsilon, \quad (4.5.6\mathrm{a})$$

$$T_{\mathrm{B}}(E,J) = \int_0^{E-E_{\mathrm{B}}} \rho_{\mathrm{B}}(J,\varepsilon) \left\{ 1 + \exp\left[\frac{2\pi(E_{\mathrm{B}}+\varepsilon-E)}{\hbar\omega_{\mathrm{B}}}\right] \right\}^{-1} \mathrm{d}\varepsilon, \quad (4.5.6\mathrm{b})$$

和 §4.3 中位垒穿透公式(4.3.21)的差别,除了少因子 $2\pi\rho_0$ 外,还多了一个体系总角动量 J.可将 $\rho(J)$ 近似地写成 $(2J+1)\rho_0$,而发射中子的穿透系数为

$$T_{\mathrm{n}}(E,J) = \frac{2m}{\hbar^2\pi}(2J+1)\int_0^{E-B'_{\mathrm{n}}} \sigma_{\mathrm{C}}\rho_{\mathrm{R}}(E-B'_{\mathrm{n}}-\varepsilon)\varepsilon\mathrm{d}\varepsilon, \quad (4.5.7)$$

式中 ρ_{R} 为剩余核的能级密度,σ_{C} 为逆截面,B'_{n} 为核 $A+1$ 的中子结合能,一般认为 σ_{C} 与中子能量 ε 无关,可取 $\varepsilon=0$ 时的截面值.和 §4.3 的(4.3.21)公式比较,可看到 $4m$ 在这里换成了 $2m$,这是因为考虑了总角动量 J,不需要再考虑中子的自旋关系.在 §4.3 中,只考虑到中子的自旋,相当于取 $J=1/2$.在应用这些穿透系数公式时,将会用到 $A+1$ 和 A 两个核的参量,我们将用带撇的量表示 $A+1$ 核的量,不带撇的量为 A 核的量.对于 $A+1$ 核,由于激发能较高,它的双峰位垒中,只有较高的第一峰(设为 A 峰)对裂变有作用,因此此 $A+1$ 核的裂变几率为

$$P'_{\mathrm{f}} = \frac{T'_{\mathrm{A}}(E)}{T'_{\mathrm{A}}(E)+T_{\mathrm{n}}(E)}. \quad (4.5.8)$$

而释放一能量在 ε 到 $\varepsilon+\mathrm{d}\varepsilon$ 的中子进入 A 核谷 I 的几率为

$$P_{n1}(\varepsilon)\mathrm{d}\varepsilon = \frac{(2j+1)}{T'_A(E)+T_n(E)}\frac{2m}{\hbar^2\pi}\sigma_C\rho_R(E-B_n-\varepsilon)\varepsilon\mathrm{d}\varepsilon, \tag{4.5.9}$$

进入 A 核谷 II 的几率为

$$P_{n2}(\varepsilon)\mathrm{d}\varepsilon = \frac{(2j+1)}{T'_A(E)+T_n(E)}\frac{2m}{\hbar^2\pi}\sigma_{C2}\rho_{R2}(E-B_n-E_{II})\varepsilon\mathrm{d}\varepsilon. \tag{4.5.10}$$

现在假设进入 A 核后,状态的激发能已较小,不再释放中子,因此进入 A 核后的状态,不论进入谷 I 或谷 II,总共只有三个出路:在谷 I 释放 γ 射线而被吸收,最后达到 A 核基态;在谷 II 释放 γ 射线而被吸收,最后达到 A 核同质异能态;穿越位垒 B 而立即裂变. 现在设在谷 I 处于激发能为 $E_I = E-B_n-\varepsilon$ 的状态的几率为 n_1,我们只要考虑 $E_I > E_{II}$ 的情况,如 $E_I < E_{II}$,则唯一可能为通过释放 γ 射线而达到 A 核基态,既不会裂变,也不会发生延迟裂变. 当 $E_I > E_{II}$ 时,这种态有两个前途,通过 A 垒进入谷 II 的部分又可以有三种前途,即① 通过 A 垒回到谷 I;② 通过 γ 射线而逐步退激发到裂变同质异能素基态;③ 越过位垒 B 而裂变. 可表示如下:

$$n_1 \to n_1\frac{T_A}{T_A+T_{\gamma1}} + n_1\frac{T_{\gamma1}}{T_A+T_{\gamma1}}$$
$$\hookrightarrow n_1\frac{T_A}{T_A+T_{\gamma1}}\Big(\frac{T_A}{T_A+T_B+T_{\gamma2}}$$
$$+\frac{T_B}{T_A+T_B+T_{\gamma2}}+\frac{T_{\gamma2}}{T_A+T_B+T_{\gamma2}}\Big). \tag{4.5.11}$$

由上式可见,从 n_1 个态出发,经过一次来回,又回到谷 I 的态数为

$$n_1\frac{T_A}{T_A+T_{\gamma1}}\frac{T_A}{T_A+T_B+T_{\gamma2}}.$$

如此反复进行,相当于把 n_1 换成

$$N_1 = n_1\Big(1-\frac{T_A}{T_A+T_{\gamma1}}\frac{T_A}{T_A+T_B+T_{\gamma2}}\Big)^{-1}, \tag{4.5.12}$$

因此得经过 γ 衰变达到谷 I 基态、谷 II 基态和瞬发裂变的几率分别为

$$P_{\gamma1}^{(1)} = N_1\frac{T_{\gamma1}}{T_A+T_{\gamma1}}, \tag{4.5.13a}$$

$$P_{\gamma2}^{(1)} = N_1\frac{T_A}{T_A+T_{\gamma1}}\frac{T_{\gamma2}}{T_A+T_B+T_{\gamma2}}, \tag{4.5.13b}$$

$$P_{f}^{(1)} = N_1\frac{T_B}{T_A+T_{\gamma1}}\frac{T_B}{T_A+T_B+T_{\gamma2}}. \tag{4.5.13c}$$

达到谷 II 的几率为 n_2,则其变化如下:

$$n_2 \to n_2\frac{T_A}{T_A+T_B+T_{\gamma2}} + n_2\frac{T_A}{T_A+T_B+T_{\gamma2}} + n_2\frac{T_{\gamma2}}{T_A+T_B+T_{\gamma2}}$$
$$\hookrightarrow \Big(n_2\frac{T_A}{T_A+T_B+T_{\gamma2}}\frac{T_A}{T_A+T_{\gamma2}}$$

$$+ n_2 \frac{T_A}{T_A + T_B + T_{\gamma 2}} \frac{T_{\gamma 1}}{T_A + T_{\gamma 2}} \Big). \tag{4.5.14}$$

经过反复进行，n_2 应换为 N_2，

$$N_2 = n_2 \Big(1 - \frac{T_A}{T_A + T_{\gamma 1}} \frac{T_A}{T_A + T_B + T_{\gamma 2}} \Big)^{-1}. \tag{4.5.15}$$

达到谷 I 基态、谷 II 基态不发生裂变的几率分别为

$$P_{\gamma 1}^{(2)} = N_2 \frac{T_A}{T_A + T_B + T_{\gamma 2}} \frac{T_{\gamma 1}}{T_A + T_{\gamma 1}}, \tag{4.5.16a}$$

$$P_{\gamma 2}^{(2)} = N_2 \frac{T_{\gamma 2}}{T_A + T_B + T_{\gamma 2}}, \tag{4.5.16b}$$

$$P_f^{(2)} = N_2 \frac{T_B}{T_A + T_B + T_{\gamma 2}}, \tag{4.5.16c}$$

结合式(4.5.9)及(4.5.10)，并令 $n_1 = P_{n1}(\varepsilon), n_2 = P_{n2}(\varepsilon)$，可得总裂变几率为

$$P_f = \sum_J \Big[\int_0^{E - B_n - E_{II}} P_f^{(1)} \, \mathrm{d}\varepsilon + \int_0^{E - B_n - E_{II}} P_f^{(2)} \, \mathrm{d}\varepsilon \Big] \alpha(J) + P_f', \tag{4.5.17}$$

而总延迟裂变几率为

$$P_{\gamma 2} = \sum_J \Big[\int_0^{E - B_n - E_{II}} P_{\gamma 2}^{(1)} \, \mathrm{d}\varepsilon + \int_0^{E - B_n - E_{II}} P_{\gamma 2}^{(2)} \, \mathrm{d}\varepsilon \Big] \alpha(J), \tag{4.5.18}$$

式中 $\alpha(J)$ 为形成复合核的自旋 J 的几率. 由此可以计算同质异能素的形成截面 σ_m（即延迟裂变截面）与瞬发裂变截面 σ_f 的比值为

$$\frac{\sigma_m}{\sigma_f} = \frac{P_{\gamma 2}}{P_f}. \tag{4.5.19}$$

在上面的计算中应注意谷 I 的激发能为 $E - B_n - \varepsilon$，而在谷 II 则应用 $E - B_n - E_{II} - \varepsilon$. 在应用上式时，还要计算 T_γ，一般采用如下的近似公式

$$T_\gamma(E, J) = 2\pi C \int_0^E \varepsilon_\gamma^3 \, \mathrm{d}\varepsilon_\gamma \sum_{J_f = |J-1|}^{J+1} \rho(E - \varepsilon_\gamma, J_f), \tag{4.5.20}$$

式中只考虑了偶极辐射，E 为激发能，ε_γ 为 γ 辐射的能量，C 为一可调参量，在核的不同质量区可以取不同的值，对于锕系元素，与实验拟合的结果，可取 $C = 4.25 \times 10^{-8}$（也与所用能级密度参量有关），如能量单位为 MeV，则 C 的单位为 MeV^{-3}.

最后，为进行计算，还需要知道能级密度 ρ 的表达式，这是核反应统计理论长期存在的一个难点. 我们这里将只给出两个主要表达式. 首先，是费米气体模型推出的表达式（参看 §3.5）

$$\rho(U, J) = \frac{(2J + 1) \exp[-(J + 1/2)^2 / 2\sigma^3]}{4\sqrt{2\pi}\sigma^3} \rho(U), \tag{4.5.21}$$

其中

$$\rho(U) = \frac{\sqrt{\pi}}{12 a^{1/4} U^{5/4}} \mathrm{e}^{2\sqrt{aU}},$$

$$\sigma^2 = 0.0888 \sqrt{aU}A^{2/3}. \tag{4.5.22}$$

当自旋 J 较小时,(4.5.21)式可简化为

$$\rho(U,J) \approx (2J+1)\rho(U),$$

上式适用于激发能 E 相当高(即约大于 4 MeV)的情况.考虑到对相互作用而引起的能隙 Δ,只有当奇奇核,没有对能隙时,U 才可以近似地与 E 相等;对于奇 A 核,$U=E-\Delta$;对于偶偶核,$U=E-2\Delta$.参数 a 称为能级密度参量,对锕系元素,可以近似地取为

$$a = A/8 \,\mathrm{MeV} \quad \text{或} \quad a = A/10 \,\mathrm{MeV}, \quad \Delta \approx 0.6 \,\mathrm{MeV}.$$

上述公式在激发能较小时不适用.在激发能较小时,可以近似地采用如下的等温度公式,即

$$\rho(U,J) = (2J+1)\exp\left(\frac{E}{\theta}\right). \tag{4.5.23}$$

$\theta=0.5\,\mathrm{MeV}$,对于位垒处可采用 $\theta=0.3\,\mathrm{MeV}$.在进行具体问题分析时,a,Δ,θ 等可以做一些调整,请参考文献[17].

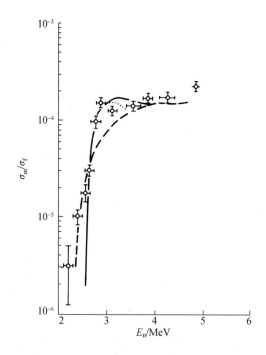

图 4.23 $^{238}\mathrm{U(n,n')}\,^{238m}\mathrm{U}$ 的激发曲线[17]

短划线用等温能级密度,$\theta=0.5$ 及 $0.53\,\mathrm{MeV}$,$E_{\mathrm{II}}=2.35\,\mathrm{MeV}$.实线考虑了谷 II 能级的转动与振动谱及对作用能隙等,同质异能素能量为 $2.56\,\mathrm{MeV}$(为 E_{II} 加上零点能).纵坐标为延迟裂变截面 σ_{m} 与瞬发裂变截面 σ_{f} 之比,横坐标为中子能量 E_{n}.

由上面的讨论,可见要拟合一个 σ_m/σ_f 的激发曲线,很不容易,要调整很多参数.但如果仅仅注意在激发能接近阈能的情况,即 $E \approx B_n + E_{II}$ 时,公式要简化很多,仅用式(4.5.8)及(4.5.10)即可(设 $j = 1/2$).

$$\frac{\sigma_m}{\sigma_f} = \frac{4m}{T'_A(E) \hbar^2 \pi} \sigma_{C2} \int_0^{E-B_n-E_{II}} \rho_{R2}(E - B_n - E_{II} - \varepsilon)\varepsilon d\varepsilon, \qquad (4.5.24)$$

图 4.23 就是在阈能附近拟合的例子.

4.5.3 低激发能裂变截面的拟合[24]

锕系元素的位垒高度在 $5 \sim 6$ MeV,和单中子的分离能 B_n 相差不大,对于高激发能的裂变,不容易观察到双峰位垒的影响,因此测量激发能为 $4 \sim 7$ MeV 的复合核裂变截面,是研究双峰位垒的一种有力手段.例如,经过削裂反应(d,p),可生成比靶核多一个中子的复合核,其激发能可由测定释放质子的动能和氘核的动能算出.不难设想,通过这一类对核结构影响不大的反应,复合核基本上处于谷 I 内,处在谷 II 的几率可以忽略,因此计算裂变几率,就是要计算由谷 I 穿越两个位垒而实现裂变的几率.在 §4.4 中,我们已经用准经典近似(WKB 近似)计算过越过位垒的几率和出现共振吸收的情况.然而那种理论不能直接应用,因为实际上我们处理的不是简单的一维问题.在谷 I 和谷 II 都是一种多维的运动,可以出现很多种情况.谷 I 中某一态的波函数在谷 II 的尾部(即代表穿透 A 垒的几率)将有可能和谷 II 中能量相近的态的波函数耦合,不再能继续穿过 B 垒.但是在谷 II 由于激发能较低,能级密度较小(一般要比谷 I 小 100 倍左右)耦合的情况又可分为三类:第一类的情况是激发能很低,例如高出谷 II 谷底 $1 \sim 2$ MeV,则在谷 II 中仅有振动和转动态,这时可以认为耦合可以忽略,§4.4 中的共振理论是可以用的,只有出现共振,才能发生裂变,否则裂变几率太小,这是一种无衰减的共振现象.第二种是激发能较高,谷 II 中能级较密,能级有一定宽度,因而能级有些重叠,这时还可以观察到有一定衰减的共振,振幅的衰减部分就成为谷 II 的激发态.第三种情况是谷 II 中的激发能已处于能级密集区,能级宽度大于能级间的间距.这时谷 I 中穿透波的强度将统计地分布在谷 II 内,不再显示出共振现象,而是两个位垒逐次穿透,我们在 4.5.2 描述的就是这种情况.对于我们现在研究的裂变反应,只考虑不完全衰减和完全衰减两种情况.

不完全衰减的情况适用于复合核为偶偶核的情况,由于对相互作用,在谷 II 中能级密度较稀,所以可适用于这种近似.为了描述在谷 II 中由耦合引起的衰减,最方便的方法是在谷 II 中引入一个表示吸收的位能,这就可以导致穿越几率的减小.由于对位能曲面的具体情况,特别是质量参量了解得很少,而且实际的穿越几率也许和这些细节关系不大,因此可用三个平滑相接的抛物线(如图 4.24 所示)来表示双峰及谷 II,而在谷 II 部分再增加一位能的虚部 iW(也是一个抛物线),这时穿透几率可以解析地算出,可调参量为 E_A,E_{II} 和 E_B 以及三个频率 $\hbar\omega_A$,$\hbar\omega_{II}$ 和 $\hbar\omega_B$,裂变几率可由下式给出:

$$P_f = \sum_{J^\pi}\left[\alpha(J^\pi)\left\langle\frac{T_f(J^\pi)}{T_f(J^\pi) + T_n(J^\pi) + T_\gamma(J^\pi)}\right\rangle\right],\qquad(4.5.25)$$

式中 $\alpha(J^\pi)$ 为由反应产生激发能为 E、自旋宇称为 J^π 的复合核的几率(可由核反应理论算出),括号〈〉表示对统计涨落求平均. 当能量不足以释放中子时,则 $T_n = 0$.

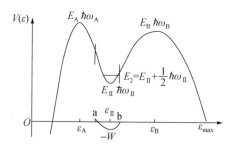

图 4.24　用抛物线模拟的双峰位垒

横坐标表示沿裂变方向的相对形变,W 为虚位势强度.

　　完全衰减的情况适用于奇 A 核或奇奇核,这时由于对能隙的影响大大减小而在谷II中能级也较密,可以认为两位垒是分别穿透,应用式(4.5.13c)及(4.5.12),可得

$$P_f = \sum_{J^\pi}\alpha(J^\pi)\left\langle\left[1 - \frac{T_A^2}{(T_A + T_\gamma + T_n)(T_A + T_{\gamma 2} + T_B)}\right]^{-1}\right.$$

$$\left.\times\left[\frac{T_A T_B}{(T_A + T_\gamma + T_n)(T_A + T_{\gamma 2} + T_B)}\right]\right\rangle$$

$$= \sum_{J^\pi}\alpha(J^\pi)\left\langle\left[\frac{T_A T_B}{T_A(T_{\gamma 2} + T_B) + (T_{\gamma 1} + T_n)(T_A + T_{\gamma 2} + T_B)}\right]\right\rangle.$$

化简,得

$$P_f = \sum_{J^\pi}\alpha(J^\pi)\left\langle\frac{T_f}{T_{\gamma 1} + T_f + T_n}\right\rangle,\qquad(4.5.26)$$

$$T_f = \frac{T_A T_B}{T_A + T_B}.\qquad(4.5.27)$$

式(4.5.26)与(4.5.25)是一致的,仅需把 T_f 用(4.5.27)式代入就行了. 应用式(4.5.25)和(4.5.26),(4.5.27)曾经拟合了很多锕系元素的裂变截面,得出了位垒参量,图 4.25(见第 103 页)及图 4.26(见第 104 页)为拟合的典型例子. 从图上可见,在奇奇(o-o)及偶奇(e-o)核的激发曲线上没有看到共振穿越位垒的共振峰,仅在激发能相当于中子结合能 B_n 的地方看到激发曲线的一点波折,这是由于中子道的开放引起

的.对于偶偶(e-e)核,则的确观察到较低的(即经过衰减的)振动共振峰.应用定出的参数,计算激发能达到 12 MeV 的裂变几率,结果与实验也是基本符合的.

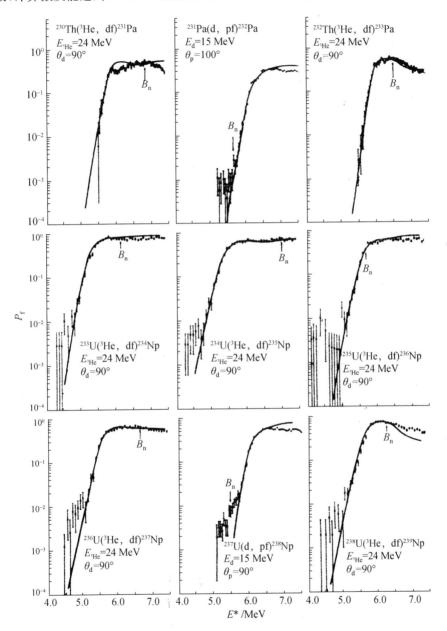

图 4.25　奇 A 核或奇奇核的裂变几率的激发曲线[24]

图上 $E_{^3He}$,E_d 分别表示入射粒子 ^3He 和氘核的能量,θ_d 及 θ_p 为探测反应放出的氘核及质子的方向,实线为拟合值,横坐标为激发能,纵坐标为裂变几率.

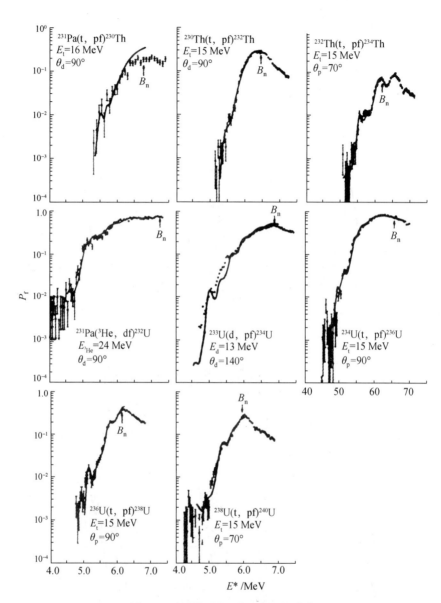

图 4.26   偶偶核裂变几率的激发曲线[24]

图上 $E_{3\text{He}}, E_t, E_d$ 分别表示入射粒子 ^{3}He、氚和氘核的能量, θ_d 及 θ_p 为探测反应放出的氚核及质子的方向, 实线为拟合值, 横坐标为激发能, 纵坐标为裂变几率.

通过上述各种实验数据的分析, 可得到双峰位垒的数据如表 4.6(见第 105 页).

表 4.6 裂变位垒数据[23]

裂变核	中子分离能 /MeV	E_{II} /MeV	E_A /MeV	$\hbar\omega_A$ /MeV	E_B /MeV	$\hbar\omega_B$ /MeV	测定方法	备注
^{227}Ra	4.516				7.95	1.0	a	
^{226}Ac	5.39				7.8	0.55	a	
^{227}Ac	6.52				7.4	0.6	a	
^{228}Ac	5.43				7.0	0.45	a	
^{231}Th	5.118				6.5	1.0	b	f
^{233}Th	4.786				6.8	1.1	b	f
^{234}U	6.89		5.6	1.04	5.5	0.6	a	
^{235}U	5.298	2.5	5.9	0.8	5.6	0.52	b,c	
^{236}U	6.545	2.3	5.6	1.04	5.5	0.6	a,d	
^{237}U	5.126	2.5	6.1	0.8	5.9	0.52	b,c	
^{238}U	6.15	2.6	5.7	1.04	5.7	0.6	a	
^{239}U	4.806	1.9	6.3	0.8	6.1	0.52	b,c	
^{238}Np	5.488	2.3	6.1	0.65	6.0	0.45	a	
			5.9	0.65	6.0	0.45	c	
^{238}Pu	7.00	2.7	5.5	1.04	5.0	0.6	a	
			5.7	1.04			d	
^{239}Pu	5.647	2.6	6.2	0.8	5.5	0.52	b,c,e	
^{240}Pu	6.534	2.4	5.6	1.04	5.1	0.6	a,d	
			5.8	1.04			d	
^{241}Pu	5.242	1.9	6.1	0.8	5.4	0.52	b,c,e	
			5.8	0.8	5.5	0.52	c	
^{242}Pu	6.309		5.6	1.04	5.1	0.6	a	
			5.6	1.04			d	
^{243}Pu	5.03	1.7	5.9	0.8	5.2	0.52	b,c	
			5.9	0.7	5.6	0.52	b,c	
^{244}Pu	6.02		5.4	1.04	5.0	0.6	a	
			5.4	1.04			d	
^{245}Pu	4.7		5.6	0.8	5.0	0.52	b,c	
			5.7	0.7	4.9	0.52	b,c	
^{242}Am	5.539	2.9	6.5	0.65	5.4	0.45	a,b,e	
^{243}Am	6.36	2.3	5.9	0.8	5.4	0.52	a,e	
^{244}Am	5.37	2.8	6.3	0.65	5.4	0.45	a,b,e	
^{243}Cm	5.69	1.9	6.4	0.8	4.2	0.52	a,e	
^{244}Cm	6.80		5.8	1.04	4.3	0.6	a,e	
^{245}Cm	5.522	2.1	6.2	0.8	4.8	0.52	b,e	
^{246}Cm	6.46		5.7	1.04	4.2	0.6	b,e	
^{247}Cm	5.16		6.0	0.8	4.6	0.52	b	
^{248}Cm	6.21		5.7	1.04	4.6	0.6	a	
^{249}Cm	4.714		5.6	0.8	4.1	0.52	b	
^{249}Bk	6.33		6.1				a	
^{250}Bk	4.97		6.1	0.65	4.1	0.45		
^{250}Cf	6.62		5.6	1.04	以下均		b	
^{253}Cf	4.81		5.4	0.8	比 E_A		b	
^{255}Es	(6.0)		5.4		小得多		a	
^{256}Es	(5.0)		4.8				a	
^{255}Fm	5.18		5.7				a	

注 表中所列的 E_B 对应于前后反映不对称的外鞍点的位垒高度. 通常还有一个反映对称的外鞍点, 一般对称位垒要比不对称的位垒高很多, 但对于最重和最轻的那些锕系核两垒的高度比较接近. a: 荷电粒子转移裂变反应; b: 中子引起的近垒裂变截面; c: 中子引起的垒下共振; d: 中子引起的垒上裂变, 包括次级裂变; e: 形状同质异能素的激发曲线; f: E_B 的数值对应于三峰位垒中外面两峰较高的一个峰的高度. 表上关于 E_A, E_B, E_{II} 数值的误差约为 $(\pm 0.2 \sim \pm 0.3)$ MeV.

§4.6 理论与实验的比较[25,26,27]

4.6.1 关于位垒参数计算与拟合值的比较

有关位垒的理论知识,是用第二章所介绍的壳修正的方法计算位能曲面所获得的.图 4.27 显示了由计算所得^{236}U 位能曲面的等高图,图上仅画出了质量不对称性(在图上横坐标用一对碎片质量标出)和颈半径两个形变自由度.计算中实际还考虑了拉长和非轴对称两个自由度,在图上没有画出来.这意味着,图上每一点这两个自由度都由能量取极小所决定.图上标出的就是对应这种能量极小值.由图

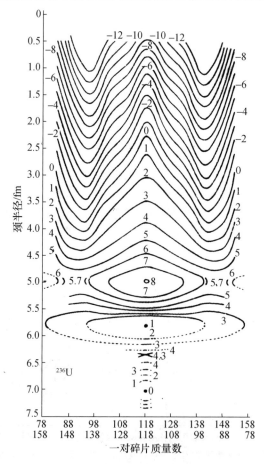

图 4.27 ^{236}U 位能曲面

形变参量为质量不对称性(横坐标)和颈半径(纵坐标),数字表示位能高度,以 MeV 为单位.

可见,核基态处于能量为零的点.形状是轴对称和前后对称的.随着形变增大,开始
发生非轴对称形变.到达第一鞍点时(4.3 MeV 处),非轴对称形变达到极大.此后
迅速减小,核很快回到轴对称情况,体系达到激发能为 1 MeV 的形状同质异能态.
此后形变开始变得前后不对称,绕过高峰为 8 MeV 的山麓而达到高度为5.7 MeV
的第二鞍点.此后体系即沿着质量比约为140/96 的一条前后不对称沟而达到断
点.由此可见,位能曲面的计算不仅解释了双峰裂变位垒和裂变同质异能态的存
在,还给非对称裂变做了定性的说明.图 4.28 是一些双峰位垒的例子,都是在给定
ε(即四极形变参量 ε_2,与 β_2 相近)时位能最小值曲线.图上的实线都是按轴对称并
且前后反映对称的形状计算的.在非轴对称的形变位能低于轴对称形变的地方,则
用短划线标出非轴对称的值(主要在第一位垒顶部).当前后反映不对称的形变位能
低于前后对称的形变时,则用虚线标出不对称形状的位能(主要在第二位垒顶部).

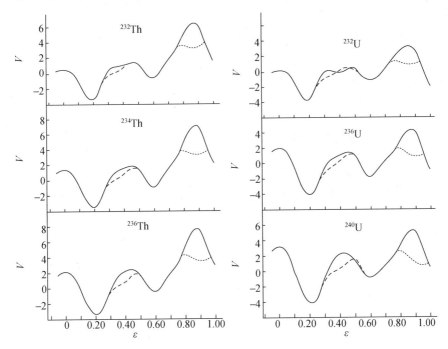

图 4.28　用壳修正法计算的裂变位垒

实线为用轴对称形状计算的裂变位垒,短划线是考虑
了非轴对称的修正,点线是考虑了前后不对称时的修正.

从这一类计算中可以看到以下特点:

(1)基态和同质异能态都具有轴对称和前后对称的形状,基态处在 ε=0.2～
0.23 的地方,而同质异能态都处在 ε=0.6 处,相当于长轴为短轴两倍的地方.实验
测定的基态和同质异能态的电四极矩间接地验证了这些定量的结果.

(2) 内垒具有非轴对称形变,它的高度随原子序数缓慢增加.

(3) 外垒具有前后不对称的形状,有利于核的非对称裂变,这是对锕系元素非对称裂变的一个定性的解释.外垒高度随原子序数的增加而减小,Fm 基本上已无外垒,没有裂变同质异能态.

计算结果与实验确定的位垒参量的比较如图 4.29、图 4.30(见第 109 页)、图 4.31(见第 109 页)所示.由图可以看到,两者基本上是一致的.

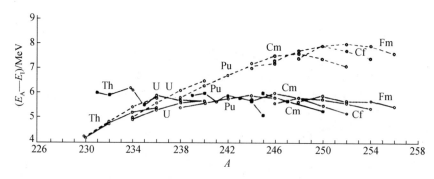

图 4.29　内垒高度(相对于基态能量)

■ 实验值；○ 计算值；虚线：轴对称形变；实线：非轴对称形变.

4.6.2　Th 异常和位能曲面第三谷[28]

上面提到,由实验确定的双峰位垒的参量一般与理论比较符合,但是对轻锕系元素,特别是 Th,差别却比较明显.如图 4.29 所示,实验确定的内垒高度要比理论值高出 1.5~2 MeV.如图 4.16 所示,^{230}Th(n,f)在中子能量为 720 keV 处有一个明显的共振峰.如 §4.4 所述,人们把这一共振峰作为存在双峰位垒的共振峰穿透的证据.但这时复合核 ^{231}Th 的激发能已达到 5.85 MeV 左右,其他的 Th 同位素以及 U 同位素都有这种高激发态的共振峰.如果把这些共振峰解释为第二阱中的振动共振,那么谷 II 的高度 E_{II} 应超过 4 MeV,而图 4.30 所示的理论值不大于 3 MeV.这些理论与实验的差异曾令人困惑,因而被称为 Th 异常.

由图 4.28 可见,由于考虑了前后不对称的形变,Th 和 U 的第二位垒中间凹下去,形成了一个很浅的第三谷.曾经有人指出[26],观察到的共振,实际上是第三谷的振动共振.经过精确的实验测量和理论分析,证实了这一推测,即在形变很大($\varepsilon \approx 0.9$)的地方,找到仍可能存在的稳定态的证据[28].

图 4.32 为精确测定的 ^{230}Th(n,f) 和 ^{230}Th(d,pf) 的裂变截面,这种激发曲线有不少较窄的结构.从结构的宽度与间距看,很可能是建立在轴向振动上的转动带.如果振动发生在第二位垒中的第三阱上,那么,由于形变是前后不对称的($\varepsilon_3 \neq 0$),

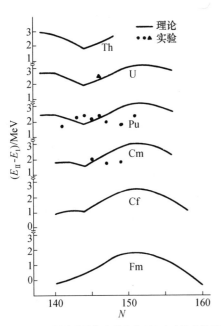

图 4.30 形状同质异能态激发能（相对于基态能量）
曲线为理论值.

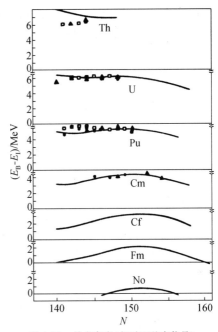

图 4.31 外垒高度（相对于基态能量）
曲线为理论值.

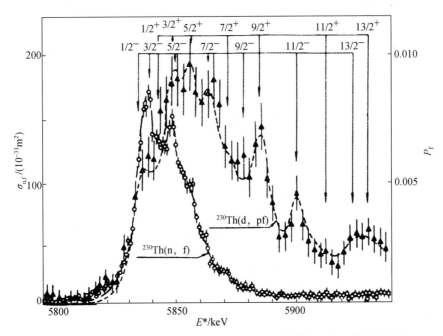

图 4.32 ^{230}Th(n,f)的 $\sigma_{n,f}$（纵坐标在左）及 ^{230}Th(d,pf)的裂变几率 P_f（纵坐标在右）
曲线为理论值.

则内部运动波函数宇称是不守恒的,但 ε_3 和 $-\varepsilon_3$ 可能具有相同的本征值,因此可以组成两个具有确定宇称的波函数:

$$\begin{cases} \psi^+ = \sqrt{\dfrac{1}{2}}\big[\psi(\varepsilon_3,\boldsymbol{r}) + \psi(-\varepsilon_3,-\boldsymbol{r})\big], \\ \psi^- = \sqrt{\dfrac{1}{2}}\big[\psi(\varepsilon_3,\boldsymbol{r}) - \psi(-\varepsilon_3,-\boldsymbol{r})\big], \end{cases} \tag{4.6.1}$$

式中上标 +、- 号表示宇称. 宇称 +、- 态分裂为一组能量相接近的双重态,因此观察到宇称双重态是体系具有八极形变的重要标志. 对给定的 K 值(内部运动角动量沿对称轴的投影量子数),可以分别组成角动量为 $J = K, K+1, \cdots$. 宇称为 + 和 - 两条能量比较接近的转动带,其转动能为

$$E_R^\pi(J,K) = \frac{\hbar^2}{2\mathscr{I}^\pi}\Big[J(J+1) - K(K+1) + a^\pi \delta_{K,1/2}(-1)^{J+1/2}\Big(J+\frac{1}{2}\Big) \Big], \tag{4.6.2}$$

式中 $\mathscr{I}^\pi$ 为转动惯量,$a^+ = -a^-$ 为脱耦系数. 为了计算位垒穿透因子,仍可像图4.24那样用抛物线连成的位垒(去掉虚部势 W),参量依次设为 $E_B, \hbar\omega_B, E_{\text{III}}, E_C, \hbar\omega_C$. 当轴向运动动能为 E',位垒穿透几率为 $T_f(E',K^\pi)$,可采用式(4.4.3)或更精确的解析式计算. 对不同的 K 值,E_B, E_{III}, E_C 可能不同,因此 T_f 也是 K 的函数. 当总能量为 E 时

$$E' = E - E_{\text{III}} - E_R^\pi(J,K^\pi). \tag{4.6.3}$$

应用 §4.5 的方法,可将 σ_f 写成

$$\sigma_f(E) = \sum_{J^\pi}\sigma(E_{J^\pi},J^\pi)\frac{\displaystyle\sum_K T_f(E',K^\pi)}{\displaystyle\sum_K T_f(E',K^\pi) + T_\sigma(E,J^\pi) + T_n(E,J^\pi)}F, \tag{4.6.4}$$

F 为宽度涨落修正因子,$\sigma(E_{J^\pi},J^\pi)$ 对不同反应可取不同的截面. 拟合的情况如图 4.32 所示. 在图上可以看出,有些裂变截面的峰值和转动能级的对应是很明显的. 尽管两反应的截面有较大的差异,用同一组转动能级可以满意地拟合. 在下一章还将看到,碎片角分布也能同时拟合,所得的 K 值为 1/2. 实验拟合的转动能级参量为

$$\Big(\frac{\hbar^2}{2\mathscr{I}}\Big)^+ = 1.9 \pm 0.1\,\text{keV}, \quad a^+ = 0.2 \pm 0.1,$$

$$\Big(\frac{\hbar^2}{2\mathscr{I}}\Big)^- = 2.0 \pm 0.1\,\text{keV}, \quad a^- = -0.1 \pm 0.1,$$

$$E_{1/2}^+ - E_{1/2}^- = 8\,\text{keV}.$$

位垒参数为

$$E_{\mathrm{A}} = 5.1\,\mathrm{MeV}, \quad E_{\mathrm{II}} = 2.3\,\mathrm{MeV}, \quad E_{\mathrm{B}} = 5.9\,\mathrm{MeV},$$

$$E_{\mathrm{III}} = 5.56\,\mathrm{MeV}, \quad E_{\mathrm{C}} = 6.51\,\mathrm{MeV},$$

与理论值较接近,所得转动惯量与由相应形变($\varepsilon = 0.9$)计算的刚体转动惯量也很接近. 这表明大的形变对离子轨道有更大的约束力,迫使核子随核做整体的转动. 大的转动惯量又从另一方面证实了转动带是在形变很大的第三阱中. 其他的 Th 同位素以及 U 和 Pa 的同位素的垒下裂变共振现象,也可得到类似的解释. 众所周知,类比于裂变同质异能态,人们在几组核素的高自旋态中发现了超形变转动带,其形变大小与裂变同质异能态相当. 因此与第三谷相类比,也可预期,在某些元素的高自旋态中,还存在形变更大的超超形变带. 不过这种能谱即使有,也一定很弱,实验观察的困难将会更大.

参 考 文 献

[1]　K. Petryhak, G. Flerov. *J. Phys.*, USSR, 3, 1940, 275.

[2]　N. E. Holden. 50 Years with Nuclear Fission, Ed. J. W. Behrens, A. D. Carlson, Illinois USA, American Nuclear Society Inc., 1989, 465.

[3]　C. Wagemans. Spontaneous Fission, The Nuclear Fission Process, Ed. C. Wagemans, Florida, CRC Press Inc., 1991, 37.

[4]　D. C. Hoffmann. 50 Years with Nuclear Fission, Ed. J. W. Behrens, A. D. Carlson, Illinois USA, American Nuclear Society Inc., 1989, 85.

[5]　胡济民. 原子核理论(修订版),第二卷,北京:原子能出版社,1996,374~377.

[6]　D. C. Hill, J. A. Wheeler. *Phys. Rev.*, 89, 1953, 1102.

[7]　H. C. Pauli, T. Ledergerber. Physics and Chemistry of Fission, 1973, IAEA, Vol. 1, 463 ~496.

[8]　P. Moller, J. R. Nix, W. J. Swiatecki. *Nucl. Phys.*, A492, 1989, 349.

[9]　P. Moller, J. R. Nix. 50 Years with Nuclear Fission, Ed. J. W. Behrens, A. D. Carlson, Illinois USA, American Nuclear Society Inc., 1989, 158.

[10]　P. B. Price. 50 Years with Nuclear Fission, Ed. J. W. Behrens, A. D. Carlson, Illinois USA, American Nuclear Society Inc., 1989, 177.

[11]　卢希庭. 原子核物理,北京:原子能出版社,1981,92.

[12]　A. Sandulscu, D. N. Poenaru, W. Greiner. *Sov. J. Part. Nucl.*, 11, 1980, 528.

[13]　H. J. Rose, G. A. Jones. *Nature*, 307, 1984, 245.

[14]　胡济民. 原子核理论(修订版),第二卷,北京:原子能出版社,1996,357~359.

[15]　L. G. Moretto. Physics and Chemistry of Fission, Vol. 1, 1973, 329.

[16]　J. E. Lynn. 50 Years with Nuclear Fission, Ed. J. W. Behrens, A. D. Carlson, Illinois USA, American Nuclear Society Inc., 1989, 419~421.

[17]　S. Bjorholm, J. E. Lynn. *Rev. Mod. Phys.*, 52, 1980, 725~927.

[18]　S. M. Polikanor et al. *Zh. Eksp. Teor. Fiz.*, 42, 1962, 1016.

[19]　G. N. Flerov, S. M. Polikanov. *Compt. Rend. Cong. Int. Phys. Nucl.* (Paris), 1, 1964, 407.

[20]　M. A. Preston, R. K. Bhaduri. Structure of the Nucleus, Reading, Addison Wesley Inc., 1975, 592~597.

[21]　A. Michaudon. *Adv. in Nucl. Phys.*, 6, 1973, 84.

[22]　R. Vandenbosch. Physics and Chemistry of Fission, Vol. 1, 1973, 251~268, 50 Years with Nuclear Fission, 1989, 161~167.

[23]　C. Wagemans. The nuclear Fission Process, Ed. C. Wagemans, Florida, CRC Press Inc., 1991, 43~58.

[24]　B. B. Back et al. Physics and Chemistry of Fission, 1973, 3~37.

[25]　胡济民. 原子核理论(修订版), 第二卷, 北京: 原子能出版社, 1996, 357~366.

[26]　P. Moller, J. R. Nix. Physics and Chemistry of Fission, 1973, 103~140.

[27]　S. E. Larsson, G. Leander. Physics and Chemistry of Fission, 1973, 177~201.

[28]　D. Paya, J. Blons. 50 Years with Nuclear Fission, Ed. J. W. Behrens, A. D. Carlson, Illinois USA, American Nuclear Society Inc., 1989, 319~324.

第五章　裂变后现象

§5.1　裂变的全过程

　　前几章我们所讨论的仅限于裂变几率问题,即一个核处于基态或激发态时会不会裂变,在给定的时间内观察到它裂变的几率有多大.为了这一目的,从理论上讲只要计算越过位垒的几率,从实验上讲只要探测到碎片,就足以表明发生了裂变.但是,通过鞍点,也不一定是裂变的必由之路.一个核既可能通过几个不同鞍点发生裂变,也可能经过鞍点之间的某一途径而实现裂变.如果我们仅仅想计算裂变几率,对于自发裂变,如计算的半衰期和实验值相差 1～2 个数量级,就已经很好了,不能期望获得关于裂变的精确的知识.对于激发态的裂变,往往也只能获得关于裂变几率的大概知识,不能期望有详尽的了解.

　　从整个裂变来看,通过鞍点不过是裂变过程的开端.裂变核将从较接近球形的形状出发,通过一系列的形变,达到对断裂不稳定的形状,称为断点.经过断点,裂变核就变成一对质量和电荷不同的碎片,这种碎片称为初级碎片.当然也可能分裂为两个以上的碎块,称为三裂变、四裂变等.对于激发能较低的核,这种多碎块分裂的几率是很小的,可以暂不考虑.因此对裂变后现象的研究,首先应该测定这种初级碎片的质量和电荷分布.初级碎片将在相互的库仑场作用下(在将断裂时,还有核力的作用,不过当碎片相接近的两端相距在 2～3 fm 以上时便可忽略)而得到加速,由此得到每一碎片的动能和碎片的总动能分布.这些碎片仍处于较高的激发态,将释放中子和 γ 射线而退激发,称为裂变瞬发中子和瞬发 γ 射线,释放中子后的碎片称为独立或初级产物.这些碎片的组成仍处在 β 稳定线的丰中子的一侧,通常要经过三次左右的 β 衰变,伴同着 γ 射线,或时而有缓发中子放出后才能达到稳定核,成为次级产物.根据理论估计,各过程的时间间隔 Δt 大约如表 5.1 所示.

表 5.1

$\Delta t/s$	到达阶段	依 据	碎片间距离/fm
0	鞍点		
$(2\sim6)\times10^{-21}$	断点	动力学计算	20
4×10^{-20}	动能达最大值	库仑场加速	900
$10^{-18}\sim10^{-17}$	瞬发中子	（估计值）	
$10^{-15}\sim6\times10^{-14}$	瞬发 γ 射线	$\tau_\gamma=\hbar/\Gamma_\gamma^*$	
10^{-6}	β 衰变		

* τ_γ 为瞬发 γ 寿命，Γ_γ 为激发态的能级宽度.

从理论上讲，我们需要研究的是核从鞍点到断点的运动，一旦断为两块，在原则上我们应能判定碎片的组成、形状、激发能和自旋. 有了这些知识，就不难判断碎片以后的行为. 但是，这一阶段核的运动是不能直接观察的，实际上，实验上所观察到的碎片，最早的状况也是过了瞬发 γ 射线阶段的粒子，我们只能借助于对碎片动能、瞬发中子和瞬发 γ 射线来推测碎片在开始断裂的状况. 由此可见，对裂变的理论和实验的研究，都是十分复杂和困难、而内容又很丰富的课题，有重要的理论意义和实用价值. 下面将分别讨论碎片的质量和电荷分布、碎片的动能、裂变的瞬发中子和瞬发 γ 射线，以及碎片的角分布.

§5.2 碎片的质量和电荷分布的测定方法[1]

刚刚经过断裂的两个碎片的质量和电荷分布可写成 $Y(A_f,Z_f)$ 的形式，对于两个碎片的质量数和电荷数可以分别用 A_1,Z_1 和 A_2,Z_2 表示，则 $A_2=A_f-A_1$，$Z_2=Z_f-Z_1$，这里，A_f,Z_f 为裂变核的质量数与电荷数. 故

$$Y(A_1,Z_1)=Y(A_2,Z_2)=Y(A_f-A_1,Z_f-Z_1),\qquad(5.2.1)$$

碎片产额 $Y(A_f,Z_f)$ 归一化为 200%，即轻、重两部分的产额各归一化为 100%. 从理论上讲，碎片的产额分布 $Y(A_f,Z_f)$ 最有用，但这不是直接观察到的分布. 实验上能探测到的碎片分布，最早也是释放中子以后的分布 $Y_1(A_f,Z_f)$，如果质量数为 A_f 的碎片释放 ν 个中子的几率为 $P(A_f,\nu)$，则

$$\sum_{\nu=0}^{n}P(A_f,\nu)=1,\qquad(5.2.2)$$

式中 n 为最大释放中子数，约为 $4\sim5$，则

$$Y_1(A_f,Z_f)=\sum_{\nu=0}^{n}P(A_f+\nu,\nu)Y(A_f+\nu,Z_f).\qquad(5.2.3)$$

如由实验测得 $Y_1(A_f,Z_f)$ 及 $P(A_f,\nu)$ 两分布，则可用上式求得碎片分布 $Y(A_f,Z_f)$. 有时我们要求的仅是质量分布 $Y(A_f)$ 及 $Y_1(A_f)$，则可由 $Y(A_f,Z_f)$ 及 $Y_1(A_f,Z_f)$ 对

Z_f 求和而得. 式(5.2.3)又可写成

$$Y_1(A_f) = \sum_{\nu=0}^{n} P(A_f + \nu, \nu) Y(A_f + \nu). \tag{5.2.4}$$

严格地说 $P(A_f, \nu)$ 应该与碎片的电荷 Z_f 有关. 不过推想起来, 对于给定的 A_f, Z_f 的分布并不很宽, 而蒸发的中子数, 直接依赖于激发能, 和碎片的电荷仅有间接的关系, 因此把碎片蒸发中子的几率 $P(A_f, \nu)$ 看成与 Z_f 无关, 不会引入较大的误差. 释放中子以后的碎片通常称为裂变产物, 其分布称为裂变产额, 未经 β 衰变的产物称为初级产物, 经过 β 衰变的称为次级产物.

测定碎片质量和电荷的方法, 主要可分为两类: 一类是放射化学的方法, 另一类则为物理学的方法. 现分别介绍如下.

5.2.1　放射化学方法

所谓放射化学方法, 就是把化学分离和放射性测量相结合的方法. 一般先要收集碎片, 进行化学分离, 需要一定时间. 寿命很短的初级产物(即释放中子后的碎片), 已可能通过一两次的 β 衰变而变更其电荷态. 目前我们对这些核素的衰变半衰期已有较详细的知识, 可以对测定的结果做一些修正. 如此通过测定产物的 β 和 γ 谱, 已经可以对一些常见的裂变过程, 测定其独立产额(指初级产物的产额, 不包含经过 β 衰变成为该核素的次级产物的贡献). 这种方法的优点在于能准确测定其质量数 A_f 和电荷数 Z_f, 其主要缺点在于不能同时了解碎片动能、释放中子数等与质量数有关的知识, 也不适用于样品量很少的情况. 如果不关心电荷分布, 而只要测定 $Y_1(A_f)$, 那么, 应用化学方法就更为有效, 因为 β 衰变并不变更其质量数, 因此可以不必考虑那些半衰期很短的放射性.

5.2.2　测定质量的物理方法

为了对碎片的性质进行综合研究, 通常采用物理方法. 物理方法可分为: 双能量法、双速度法和动量能量法三种.

1. 双能量法

为了简化我们的考虑, 可设测量的对象为热中子裂变或自发裂变. 两碎片以相等的动量沿相反方向飞出, 设其质量数分别为 A_1 及 A_2, 速度为 V_1 及 V_2, 则有

$$A_1 V_1 = A_2 V_2. \tag{5.2.5}$$

碎片一旦飞出, 迅速放出中子, 其运动将受到影响. 但是中子是在碎片质心系向各方向发射的, 而且能量大部分不过 $1\sim2\,\mathrm{MeV}$ 左右, 因此平均对碎片的速度没有太大的影响. 假设碎片 1 放出 ν_1 个中子, 碎片 2 放出 ν_2 个中子, 则在探测器中测到的质量数为 $A_1 - \nu_1$ 及 $A_2 - \nu_2$, 而速度仍为 V_1 及 V_2, 由此测得的能量各为

$$E_1 = \frac{m}{2}(A_1 - \nu_1)V_1^2, \quad E_2 = \frac{m}{2}(A_2 - \nu_2)V_2^2, \tag{5.2.6}$$

式中 m 为核子质量. 利用式(5.2.5),(5.2.6)求得

$$A_1 = A_f \Big[1 + \frac{E_1}{E_2}\Big(1 - \frac{\nu_2}{A_f - A_1}\Big)\Big(1 - \frac{\nu_1}{A_1}\Big)^{-1} \Big]^{-1}, \tag{5.2.7}$$

$$A_2 = A_f - A_1.$$

因此, 只要测定 E_1 及 E_2、释放的中子数 ν_1 及 ν_2, 则 A_1 及 A_2 就可用上式算出, 同时还知道其动能分别为

$$E_1 \frac{A_1}{A_1 - \nu_1}, \quad E_2 \frac{A_2}{A_2 - \nu_2}.$$

通常应用半导体探测器测定碎片能量, 经过各种修正后, 其能量分辨率可达 $1\sim 2\,\mathrm{MeV}$; 如应用屏栅电离室, 则能量分辨率可达到 $0.1\,\mathrm{MeV}$ 左右. 这种方法的主要缺点在于由释放中子而引起的能量和质量的展宽, 因此其一般质量分辨率为 $4\sim5\,\mathrm{u}$.

2. 双速度法

如用飞行时间法做符合测量, 可得两碎片的速度 V_1 及 V_2, 则由式(5.2.5)可得

$$A_1/A_2 = V_2/V_1. \tag{5.2.8}$$

再应用 $A_f = A_1 + A_2$, 就可用实验测得的 V_2/V_1 求得 A_1 与 A_2. 这方法表面上不必引入发射的中子, 但(5.2.8)式中的 V_1 及 V_2 应为发射中子前碎片的速度. 发射中子后碎片速度的平均值变化不大, 但是有了一个分布, 再用(5.2.8)式, 则算出的质量数也会有一个分布, 因而影响质量的分辨率. 大概讲, 用双速度法测量的分辨率可达到 $1\,\mathrm{u}$.

3. 动量能量法

最精确的测定能量和动量的方法是电磁场中的偏折法. 如果同时测定了能量和动量, 即可算出碎片的质量, 这时所得的质量为释放中子后的质量, 质量分辨率可与放射化学方法相比, 而且同时可获得动量的分布. 这方法仅适用于碎片产额较大的过程, 如热中子引起的裂变. 由上面简短的介绍可见, 用这些方法测量, 可同时测得碎片的动能.

5.2.3　测定电荷的物理方法

碎片的电荷会随 β 衰变而变化, 我们要测定的电荷分布应该是未经 β 衰变的独立产额, 即初级产物的电荷. 这问题又可分为两个方面: 一是不管碎片质量, 单看电荷分布; 二是对每一给予的质量数 A, 求碎片电荷数 Z 的分布. 物理方法主要分两类: 一是光谱法, 即通过测定碎片的 γ 光谱的强度而确定其相对产额. 例如, 碎片的 K-X 光谱的频率是和核电荷数 Z 的平方成正比的, 测定 K-X 光谱的强度就可以

得到碎片的电荷分布. 对于偶偶核, 第一条 $2^+ \rightarrow 0^+ \gamma$ 射线能量, 各种核是不同的, 而且随 A 及 Z 的变化有一定的规律, 因此测定碎片在这一能区 γ 射线的强度也可以得到碎片的电荷分布. 这一类方法的共同缺点是在核裂变中 γ 射线的本底很强, 只有对较强的辐射才可能测定其强度.

对于已经按质量数分开的碎片, 只要记录其 β 衰变的数目, 就可知道它需要经过几次 β 衰变而达到 β 稳定线. 而在 β 稳定线上, 对给定的质量数, 电荷数是确定的, 因此可以倒过来确定其原来的电荷数. 这种做法需要对碎片逐个进行, 通常较少采用. 实际上, 对于按质量分开的碎片, 可以用适当的探测器来测定其电荷. 例如, 利用碎片在运行过程中产生电离的特性, 可以用 ΔE-E 探测器确定其电荷, 也可以用屏栅电离室来测定其电荷, 但是这些方法只适用于 $Z \leqslant 45$ 的碎片, 也就是轻碎片. 对于更大 Z 的离子, 由于内层电子的屏蔽作用太强, 这种方法难以应用. 物理方法和放射化学方法是相互补充的, 两者之间并无显著矛盾. 但是对于重碎片的独立产额, 仍要靠放射化学方法, 还没有适当的物理方法可以进行比较.

对于给定的核在一定的激发能下裂变, 产生的初级产物可达 1000 左右不同的核素, 其中有一些是产额很小而且半衰期极短的, 无法做详尽的测定和研究. 因此只能借助于一些经验或半经验的公式来进行内插或外推, 这类公式对于进行产额测定也是很有帮助的. 如果仅仅要求碎片或产物的质量分布, 则很多体系在不同的激发能下, 都进行过这类测定, 不过精确的测定也比较困难, 特别是要求碎片的质量分布, 还需要关于释放中子方面详尽而准确的知识, 而这又往往仅对少数裂变体系进行过测定.

§5.3 裂变碎片的质量分布[1]

质量分布是核裂变过程最主要的特征. 这种分布, 从表面看, 可以分为三种类型:

(1) 对称分布, 即碎片质量分布在 $A_1 = A_2 = A_f/2$ 处有一个峰值的分布;

(2) 非对称分布, 即碎片分布的峰值不在 $A_f/2$ 处的分布;

(3) 混合分布, 即对称分布与非对称分布混合在一起的分布. 严格地讲, 每种分布都可以看成是混合分布, 只是当对称分布或非对称分布占较大优势时, 另一种分布就不容易看出来了. 我们把质量数大于 $A_f/2$ 的碎片称为重碎片, 小于 $A_f/2$ 的碎片称为轻碎片. 当两种分布的比重相当时, 可在质量分布曲线中看到一个对称峰和轻、重碎片处各一个非对称峰. 本节将根据质量分布的特点, 把裂变核分为锕系区(由 Th 到 Es)、重核区(比 Es 更重的核)和轻核区(比 Th 更轻的核)等三个区来讨论.

5.3.1　锕系区

自发裂变和热中子引起的裂变的质量分布[1].这是一些在基态或低激发态（激发能与位垒高度相当）发生的裂变,也是研究得最详细的裂变过程,特别是关于 U 和 Pu 的热中子裂变和 ^{252}Cf 的自发裂变.前两者与核能应用密切有关,而后者常用作比较的标准或仪器的刻度.这一类裂变中大部分都有详细的放射化学分析的数据,也有物理测量的结果.

作为一个例子,图 5.1 给出了热中子引起 ^{235}U 裂变的质量分布.从图上可见,对称裂变的产额仅为产额峰值的 1/100,在图上也画出了释放中子前和释放中子后的两种质量分布,可以看到,两者之间还是有相当大的差别,特别是在峰值处结构有很大不同,说明碎片释放中子和碎片质量数有较大关系.例如,释放中子后的产物分布在 $A=134$ 处有一明显的峰值,这表明释放中子前的碎片在 $A>134$ 附近一小区间释放的中子数随 A 的增加而迅速增加,导致释放中子后的产物在 $A=134$ 处形成了积聚.这一例子也说明,如果对于碎片释放中子的情况没有详细的测量,则不容易得到关于碎片质量分布较准确的知识.

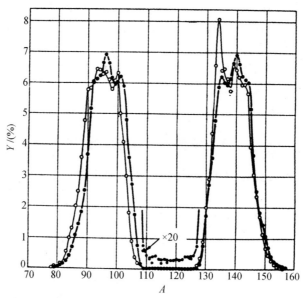

图 5.1　^{235}U(n,f) 释放中子前的产额(·)和释放中子后产额(。)

横坐标为碎片质量数,纵坐标为碎片产额.

图 5.2(a)、图 5.2(b) 给出了几个典型的热中子裂变和自发裂变碎片的质量分布.竖线段表示了对应于平均电荷为偶数时的质量数,其值可由下式给出(参看 §5.5 电荷分布)

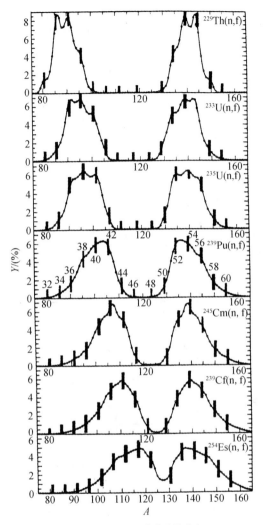

图 5.2(a) （n,f)碎片质量分布

竖线段表示平均电荷数为偶数时所对应的质量数,在^{239}Pu(n,f)图上标明了平均电荷数[2].

$$\begin{cases} A_{\mathrm{L}} = \dfrac{A_{\mathrm{f}}}{Z}(\overline{Z}_{\mathrm{L}} - 0.5), \\ A_{\mathrm{H}} = \dfrac{A_{\mathrm{f}}}{Z}(\overline{Z}_{\mathrm{H}} + 0.5), \end{cases} \tag{5.3.1}$$

式中 A_{L} 及 A_{H} 分别表示轻碎片、重碎片的质量数,$\overline{Z}_{\mathrm{L}}$ 和 $\overline{Z}_{\mathrm{H}}$ 为相应的平均电荷数,其所取的均为偶数值,已在图上标出.从图上可见,用竖线段标出的 $\overline{Z}$ 为偶数的地方,差不多对应于产额的一个局部的极大值.这表明质量分布的一种奇偶效应,对于电荷数为偶数的裂变核,分裂为一对电荷数为偶数的核,可以不必拆散一对质

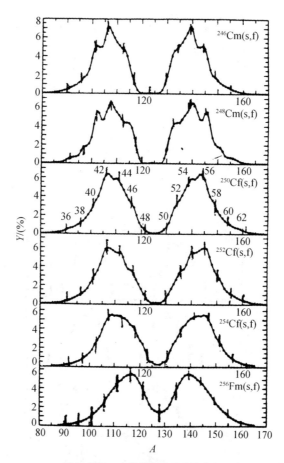

图 5.2(b)　自发裂变碎片质量分布

竖线段表示平均电荷数为偶数时所对应的质量数,在^{252}Cf(s,f)图上标明了平均电荷数[2].

子,在能量上是有利的,这也许可以部分地解释质量分布曲线上的明显的结构.值得注意的是,图 5.2(a)中最后一个裂变核 Es 为奇质子核,无质子的奇偶效应,因而用竖线段标出的地方也不对应于曲线的局部极大值.从图上还可以看出,裂变核的质量数越大,局部的涨落结构越不明显,这也和一般认为奇偶效应随质量数的增大而减弱的趋向是一致的.

由实验测定的几个裂变体系的平均轻、重质量数$\overline{A}_L$ 和$\overline{A}_H$、分布的均方根宽度σ 以及峰、谷产额比如表 5.2.

表 5.2 几个裂变体系的测定参数[2]

裂变体系	$\overline{A}_L$	$\overline{A}_H$	σ	峰值产额/最低产额
^{229}Th(n,f)	89.6	140.4	4.7	500
^{233}U(n,f)	95.0	139.0	5.6	440
^{235}U(n,f)	96.5	139.5	5.6	620
^{239}Pu(n,f)	100.4	139.6	6.4	150
^{245}Cm(n,f)	105.3	140.7	6.7	155
^{246}Cm(s,f)	106.0	140.0	6.3	—
^{248}Cm(s,f)	107.0	141.0	6.6	—
^{249}Cf(n,f)	108.2	141.8	7.4	≥30
^{250}Cf(s,f)	107.5	142.5	6.9	—
^{252}Cf(s,f)	108.5	143.5	7.1	≥60
^{254}Cf(s,f)	110.6	143.4	7.2	—
^{254}Es(n,f)	112.7	142.3	8.1	~8
^{256}Fm(s,f)	113.9	142.1	7.6	12

综合各种实验结果,可对低能锕系核裂变质量分布的特征概括如下:

(1) 这些裂变的质量分布是非对称的,而且其重碎片的平均质量(和其峰值位置很接近)基本不变.对质量数相差很大的裂变体系,重碎片的产额峰均在 $\overline{A}_H =$ 141 左右,差别的变化不大于±2.平均趋势是裂变体系质量增大时,$\overline{A}_H$ 缓慢地增加.

(2) 分布的宽度则随裂变体系的质量数的增加而缓慢地增加.比较同一裂变核的中子裂变及自发裂变,由图 5.3 可见,自发裂变的碎片质量分布的均方根宽度

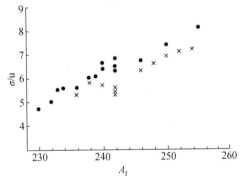

图 5.3 质量分布的均方根宽度 σ 随裂变核质量数 A_f 的变化

●为热中子裂变值;×为自发裂变值.

σ 系统地低于相应的中子裂变的分布宽度.由此可推测,质量分布随激发能的增加而增大.

(3) 分布的峰谷比,以 U 及 Th 的(n,f)裂变为最大,约为 500~600,随裂变

核的质量的增加而迅速减小. ^{256}Fm(s,f) 的峰谷比减低到12,峰谷比也随裂变核的激发能而迅速减小,例如 ^{255}Fm(n,f)（和 ^{256}Fm(s,f) 为同一裂变体系）峰谷比则降到2.5,而 ^{256}Fm(s,f) 的峰谷比为12.

（4）在分布曲线上可以看到一些小的起伏,这可能与对相互作用引起的奇偶效应有关.这种起伏,U 及 Th 的(n,f)最显著,随着裂变核的质量增加,这种起伏会逐步减弱.对同一裂变核,这种起伏也会随激发能的增加而减弱.图 5.4 比较了 ^{240}Pu(s,f) 和 ^{239}Pu(n,f) 两裂变的质量分布,由图可见,中子裂变比自发裂变的质量分布起伏要小.

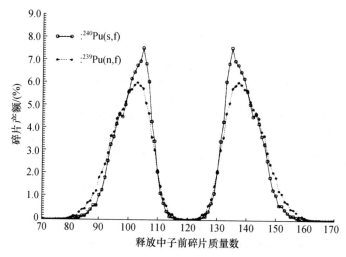

图 5.4　^{240}Pu(s,f)和^{239}Pu(n,f) 的裂变质量分布的比较

（5）通常测定的质量分布到碎片质量数 $A=170$ 时,产额已很小,测量很困难. ^{252}Cf(s,f)是比较便于研究的,有人把产额测量外延到 $A=190$,结果如图 5.5 所示.这一极重碎片的分布和由 $A<170$ 区域测量的产额来外推所得的结果有很大的差异,这种尾部的分布也许对其他裂变体系也存在,不过由于技术上的困难,没有探索过.

5.3.2　较高激发能的锕系核裂变

这是一个很广阔的领域,经过较详细地研究过的核素并不多,且大都限于放射化学方法.由于缺乏完整和可靠的关于碎片发射中子的知识,只有很少处于较高激发能的裂变体系曾测得释放中子前碎片的质量分布,例如关于 ^{235}U 的低能中子裂变,则有较完备的实验数据.尽管如此,关于质量分布的主要特征还是比较清楚的.对许多其他尚未研究过的体系也同样适用.图 5.6(a)、图 5.6(b)中,^{235}U 和 ^{232}Th 给出了中子裂变质量分布随中子能量的变化,可以看到:

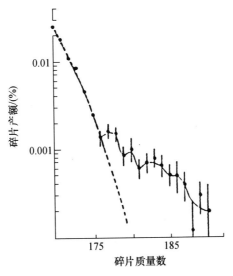

图 5.5　^{252}Cf(s,f)自发裂变质量分布的尾部

（1）随着中子能量的增加,对称裂变产额迅速增加;

（2）两个非对称裂变峰的位置基本不变,顶部结构则稍有变化,总的趋势是趋于平滑.这两点无例外地适用于所有测定过质量分布的体系.

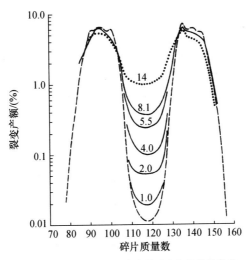

图 5.6(a)　^{235}U(n,f)释放中子后产物的质量分布

图上数字表示入射中子能量,单位为 MeV.

为了更明确地表现其变化趋势,图 5.7 给出了对于^{238}U(n,f)和^{232}Th(n,f)裂变体系的截面,对称裂变产物^{115}Cd 和非对称裂变产物^{143}Ce 的产额随入射中子能量变化的曲线.从图上可见,非对称裂变产物的产额基本保持不变,而对称裂变产物的产额则迅速增大.

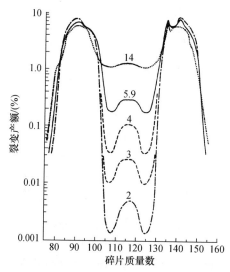

图 5.6(b)　^{232}Th（n,f）释放中子后产物的质量分布

图上数字表示入射中子能量,单位为 MeV.

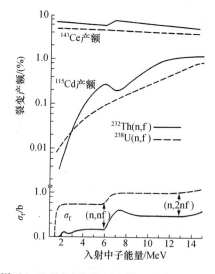

图 5.7　^{238}U(n,f)和^{232}Th(n,f)裂变产物^{115}Cd 和^{143}Ce 的产额随入射中子能量变化的曲线

中子能量大于 6 MeV 时,将会产生二次裂变(即释放中子后的裂变),

因此曲线表现出一个波折.

5.3.3 比 Es 更重的核的裂变质量分布[1]

在这一核素区,最主要的裂变过程是自发裂变.图 5.8 给出了已测定的自发裂变的质量分布.从图上可见,Cf 和 Es 自发裂变质量分布还是典型的非对称分布,但是对称裂变的产额已经明显地随裂变核的中子数增加而增加.对于 Fm 的自发裂变的质量分布,则很明显地观察到,随着裂变核中子数的增加,质量分布从非对称向对称分布过渡,^{257}Fm 为过渡核.位能曲面的计算表明,对于核素 Fm,可以有两条通向断点的裂变通道,一是非对称的裂变通道,一是对称的裂变通道.对于过渡核^{257}Fm,经过这两通道的几率相近,进一步增加中子,对称通道骤然占优势,导致对称裂变占优势,同时半衰期也缩短很多,这种变化是壳效应引起的.对于^{258}Fm 的对称裂变,两个碎片均很接近 $Z=50$、$N=82$ 的双幻数核,这种质量分布特别占优势.核素 Md 和 No 也处于类似的情况,但是由于实验数据的限制,这种过渡不像Fm 表现得那样明显.

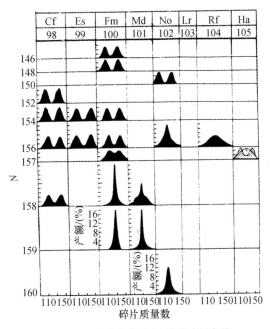

图 5.8 重核自发裂变质量分布示意图

上面讨论的是自发裂变的情况,这种质量分布随着激发能的增加会怎样变化呢? 很可惜,这种实验很难进行,只有关于 Fm 的同位素,能得到足以制靶的份量.图 5.9 是^{256}Fm(s,f)及^{258}Fm(s,f)与^{255}Fm(n,f),^{257}Fm(n,f)比较的情况.由图可见,增加了约 6 MeV 的激发能,裂变质量分布变成了较宽的对称分布,随着中子数的变化,不再有显著的变化.

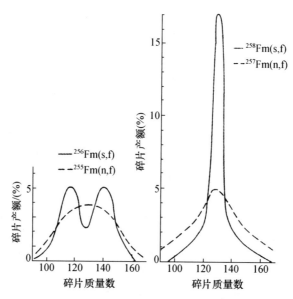

图 5.9　自发裂变与中子裂变质量分布的比较

5.3.4　Ra-Ac 核素的裂变质量分布

当裂变的研究转向比 Th 更轻的核素时,我们遇到的一个主要困难是裂变位垒已高出中子的分离能,因此裂变一直在与释放中子反应的竞争中进行.而裂变质量分布的特点往往要在激发能与位垒高度接近的能区才表现出来,这时由于释放中子的竞争,裂变截面变得非常小,这也妨碍对质量分布的详细研究,因此这些核的裂变碎片质量分布都测得较粗,常常不分释放中子前及释放中子后的情况.

最早引起人们对这些核裂变感兴趣的是 11 MeV 质子引起的^{226}Ra 裂变.由放射化学方法测定的质量分布,如图 5.10 所示,释放中子后碎片 A_H 与 A_L 之间的关系为

$$A_H + A_L = A_f - \nu \quad (A_f \text{为裂变核质量数}),$$

式中 ν 为释放中子数,由该式可以从测得的 A_L 求得 A_H 或从测得的 A_H 求得 A_L.从图上可见,质量分布有大小相当的三个峰,一个对称峰,两个非对称峰.这自然引导人们去猜想,这种裂变可能是对称和非对称两种模式叠加而成.为了验证这两种模式的概念并弄清存在两种模式的机制,研究类似体系的裂变质量分布随激发能的变化是很重要的.作为例子,图 5.11 给出了实验测定的反应^{226}Ra(t,pf)的质量分布.

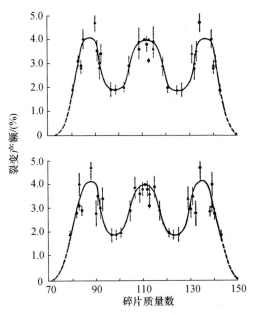

图 5.10 11 MeV 质子引起²²⁶Ra 裂变的质量分布

● 是直接实验测得的, ▲ 为经过反射求得的(上图设释放中子数 $\nu=3$,下图 $\nu=5$).

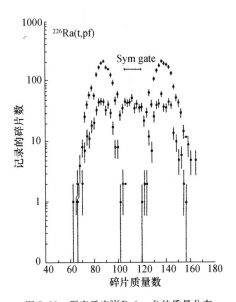

图 5.11 裂变反应²²⁶Ra(t,pf)的质量分布

○表示复合核激发能在 7~14 MeV 间的质量分布,

● 表示复合核激发能在 7~8.85 MeV 间的质量分布.

明确观察到裂变事例时,复合核 ^{228} Ra 的激发能为 7 MeV,可以大致上看成是裂变位垒.图上比较了在激发能由 7～8.85 MeV 之间测定的碎片质量分布和激发能在 7～14 MeV 之间的裂变质量分布(激发能的大小可由测定(t,p)反应中释放质子的能量控制).由图可见,在激发能 7～8.85 MeV 之间,根本看不到对称裂变,而在 7～14 MeV 之间则观察到明显的对称峰.由此可见,对称裂变要在激发能大于 8.85 MeV 以后才开始发生.这是第一次为两种模式裂变测定了两种阈能(相当于不同的位垒高度),从而验证了这一类核的裂变确有两种模式.这是经过两个高度不等的位垒而实现的.实际上,可以区别碎片的质量而直接测定对称裂变和非对称裂变几率的激发曲线,如图 5.12 所示,图上的曲线是考虑了两个高度不等的位垒用统计模型计算的结果.理论与实验的符合也是对这种裂变机制的验证.

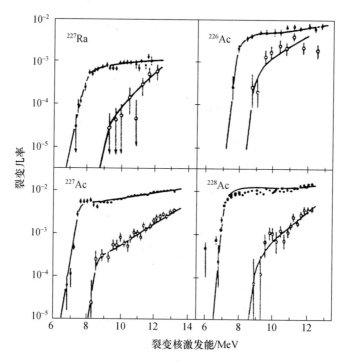

图 5.12　裂变几率的激发曲线

●为非对称裂变,○为对称裂变,曲线为统计模型计算值.

5.3.5　裂变质量数 $A_f = 213\sim200$ 核的质量分布

在研究 Ra 和 Ac 核裂变质量分布时,如果用较高的激发能,将会得到对称分布.当我们把激发能降低到接近裂变位垒时,才发现非对称模式比对称模式更重要.随着激发能的增加,对称模式裂变会迅速增加,以至掩盖了非对称裂变.对于质

量数小于 Ra 和 Ac 的核素的质量分布,图 5.13 是一个典型的例子.图上在核素符

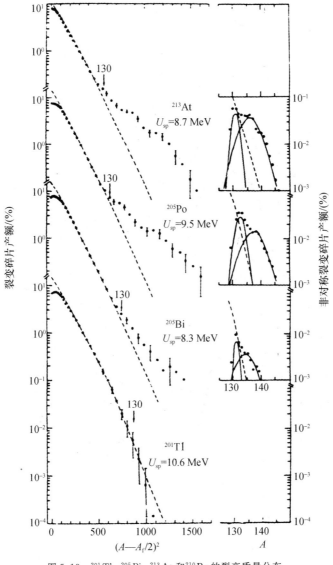

图 5.13　^{201}Tl,^{205}Bi,^{213}At 和^{210}Po 的裂变质量分布

号下标出的数字为高出位垒的激发能 U_{sp}(位垒高度均在 10 MeV 左右),虚线为理论计算的对称裂变的质量分布.由图上可见,^{213}At,^{210}Po 和^{205}Bi 三个核的裂变在低激发能区均有非对称裂变(碎片的质量数 $A>130$),随着裂变核的质量数的减小,非对称裂变的成分也减小,到^{201}Tl 则不出现非对称裂变.类似的实验表明,^{197}Hg 和^{198}Hg 的裂变也不出现非对称裂变的成分.图 5.13 的右侧还对非对称分布的成分

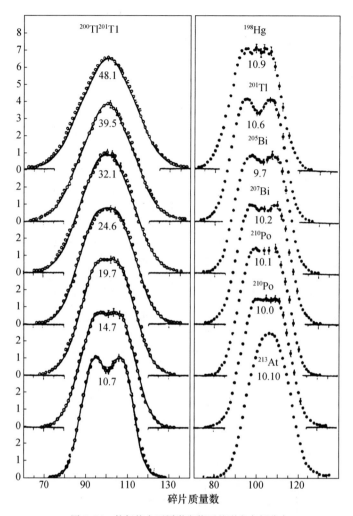

图 5.14 较轻核在不同激发能下的裂变产额分布

左图为 ^{200}Tl 及 ^{201}Tl 在不同激发能下的裂变产额分布,数字表示激发能高出位垒的数值,
单位为 MeV. 右图为 ^{198}Hg→^{213}At 等 7 个核的裂变产额,激发能均为高出位垒约 10 MeV 左右.

做了一个高斯分析,有某种理论(将在第七章中介绍)预测非对称裂变可以分解为 a_0 和 a_1 两个模式,模式 a_1 的质量分布峰值在 $A=132$ 左右,宽度很窄;而 a_0 模式平均值在 $A=138$ 左右,分布较宽. 从图上还可以看到,在对称裂变附近,实验测得的产额有个平顶,如图5.14所示. 这种平顶,在这一质量区的核素的低激发能裂变中,是一个普遍现象. 激发能高了,这种现象就不显著. 对质量较重的核,如 ^{213}At 的裂变质量分布,平顶现象不显著,而对有些较轻的核如 ^{201}Tl 或 ^{205}Bi,对称产额还向下凹下去,但并不是非对称裂变.

　　既然已经知道在这一核区,裂变有对称和非对称两种模式,也可以仿照对 Ac 核裂变的研究,分别测定非对称裂变和对称裂变的激发曲线,如图 5.15 所示,可以获得对称和非对称裂变的两个阈能 E_f^s 和 E_f^a. 与 Ac 核情况正好相反,这里 $E_f^a > E_f^s$. 图 5.15 的右侧,还给出了 ^{227}Ac, ^{213}At 和 ^{210}Po 三个核的 E_f^s 和 E_f^a 的差别. 在右下侧的插图中,画出了 $E_f^a - E_f^s$ 随 A_f 的变化,表明了 $E_f^a - E_f^s$ 随 A_f 的变化很有规律. 实际上,包括锕系元素在内,整个非对称裂变随 A_f 的变化都有系统性,如图 5.16 所示. 这表明,非对称裂变可能具有共同的核结构因素.

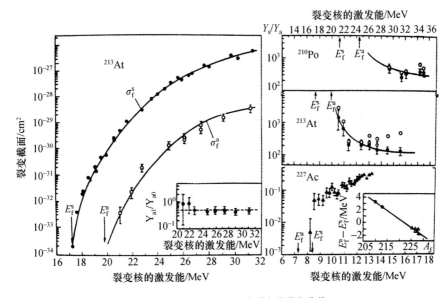

图 5.15　非对称裂变和对称裂变的激发曲线

左图:为 ^{213}At 的对称和非对称裂变的激发曲线,插图为两非对称模式 a_0 和 a_1 的产额比,

大体上不随激发能变化.

右图:为 ^{227}Ac, ^{213}At 和 ^{210}Po 的对称和非对称产额比,〇表示另一种数据处理的结果,

右下角插图画出了 $E_f^a - E_f^s$ 随 A_f 的变化.

　　当核质量进一步减小,裂变产物的质量分布将保持为对称分布;但是由于位垒的不断提高,详细的研究会越来越困难,一直到裂变核的质量数接近 100 时,液滴模型的鞍点开始对不对称形变不稳定,从对不对称形变稳定到对不对称形变不稳定的分界点称为 Businaro Gallone 点,这时可裂变系数约为 0.4 左右,相应于质量数 $A_f = 100$ 左右,关于这方面的研究将在第八章中介绍.

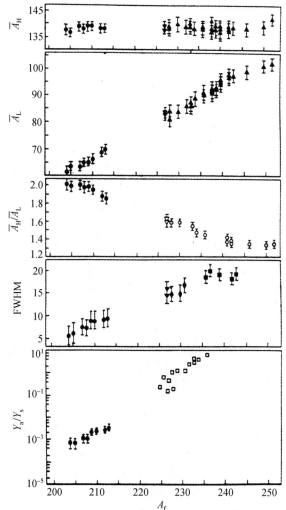

图 5.16　非对称裂变的质量分布特征随裂变核质量数 A_f 的变化

由上而下分别为重碎片平均质量数 $\overline{A}_H$、轻碎片平均质量数 $\overline{A}_L$, $\overline{A}_H/\overline{A}_L$,

质量分布半峰值宽度 FWHM 和非对称与对称产额比 Y_a/Y_s.

§5.4　裂变碎片的电荷分布[1,3]

由于技术上的困难,碎片电荷的测定要比质量的测定少得多,特别是分质量的电荷分布 $Y(Z|A)$,即规定质量数为 A 的电荷分布,详尽的测量仅限于少数几个常见的裂变体系. 现在已经收集了关于 ^{233}U, ^{235}U, ^{239}Pu 热中子裂变和 ^{252}Cf 自发裂变较详尽的独立产额 $Y(A,Z)$ 的数据,以及关于 ^{241}Pu 的热中子裂变和 ^{232}Th 及 ^{238}U 的

快中子裂变(即^{235}U 热中子裂变所释放的中子,平均动能为 2 MeV),以及^{238}U 为
14 MeV 中子裂变的独立产额数据.还有些裂变体系,虽然没有详尽的独立产额数
据,但已经测量过总体的电荷分布 Y(Z),即不考虑质量数的电荷分布.本节将首先
研究总体电荷分布,再研究规定质量数的电荷分布.

5.4.1　总体电荷分布 $Y(Z)$

总体电荷分布 $Y(Z)$ 可由独立产额 $Y(A,Z)$ 求得

$$Y(Z) = \sum_A Y(A,Z). \tag{5.4.1}$$

也可以直接测定.由于是独立产额,未经 β 衰变,因此

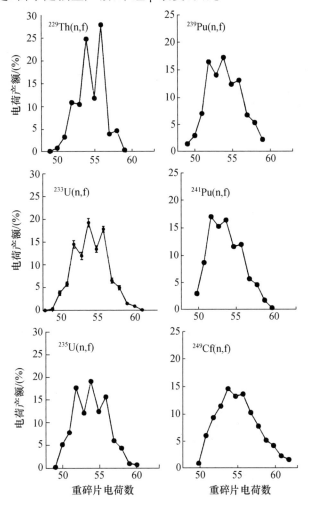

图 5.17　热中子引发裂变的偶 Z_{f} 核的电荷分布

$$Y(Z) = Y(Z_f - Z), \tag{5.4.2}$$

Z_f 为裂变核的电荷数. 由于只对轻锕系元素的裂变研究过电荷分布, 因此电荷分布也是非对称的. 不难判断, 对于对称裂变, 电荷分布也会是对称的. 很可惜, 目前的技术水平还不能把电荷的测定扩展到产额很小的裂变过程, 因此关于电荷分布的知识, 要比质量分布少得多. 从总体电荷分布讲, 唯一研究得比较清楚的是奇偶效应.

图 5.17 给出了核素 ^{229}Th, ^{233}U, ^{235}U, ^{239}Pu, ^{241}Pu 及 ^{249}Cf 的热中子裂变的电荷分布 $Y(Z)$, 图 5.18 为热中子引发的核 ^{237}Np(2n,f) 的裂变. 从图上可见, 对于 Z_f 为偶数的复合核, 电荷奇偶效应是很明显的(图 5.17). 从图上也可看出, 随着裂变核质量的增加, 奇偶效应迅速减弱. 图 5.18 表明, Z_f 为奇数的裂变核没有奇偶效应.

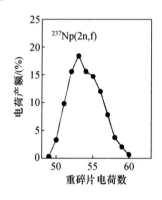

图 5.18　热中子引发 ^{237}Np(2n, f) 的裂变 $(Z_f = 93)$.

为了对奇偶效应有一个数值上的量度, 可定义质子奇偶效应 δ 为

$$\delta = \frac{(Y_e - Y_o)}{(Y_e + Y_o)}, \tag{5.4.3}$$

式中 $Y_e = \sum\limits_{Z偶} Y(Z)$, $Y_o = \sum\limits_{Z奇} Y(Z)$, δ 以百分比表示. 图 5.19 显示了几种热中子引发裂变的 δ 值随可裂变参量 Z_f^2/A_f 的变化. 由图可见, 奇偶效应随可裂变参量的增加而迅速减小. 如果认为奇偶效应是粒子配对引起的, 那么体系的激发能高一些时, 配对或拆散一个核子对, 对体系能量的影响就会相对小一些, 因而奇偶效应会随激发能的增加而迅速减小. 由于技术上的困难, 实验上只对 ^{235}U 中子裂变进行过一些研究. 如图 5.20 所示, δ 值的确表现出随入射中子能量的增加而减小. 此外, 对一些 ^{235}U(γ, f) 和 ^{238}U(γ, f) 的研究以及 14 MeV 中子引起 ^{238}U 裂变的研究, 都没有发现明显的奇偶效应. 从另一方面看, 应该会发现自发裂变有较大的奇偶效应, 但是对 ^{252}Cf(s, f) 研究发现, 其 δ 值不过在 5% 左右, 和热中子 ^{249}Cf(n, f) 裂变的奇偶效应差不多. 当然, Cf 核的可裂变参量已经比较大, 并不能认为这结果和普遍的趋势有明显的偏离.

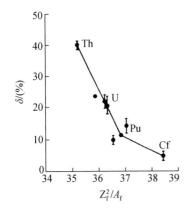

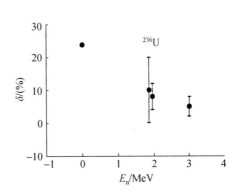

图 5.19　几种热中子引发偶质子核裂变的
δ 值对可裂变参量 Z_f^2/A_f 的变化

图 5.20　在反应 $^{235}U(n,f)$ 中质子奇偶效应
随入射中子能量 E_n 的变化

奇偶效应和激发能的关系还可以从另一角度考虑. 我们知道, 奇偶效应仅当两碎片刚要分开, 即在断点附近才发生影响, 这时体系的能量已分配为碎片间的位能和碎片内部的激发能两部分, 而碎片间的位能则绝大部分转化为碎片的动能. 因此, 碎片的动能越小, 则激发能应越大, 对效应应越小. 由此可见, 如果我们将碎片按其动能分类, 对给定动能的碎片进行电荷分布统计, 将会发现奇偶效应的变化, 如图 5.21 及 5.22 所示. 从图上可见, 碎片的奇偶效应总是随动能的增加而增加, 也就是说, 动能越大, 偶 Z 碎片的产额比奇 Z 碎片的产额就高, 因此碎片的平均动能会出现明显的奇偶差, 这也为实测所证实.

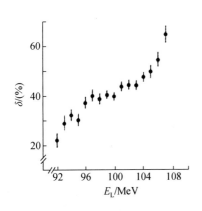

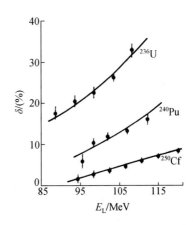

图 5.21　热中子 $^{229}Th(n,f)$ 裂变按轻碎片
动能 E_L 分类计算的奇偶效应

图 5.22　热中子 ^{235}U, ^{239}Pu, ^{249}Cf 裂变按
轻碎片动能 E_L 分类计算的奇偶效应

5.4.2　同质量数碎片的电荷分布

在本章一开始就曾指出,有 8 个裂变体系的初级产物的产额曾经详细测定过,因此可以研究这些体系的区分质量的电荷分布. 本小节所用的质量数是释放中子前的质量数,而 $Y(Z|A)$ 即为给定质量数 A 的电荷数的分布函数,表征这种分布的有如下的特征:

(1) 归一化条件

$$\sum_Z Y(Z \mid A) = 1;\qquad\qquad(5.4.4)$$

(2) Z 的平均值 $\overline{Z}(A)$

$$\overline{Z}(A) = \sum_Z Z Y(Z \mid A);\qquad\qquad(5.4.5)$$

(3) 均方差 $\sigma_Z^2(A)$

$$\sigma_Z^2(A) = \sum_Z (Z - \overline{Z})^2 Y(Z \mid A);\qquad\qquad(5.4.6)$$

(4) 奇偶差

$$Y(Z \mid A) = y(Z \mid A) F_Z^{S_Z} F_N^{S_N};\qquad\qquad(5.4.7)$$

(5) 轻重对称关系

$$Y(Z_f - Z \mid A_f - A) = Y(Z \mid A).\qquad\qquad(5.4.8)$$

式中 A_f, Z_f 分别为裂变核的质量数和电荷数, $y(Z|A)$ 为关于 Z 的平滑函数, F_Z, F_N 为质子和中子奇偶差因子, $S_Z = (-1)^Z$, $S_N = (-1)^{A-Z}$. 当 A 为偶数、Z 为奇数时, $F_Z = F_N = 1$;当 A 为偶数、Z 为偶数时, F_Z 与 F_N 均可能大于 1;当 A 为奇数、Z 为偶数时, $F_Z \geqslant 1$,而 $F_N = 1$;当 A 为奇数、Z 为奇数时, $F_Z = 1$,而 $F_N \geqslant 1$. 严格讲,式 (5.4.7) 中, F_Z, F_N 还可能是 Z 的函数,但是由于平滑函数 $y(Z|A)$ 难以严格界定,因此表示对平滑分布偏离的奇偶差因子,也难以从实验数据严格计算,因此一般认为 F_Z, F_N 是与 Z 无关的,并且有时忽略影响较小的 F_N.

一个质量数为 A_f、电荷数为 Z_f 的裂变核,其每粒子平均电荷数为 Z_f/A_f,称为均匀电荷分布,以符号 UCD 表示. 若分为两碎片时,其平均电荷数不变,则

$$Z_{\text{UCDH}} = \frac{Z_f}{A_f} A_H, \quad Z_{\text{UCDL}} = \frac{Z_f}{A_f} A_L,\qquad\qquad(5.4.9)$$

上式所给出的平均电荷数称为不变电荷数. 实际上,碎片的平均电荷数与不变电荷数是有差别的,其差别记为 $\Delta Z(A)$,则

$$\overline{Z}_H = Z_{\text{UCDH}} + \Delta Z(A), \quad \overline{Z}_L = Z_{\text{UCDL}} - \Delta Z(A).\qquad(5.4.10)$$

应该指出,大部分的平均电荷已由不变电荷给出, $\Delta Z(A)$ 不过是一个小的修正,因此用 $\Delta Z(A)$ 来表示平均电荷要比直接用平均电荷来得方便,而且其值对轻、重碎片均适用.

从实验上讲,对于一个裂变体系,关于独立产额的数据是很多的,难以完备地进行测定,需要一定的经验公式做内插或外推,以补充实验数据的不足,并且帮助进行实验数据的整理与分析.大量实验数据的检验表明,公式(5.4.7)是一个可用的公式,其中 $y(Z|A)$ 可用下面高斯分布的公式:

$$y(Z \mid A) = \frac{1}{\sqrt{2\pi\sigma^2}}\exp\left[\frac{(Z-Z_p)^2}{2\sigma^2}\right],\tag{5.4.11}$$

其中 Z_p 和 σ^2 为 2 个可调参量,加上(5.4.7)式中的 F_Z, F_N,一共 4 个参量,对不同的 A,可取不同的值.关于 Z_p 和 σ^2 的值,其初步值可取公式(5.4.5)及(5.4.6)所给予的实验值.再考虑奇偶效应,求得最接近实验值的表示式.

现在以热中子裂变 ^{235}U(n,f) 为例来说明确定式(5.4.8)和(5.4.7)中的参量而获得 $Y(Z|A)$ 的近似表示式的方法.首先可将实验测得的独立产额换算为释放中子前的碎片产额,再按式(5.4.5)及(5.4.6)计算一定质量数 A 的 $\overline{Z}(A)$ 及 $\sqrt{\sigma_Z^2(A)}$,再用式(5.4.10)换算成 $\Delta Z(A)$.从(5.4.8)式可知,轻、重碎片的 σ_Z^2 和 ΔZ 随 A 及 $A_f - A$ 变化的规律是相同的.在图 5.23 上,我们用 ○ 和 □ 把关于轻、重

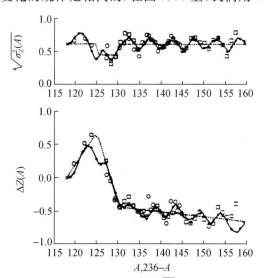

图 5.23 ^{235}U(n$_t$,f) 电荷分布宽度均方根差 $\sqrt{\sigma_Z^2}$ 和 ΔZ 值随碎片质量数的变化

符号 ○ 及 □ 为轻、重碎片的实验值,虚线为平均值,实线(及 ●)为考虑了奇偶差的计算结果.

碎片的 $\sqrt{\sigma_Z^2}$ 和 ΔZ 画在同一图上,从图上可以看到,这些点的平均行为可用虚线表示,化为式(5.4.11)中的参量,则

$$Z_p = Z_{UCDH} + \Delta Z \quad (\text{用于重碎片}),\tag{5.4.12}$$

$$\sigma^2 = \sigma_Z^2 - \frac{1}{12},\tag{5.4.13}$$

式(5.4.13)中右方的最后一项 $1/12$,是因为求差分 σ_Z^2 时,是对 Z 的整数值求和,而不是积分得到的,因此 $\sigma^2 \neq \sigma_Z^2$,而有一修正项 $1/12$,这样由公式(5.4.11)求得的 $\sqrt{\sigma_Z^2}$ 和 ΔZ 就与图中的虚线相合.如引入

$$F_z = 1.27, \quad F_N = 1 + \frac{1 - F_z}{4},$$

则计算的 $\sqrt{\sigma_Z^2}$ 和 ΔZ 值为"·"(在图上用实线标出),与实验值比较符合.应该指出,轻、重碎片质量数很接近时,产额很小,测定电荷是很困难的,这些数据的获得是放射化学方法的很大成就,在测定前,没有人料到 ΔZ 在这个质量区域会取正值.

作为另一个例子,图 5.24 给出了热中子裂变 ^{249}Cf(n_t, f) 的由实验数据计算的

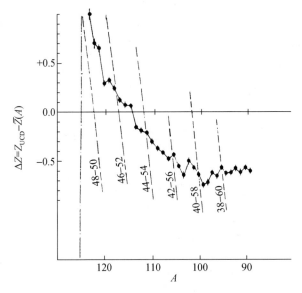

图 5.24 ^{249}Cf(n_t, f) 碎片的 ΔZ 随质量数的变化

虚线为给定 $\overline{Z}$(在线上标出)时 ΔZ 随碎片质量数的变化曲线.

ΔZ 值.虚线由给定 $\overline{Z}$ 时 ΔZ 与碎片质量数的关系,即式(5.4.10)中第二式,即

$$\Delta Z = \frac{Z_f}{A_f} A - \overline{Z}. \tag{5.4.14}$$

虚线上的数字,即该线所取的 $\overline{Z}$ 值.对于轻碎片,应用一个小数,大的数对应于重碎片,横坐标应该为碎片质量数 A,$250 - A$.从图上可见,对这一裂变体系,ΔZ 的奇偶效应不很突出,而 ΔZ 仍在对称裂变区保持为正值,然后随着裂变非对称性的增加而减小到 -0.5 左右.在图上,虚线与黑点连线的交点的横坐标表示对应于该质量数的碎片的平均电荷数,为虚线上标出的数字.

对于具有明显奇偶效应的裂变体系,如 ^{233}U,^{229}Th,^{235}U,^{239}Th 等热中子引起

的裂变,奇偶效应也可以通过电荷分布宽度均方根差随$\overline{Z}$的变化而显示出来,如图 5.25 所示.应用公式(5.4.7),(5.4.10)及(5.4.11)拟合已测定的裂变体系的独立

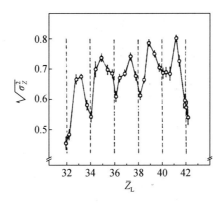

图 5.25 ^{233}U(n_t,f)碎片的电荷分布宽度均方根差$\sqrt{\sigma_Z^2}$随平均轻碎片电荷$\overline{Z}_L$的变化 用虚线标出明显的奇偶效应.

产额,可得到表征给定质量的碎片电荷分布的参量$\overline{\sigma}_Z$,ΔZ_{140},$\partial\Delta Z/\partial A$,$\overline{F}_Z$.这些参量均可近似地看成是裂变体系的 A_f,Z_f 和平均释放中子数$\overline{\nu}$的线性函数

$$P = \alpha + \beta(Z_f - 92) + \gamma(A_f - 236) + \delta(\overline{\nu} - 2.42), \tag{5.4.15}$$

式中 P 代表不同的参量.对不同的参量,$\alpha,\beta,\gamma,\delta$ 值如表 5.3 所示.

表 5.3　计算电荷分布参数的系数表

	α	β	γ	δ
$\overline{\sigma}_Z$	0.534 ± 0.004	0.016 ± 0.006	-0.007 ± 0.003	0.051 ± 0.015
ΔZ_{140}	-0.506 ± 0.012	-0.062 ± 0.020	0.019 ± 0.009	0.068 ± 0.038
$\partial\Delta Z/\partial A$	-0.011 ± 0.002	0	0	0
$\overline{F}_Z$	1.269 ± 0.013	-0.016 ± 0.012	0	-0.143 ± 0.039

用表 5.3 的系数代入(5.4.15)式求得各参量后,ΔZ 及 $\overline{F}_N$ 可由下式给出

$$\Delta Z = \Delta Z_{140} + (A - 140)\frac{\partial\Delta Z}{\partial A}, \tag{5.4.16}$$

$$\overline{F}_N = 1 + \frac{1 - \overline{F}_Z}{4}. \tag{5.4.17}$$

由式(5.4.15)很容易看出,α 的值为表征^{235}U(n_t,f)电荷分布的参数.

§5.5　裂变碎片动能[1]

碎片动能也是裂变过程的重要特征之一,它直接和由鞍点到断点的动力学以及断点的构形有关.对每一裂变过程均可由实验测得碎片总动能的分布以及平均

总动能,还可以按碎片质量测定具有给定质量的碎片平均动能和动能分布,本节将依次讨论这些问题.

5.5.1 裂变总动能的分布及其平均值

如果对给定的裂变体系,反复多次测定其碎片总动能(指释放中子前的动能),则可得到一动能分布,通常这种分布是高斯型的,如图 5.26 所示.但也有偏离高斯分布的,如图 5.27 所示,这时可分解为两个高斯分布的叠加.对这种高斯分布的叠加,一种可能解释是由于不同模式引起的.从图 5.28 可看到,与动能分布的分解相对应,碎片的质量分布也可分解为两个高斯分布的叠加,有关的多模式理论将在第七章中介绍.

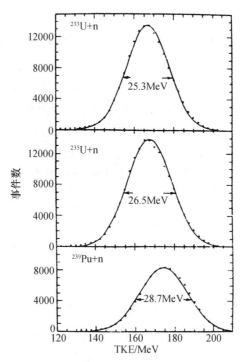

图 5.26 ^{233}U, ^{235}U, ^{239}Pu 热中子裂变的碎片总动能(TKE)分布
标明的数字为分布的半峰值宽度.

对每一裂变体系,可求得一平均总动能,如果把裂变核的激发能限于位垒高度附近,或自发裂变的情况,那么裂变核的平均总动能随激发能的变化是很小的.可以设想,总动能主要是由断裂时碎片间的库仑能所提供的,因此应与表示库仑能的参量 $Z_i^2/A_i^{1/3}$ 成正比.如果再考虑其他一些与库仑能无关的修正,则可将各裂变体

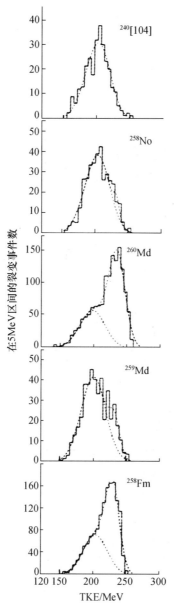

图 5.27 ^{258}Fm,^{259}Md,^{260}Md,^{258}No,^{260}[104]自发裂变的碎片总动能分布
虚线表示分解为两高斯分布的情况.

系的平均总动能$\overline{\text{TKE}}$表示为下式:

$$\overline{\text{TKE}} = a\,\frac{Z_{\text{f}}^2}{A_{\text{f}}^{1/3}} + b.$$ (5.5.1)

1966 年,根据早期数据,Viola 求得 a,b 的值为[4]:

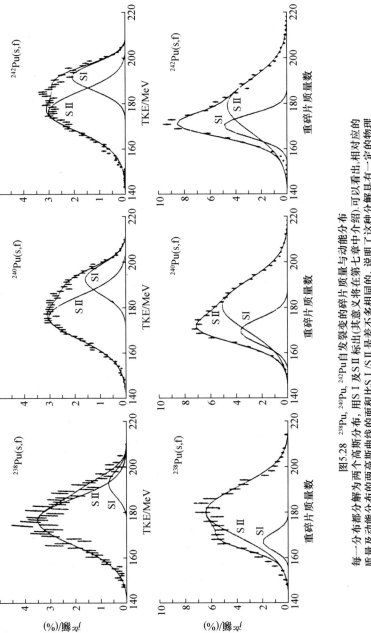

图5.28 ^{238}Pu, ^{240}Pu, ^{242}Pu自发裂变的碎片质量与动能分布

每一分布都分解为两个高斯分布,用SⅠ及SⅡ标出(其意义将在第七章中介绍),可以看出,相对应的质量及动能分布的两高斯曲线的面积比SⅠ/SⅡ是差不多相同的,说明了这种分解具有一定的物理意义,关非仅仅是一种数据处理方法.

$$a = 0.1071\,\text{MeV}, \quad b = 22.2\,\text{MeV}, \tag{5.5.2a}$$

到 1984 年,同一作者根据新的数据,将上式修改为[5]:

$$a = (0.1189 \pm 0.0011)\,\text{MeV}, \quad b = (7.3 \pm 1.5)\,\text{MeV}, \tag{5.5.2b}$$

而 Unik 在 1974 年建议采用[2]

$$a = 0.13323\,\text{MeV}, \quad b = -11.64\,\text{MeV}. \tag{5.5.2c}$$

Viola 的两套参数与实验比较情况如图 5.29 所示.从图上可见,对于锕系区,两套参数并无多大差别,而新的一套参数更适合于新的关于重元素的自发裂变.有些体系,对上述系统学的公式并不适用,如图 5.30 所示.从图 5.30 可见,重核自发裂变的碎片平均总动能正好处在式(5.5.2c)与式(5.5.2b)所给出的两曲线之间,而且还有少数几个核,如 ^{258}Fm, ^{259}Fm 和 ^{260}Md 其平均总动能则远远高出系统学所预测的趋势.这可能是由于这些核自发裂变所采取的途径不同,在 §4.1 中已指出了这一点.

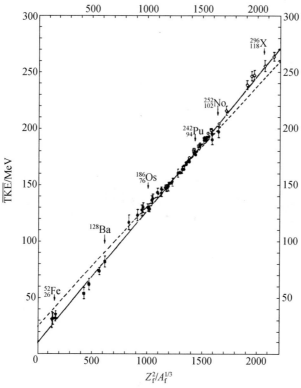

图 5.29　平均总动能 $\overline{\text{TKE}}$ 随裂变核的库仑参量 $Z_f^2/A_f^{1/3}$ 的变化

图中虚线由式(5.5.1a)算得,实线由式(5.5.1b)给出.

裂变平均总动能随裂变核激发能仅做缓慢的变化,图 5.31、图 5.32 给出了几个典型的例子.从图上可见,动能的变化并不大,在实验测定的范围内,不过几个 MeV,但是总的趋势是平均总动能随激发能的增加有减小的倾向.

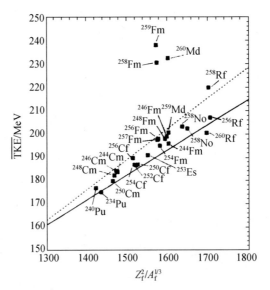

图 5.30 重核自发裂变平均总动能$\overline{\text{TKE}}$随裂变核的库仑参量 $Z_f^2/A_f^{1/3}$ 的变化

图中虚线由式(5.5.1c)算得,实线由式(5.5.1b)给出.

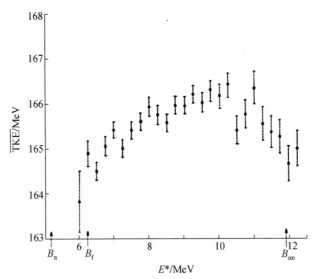

图 5.31 反应^{230}Th(d,pf)平均总动能$\overline{\text{TKE}}$随裂变核激发能 E^* 的变化

其中 B_n 为释放中子阈能,B_f 为裂变阈能,$B_{\alpha n}$为发生 αn 的反应阈能.

    表征总动能的分布,除了平均值以外,还有均方差 σ_{TKE}^2,各种不同核素的总动能分布的均方差如图 5.33、图 5.34 所示.从总的趋势看,均方差的值随 Z_f^2/A_f 增加而增加,但就某一同位素看,则变化情况比较复杂.例如,对 Cf 的自发裂变

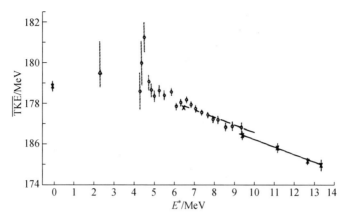

图 5.32　平均总动能 $\overline{\text{TKE}}$ 随裂变核 ^{240}Pu 激发能 E^* 的变化

而言,当质量数从 250 增加到 256 时,Cf(s,f) 的 σ^2_{TKE} 从 120 增加到 220,差不多增加了一倍. 比较图 5.33 与图 5.34 可见,同一核自发裂变时的总动能分布均方差 $\sigma^2_{\text{TKE}}(\text{s,f})$ 总是小于激发能在位垒附近时裂变的总动能分布均方差 σ^2_{TKE}(激发). σ^2_{TKE} 的值随激发能的增加而增加,大概是一个普遍规律,图 5.35 与图 5.36 就是两个例子.

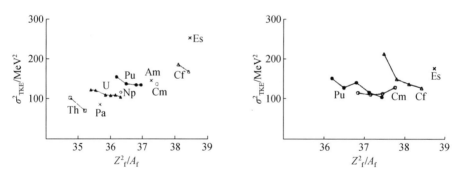

图 5.33　近位垒裂变总能分布的均方差　　　　图 5.34　自发裂变总能分布的均方差
　　　　　σ^2_{TKE} 随 $Z^2_{\text{f}}/A_{\text{f}}$ 的变化　　　　　　　　　　　σ^2_{TKE} 随 $Z^2_{\text{f}}/A_{\text{f}}$ 的变化

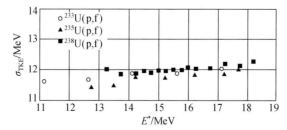

图 5.35　^{233}U, ^{235}U, ^{238}U 质子裂变总能分布的均方根差 σ_{TKE} 随裂变核激发能的变化

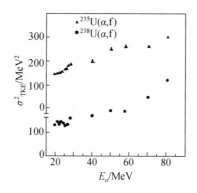

图 5.36 $^{235}\mathrm{U}(\alpha,\mathrm{f})$ 及 $^{238}\mathrm{U}(\alpha,\mathrm{f})$ 裂变总动能分布的均方差 σ^2_{TKE} 随 α 粒子能量 E_α 的变化

5.5.2 碎片动能与质量的关系

碎片的动能与质量都由裂变过程所决定,研究它们之间的关系将为裂变的动力学过程和断点形状提供重要的信息.关于这方面的联系又可从两方面来看,一方面是看,规定了动能范围会对碎片的质量分布有什么影响;另一方面是看,规定了质量对碎片动能分布有什么限制.碎片的质量和动能是通过下列关系而相互联系的.

裂变和通常的核反应不一样,裂变释放的能量 Q 是随不同的轻、重碎片对 A_L, Z_L 和 A_H, Z_H 的值而变化的.

$$Q = [M(A_\mathrm{f},Z_\mathrm{f}) - M(A_\mathrm{H},Z_\mathrm{H}) - M(A_\mathrm{L},Z_\mathrm{L})]c^2 + E_\mathrm{i},$$

式中 $A_\mathrm{f},Z_\mathrm{f},A_\mathrm{H},Z_\mathrm{H}$ 和 $A_\mathrm{L},Z_\mathrm{L}$ 分别为裂变核以及重、轻碎片的质量数与电荷数, E_i 为其激发能.根据能量守恒,碎片总动能 TKE、激发能 E_i 和 Q 有下列联系:

$$Q = \mathrm{TKE} + E_\mathrm{i}. \tag{5.5.3}$$

E_i 和碎片释放的中子数有关,而 TKE 则主要由两碎片在断点处的相互作用位能 V 所决定,如忽略碎片在断裂时的动能和形变能的变化,则可以近似认为

$$\mathrm{TKE} \approx V. \tag{5.5.4}$$

1. 规定动能范围的质量分布

在 §5.3 中我们已经指出,裂变碎片的质量分布中有一些小的结构,并指出这可能是奇偶效应.在 §5.4 中曾着重指出电荷分布中的奇偶效应.所谓奇偶效应实际上不过表明拆开一对质子要花费的能量约为 3 MeV 左右,因此对于激发能较高的裂变过程,奇偶效应就不显著.由式(5.5.3)可见,如果人为地规定只记录 TKE 较高的裂变事件,则在其他条件不变下, E_i 就会减小,有利于观察到核结构的效应.为了实验上方便,通常采用规定轻碎片的动能 E_L 的范围来测定碎片的质量分布.我们知道轻碎片平均动能 $\overline{E_\mathrm{L}}$ 约为 100 MeV 左右,基本上不随轻碎片的质量变

化,而且在碎片产额较大的区域,碎片总动能的变化近似地与 Q 值变化平行,因此碎片激发能近似为一常数.因此,规定 E_L 的范围,相当于规定激发能的范围,这样测定的质量分布如图 5.37 所示,图上实线箭头表示碎片平均电荷数取偶数值(在方框中用数字表明)的位置,对应的重碎片质量数可由公式(5.3.1)计算.从图上可以看到,这种方法,压制了对称裂变的记数,但是在质量分布峰值附近,奇偶效应却被放大了.如果对于奇质子核也测定规定碎片动能范围的质量分布,那么应该看不到明显的奇偶效应.

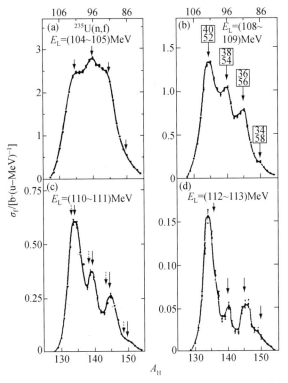

图 5.37　规定轻碎片动能 E_L 范围的^{235}U 热中子裂变的质量分布

实线箭头表示电荷数为偶数时(在方框中用数字标出)对应的重碎片质量;虚箭头表示根据电荷取平均值时计算的偶电荷碎片的质量数.对于重碎片,要加一电荷位移,才能正对实验测定的质量分布峰值.

图 5.38 就是^{237}Np(n,f)热中子裂变的例子,如箭头所示,当规定了 E_L 的范围后,仍观察到一些奇偶效应,但与电荷数 Z 为偶数的裂变体系来比较,这种效应就比较弱.这似乎表明重碎片的奇偶效应要比轻碎片大,两者相抵,还剩有较小的重碎片电荷的奇偶效应.

除了对相互作用引起的奇偶效应外,核结构的其他影响应该也会在质量分布中表现出来.比较不同核的质量分布的变化,就是检验这种看法的有效手段.图

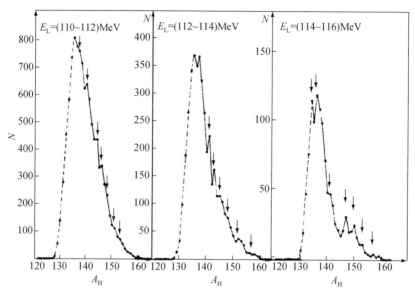

图 5.38　规定轻碎片动能 E_L 范围的 $^{237}\mathrm{Np}(n,f)$ 热中子裂变的质量分布

N 为重碎片质量数,箭头表示计算重碎片电荷数为偶数时所对应的质量数.

5.39比较了 $^{232}\mathrm{U}$, $^{233}\mathrm{U}$, $^{235}\mathrm{U}$ 等规定轻碎片动能范围的热中子裂变的质量分布,图上箭头所指对应于平均电荷数为偶数的碎片,也和实验上的峰值是一致的.从图上可见,虽然主要的峰值均在质量数 130～150 之间,但峰的高低对不同的复合核都有很大的差别,这些差别就可能是壳效应引起的.

　　上面所讲的,都是规定了碎片具有较大动能的情况.如果反过来规定碎片的动能小于平均值,那么质量分布会有什么变化呢? 图 5.40 给出了 $^{233}\mathrm{U}$ 热中子裂变具有规定轻碎片动能的释放中子后的轻碎片质量分布.从图上可见,当轻碎片动能在 90～100 MeV 之间时,释放中子后的质量分布无明显的结构;但当 $E_L \leqslant 85$ MeV 或 $E_L \geqslant 105$ MeV 时,质量分布都有明显的结构(由于测量的是释放中子后的质量分布,不能把这些结构和奇偶效应直接联系起来).为什么规定碎片具有小的动能,也会观察到质量分布的结构呢? 由式(5.5.3)可见,碎片的动能小,激发能就高;在断点处,这种激发能一部分是碎片内部的单粒子激发能,另一部分是由于碎片变形而具有的激发能.当碎片的动能足够小时,在断点处两碎片一定会拉得很长,以降低碎片间的相互作用,这是碎片动能的主要来源.碎片的形变能是随着形变的增加而增加的,因此,当规定碎片的动能足够小时,碎片就拉得很长.这时碎片的激发能主要是形变能,而碎片内部的单粒子激发能很低,核结构的影响(对相互作用和壳效应)也会较显著,因此当碎片的动能足够小时,核结构对产额的影响也会显露出来.总之,测定规定碎片动能的碎片质量分布,会对裂变的断点行为和核的裂变机制提

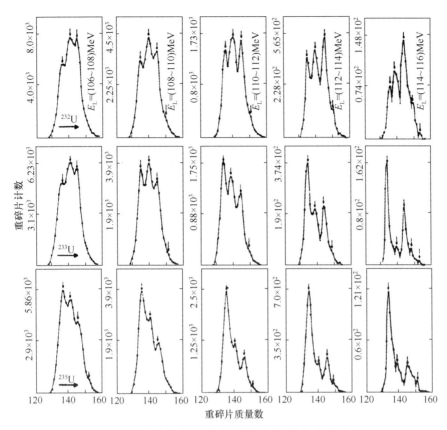

图 5.39　规定轻碎片动能范围的热中子裂变的质量分布

由上而下分别为 ^{232}U, ^{233}U, ^{235}U 的质量分布.

供不少有用的信息,定量的理论铨释,目前还不清楚.

2. 冷裂变的研究[1,6]

　　如果碎片的动能很大,几乎占有了反应的全部 Q 值,则所产生的碎片几乎处在不激发的状态,称为冷裂变.在第四章我们已经介绍过这种裂变,当时所介绍的是和 α 衰变或重离子衰变相似的过程,即经过位垒穿透而放出处于基态的碎片的过程.观察到这种事例的几率是很小的,即使偶而有,也会被看成自发裂变的稀有的例子,难以分别进行研究.这里所介绍的,是一些经过实验研究的例子.关于冷裂变,一个简明的定义是碎片不释放中子的裂变.当然这定义要比严格意义上的冷裂变宽得多,它允许碎片具有激发能,而仅要求这种激发能低于释放中子所要达到的激发能.图 5.41 给出了 $^{252}Cf(s,f)$ 不释放中子的裂变的碎片质量分布,图上用短竖线标出的为偶偶碎片的位置,正对应于产额的峰值.

　　为了更详细地研究冷裂变,可以找到碎片的最大动能.对 ^{233}U 热中子裂变,曾

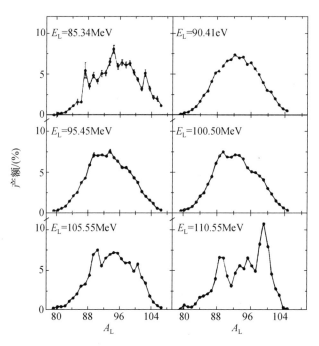

图 5.40　²³³U 热中子裂变释放中子后的轻碎片质量分布

轻碎片的动能 E_L 在图上标出.

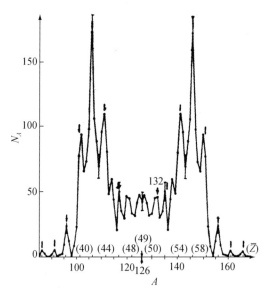

图 5.41　²⁵²Cf(s,f)不释放中子的裂变的碎片质量分布

A 为碎片质量数，N_A 为质量数为 A 的碎片数.

经为给定的质量比 A_L/A_H 用两种方法找到碎片的最大总动能 TKE_{max}. 采用电磁分离器, 可以同时测量规定了质量和动能的碎片产额. 显然, 规定的动能越大, 产额越小; 如选取产额为百万分之一时的动能值, 也就相当于实验能观察到的最大总动能. 另一方法是用双腔电离室测两碎片的动能, 对给定的质量比, 选取所能观察到的最大总动能为 TKE_{max}. 两种测定的结果都画在图 5.42 上, 相差不大.

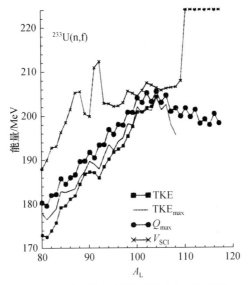

图 5.42　^{233}U 热中子裂变的最大总动能 TKE

TKE_{max}: 实验直接测定的最大总动能, TKE: 产额小于 10^{-6} MeV 的总动能,
V_{SCI} 为模拟的断点位能, 碎片两端相距为 2.7 fm.

在图上还对给定的 A_L 值计算了最大可能的反应能 Q_{max}. 从图上可见, 三条线都比较接近, 但 TKE_{max} 总是低于 Q_{max}; 而在 $A_L = 102 (A_H = 132)$ 处三者最为接近. 如定义

$$E_{min}^* = Q_{max} - TKE_{max} \qquad (5.5.5)$$

为两碎片最小总激发能, 图 5.43 画出了 ^{235}U(n_t, f), ^{239}Pu(n_t, f) 热中子裂变和 ^{252}Cf(s, f) 自发裂变的 E_{min}^* 值随重碎片质量数 A_H 的变化. 从图上可见, 在 $A_H = 132$ 附近, 三个裂变体系的 E_{min}^* 值都处于最小区域. 显然, 碎片的动能越大, 则激发能越小, 观察到这类事例的机会也越少. 而在 $A_H = 132$ 附近, 碎片的产额大, 因而观察到这种事例的机会可以稍多一些, 因而可能看到激发能更小的事例. 图上还可以看到明显的奇偶效应, A_H 取偶数时, E_{min}^* 值比临近奇质量碎片的 E_{min}^* 要高. 一般来说, Q_{max} 对应于偶质量数时要大一些, 而碎片的最大动能并不能完全跟随这种奇偶涨落, 因为 E_{min}^* 也跟着 Q_{max} 作奇偶涨落. 当然, 实验测得的 E_{min}^* 的变化相当复杂, 并不能完全用奇偶效应来解释.

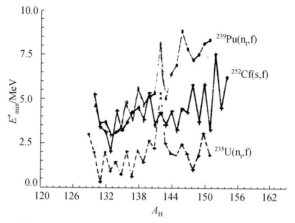

图 5.43 ^{235}U,^{239}Pu 热中子裂变和^{252}Cf 自发裂变的冷碎片的最小总激发能

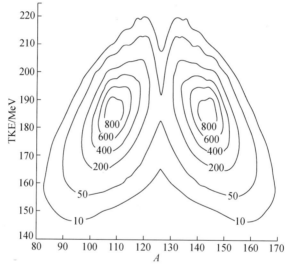

图 5.44 ^{252}Cf(s,f)自发裂变碎片及总动能分布的等高图

等高线上的数字表明该线所在的区域单位能量(MeV)、单位质量(u)记录的事件数.

在图 5.42 上还画出了模拟的断点位能 V_{SCI},这是假定两碎片均具有基态的形变,其相邻两端相距为 d. 在这种断点构形下计算的两碎片间的位能(加上距离 d 是为了模拟相连的颈部),如取 $d=2.7\,fm$,则在质量数 A_L 为 100~106 之间时,计算的位能 V_{SCI} 与 Q_{max} 及 TKE_{max} 都比较接近. 在其他质量区,V_{SCI} 均高出 Q_{max} 及 TKE_{max} 很多,表明这样计算的 V_{SCI} 太大;又不能把 d 放得很大,唯一的可能性是两个碎片都处于拉长的状态,具有非基态的形变,因而最小激发能不能为零,这与实验观察的结果是一致的. 这表明不经过位垒穿透,不能观察到碎片完全不激发的冷裂变,而位垒的高度大约为 V_{SCI} 与 Q_{max} 的差.

5.5.3　规定碎片质量的碎片动能分布

关于碎片质量和动能的分布,最一般的关系可用图 5.44 的等高线来表示.这个图同时表示碎片质量和总动能 TKE 的分布,从这个图上当然也可以获得按碎片质量的动能分布.图 5.45 是由实验测得的动能分布所获得的、给定质量的、单一碎片的动能平均值$\overline{E}_{kl}$和平均总动能$\overline{TKE}(=\overline{E}_{kH}+\overline{E}_{kL})$以及总动能分布的均方根差.这是一个有代表性的例子,碎片动能分布的一些特征都可由这一例子给出.

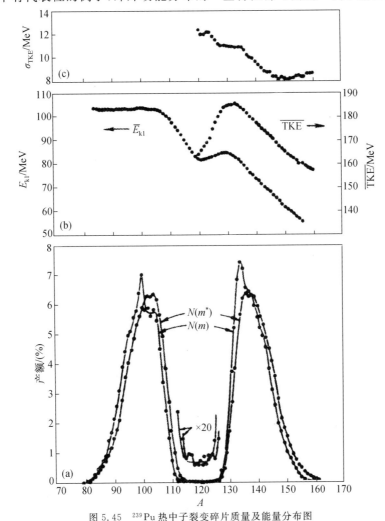

图 5.45　^{239}Pu 热中子裂变碎片质量及能量分布图

(a) 释放中子前 $N(m^*)$ 及释放中子后 $N(m)$ 的质量分布;

(b) 单碎片平均动能$\overline{E}_{kl}$及一对碎片的平均总动能$\overline{TKE}$;

(c) 一对碎片动能分布的均方根差 σ_{TKE}.

（1）关于碎片平均总动能，一个引人注目的特点是在对称裂变处有一个下陷，与峰值相比，对于轻锕系核可下陷达 20 MeV. 下陷随着裂变核的 Z_f^2/A_f 值的增加而减小. 到元素 Es，自发裂变下陷不过 2～3 MeV，再重的核，对称裂变处就没有下陷了. 对于低激发态裂变，则下陷的能量通常要比处于基态的裂变核要小一些，到核素 Es，激发态裂变就观察不到下陷.

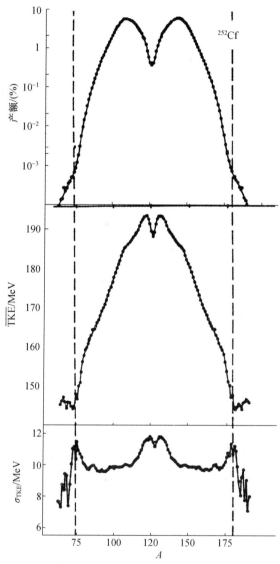

图 5.46 ^{252}Cf(s,f) 自发裂变的碎片质量和总动能分布

虚线划出碎片质量数 A 大于 178 及小于 74 的区域.

（2）平均总动能的峰值，均对应于重碎片质量数 A_H 在 132 附近，不同的核体系变化不大，当下陷消失时，在对称裂变处碎片质量已接近 130，这时平均总动能的峰值就在对称裂变处。

在图 5.45 的顶端，可以看到均方根差 σ_{TKE} 有两个峰，一个在对称裂变处，另一个对应于平均总动能取峰值的地方。特别是对称裂变处，σ_{TKE} 的峰值很显著。这两个峰值对其他裂变体系也存在，只是对于重一些的体系，总动能峰值的位置已经比较接近对称裂变，这两个峰值合并为一个了。图 5.46 是 ^{252}Cf(s,f) 的碎片质量及总动能分布。从图上可见，总动能的极大值已经与对称分布很接近，σ_{TKE} 仅看到一个峰。在这一分布图上，我们看到另一特点，即在两个虚线标出的极端非对称裂变区，质量和总动能分布都表现在一些不能由虚线内分布的趋势外推的特点，同时 σ_{TKE} 也表现为一个峰值。这似乎表明在这一区域，裂变机制发生一些新的变化。^{252}Cf(s,f) 是研究得最详细的体系，说不定其他体系也有类似的表现，由于出现的几率很小而不易观测。

§5.6　裂变碎片的角分布[7,8]

所有受激发的核裂变，都是在入射粒子或 γ 射线的作用下发生的，相对于射线或粒子的飞行方向，碎片的发射方向就有一个角分布。在第四章中，我们已经指出，根据裂变道理论，决定裂变核行为的是复合核在鞍点所处的情态。根据理论计算，可以认为鞍点的形状是轴对称的（对于双峰位垒，如取第二峰为鞍点，则也是轴对称的），可以用一轴对称的转子来描述，用三个量子数，即体系的总角动量 J、角动量在空间固定轴 z 轴的投影 M、角动量在随体对称轴的投影 K 来描述其转动情态，其空间取向之间的关系如图 5.47 所示。

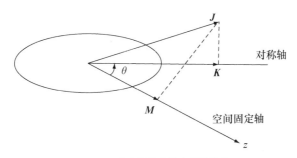

图 5.47　裂变核角动量之间的关系

给定 J, M 及 K 三个量子数时，体系的波函数可写成

$$\Phi_{JMKS} = \sqrt{\frac{2J+1}{16\pi^2}} \left[D_{MK}^{*J} \chi_{SK} + (-1)^{J+K} D_{M-K}^{*J} \overline{\chi}_{SK} \right], \quad K \neq 0, \tag{5.6.1a}$$

$$\Phi_{JM0S} = \frac{1}{2}[1 + \lambda(-1)^J]\sqrt{\frac{2J+1}{16\pi^2}} D_{M0}^{*J} \chi_{S0}, \quad \lambda = \pm 1, \quad (5.6.1b)$$

式中

$$D_{MK}^{*J}(\alpha, \theta, \gamma) = \exp[i(M\alpha + K\gamma)] d_{MK}^J(\theta), \quad\quad (5.6.2a)$$

为以欧拉角 α, θ, γ 表示的转动波函数,而 χ_{SK} 为核体系其他运动变量的波函数, $\overline{\chi}_{SK}$ 为绕垂直于对称轴的方向转 π 角后的波函数.

$$d_{MK}^J(\theta) = [(J+M)!(J-M)!(J+K)!(J-K)!]^{1/2}$$

$$\times \sum_\tau \frac{(-1)^\tau \left[\sin\frac{\theta}{2}\right]^{K-M-2\tau}\left[\cos\frac{\theta}{2}\right]^{2J-K+M-2\tau}}{(J-K-\tau)!(J+M-\tau)(J+K-M)!\tau!}.$$

$$(5.6.2b)$$

经过鞍点后,核继续形变,波函数会不断变化.根据角动量守恒原理,J 和 M 一直不变,但 K 并不是守恒量,即使在鞍点处 K 取单一的值,随着核的运动,不同的 K 值的态将会互相混合.但是如果假设核的形状变化是绝热的,即不引起内部运动的剧烈变化,那么 K 的值也不会变化.一般在讨论碎片角分布时,都假设 K 的值不变,这时在波函数 Φ_{JMKS} 中只有 χ_{SK} 会随形变而变化.将式(5.6.1a)一直应用到断点处,即可得到碎片在裂变核质心系飞出的方向(即对称轴的方向)与空间固定的 z 轴之间的夹角 θ 的分布函数

$$W_{MK}^J(\theta) = \frac{2J+1}{4}[\,|\,d_{MK}^J(\theta)\,|^2 + |\,d_{M-K}^J(\theta)\,|^2].\quad\quad (5.6.3)$$

关于碎片角分布的实验,主要可分为两类.一类实验是在激发能接近位垒高度时进行的,主要目的在于检验 Bohr 的裂变道假设和测定鞍点处过渡态的性质.另一类实验是在高激发态下进行的,主要用来检验 K 值的统计分布和研究裂变核的鞍点形状.

5.6.1　低能粒子引起的裂变碎片的角分布

在 §4.6 我们曾介绍过 ^{230}Th(n,f) 和 ^{230}Th(d,pf)两反应的裂变截面.在复合核 ^{231}Th 激发能 E 处于 5.8~6.0 MeV 之间发现裂变共振现象,当时曾应用第三谷的振荡共振解释了这一现象.在同一激发能区,也曾测量过碎片的角分布.现在应用上述角分布公式来分析这些实验结果.靶核 ^{230}Th 为偶偶核,基态为 0^+ 态,对反应 ^{230}Th(n,f)取入射中子方向为 z 轴方向,则 $M = \pm 1/2$.根据对截面的拟合,已知取 $K = 1/2$ 比较合适.应用第四章的截面公式(4.6.4),加上对角度的依赖关系,可得角分布的表达式为

$$\sigma_f(E, \theta) = \sum_{J^\pi} \sigma(E, J^\pi) \frac{\sum_K T_f(E', K) \sum_M W_{MK}^J(\theta)}{\sum_K T_f(E', K) + T_\gamma(E, J^\pi) + T_n(E, J^\pi)}, \quad (5.6.4)$$

式中 E 为复合核的激发能，E' 由第四章 (4.6.3) 式给出，表示相对于第三谷的激发能减去转动能后的等效穿越位垒的能量，π 为宇称，取 ± 1，$\sigma(E, J^\pi)$ 为形成角动量

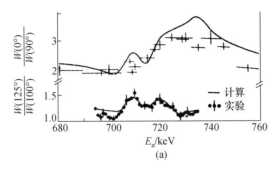

(a)

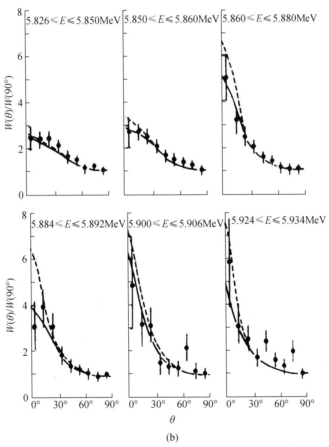

(b)

图 5.48 Th 裂变碎片的角分布

(a) ^{230}Th(n,f) 碎片角分布随中子能量 E_n 的变化；(b) ^{230}Th(d,pf) 在相邻 6 个激发能区间的角分布.

虚线为纯 $K = 1/2$ 态，实线为混有适量的 $K = 7/2$ 态.

及宇称为 J^{π}、激发能为 E 的复合核截面. 对 K 的求和只取 $K=1/2$ 一个值. 上式也同样适用于 ^{230}Th(d,pf), 这时形成复合核 ^{231}Th 的反冲方向为 z 轴方向, 则 M 仍取 1/2 值. 理论计算与实验测定裂变碎片角分布如图 5.48 所示, 从图上可见, 对反应 ^{230}Th(d,pf), 混入适当的 $K=7/2$ 态与实验符合得更好.

5.6.2　光致裂变的碎片角分布[8]

碎片的角分布也常常用来研究光致裂变 (γ,f), 这是由靶核吸收入射光子处于激发态而发生裂变的过程. 对于偶偶核, 基态为 0^{+} 态, 吸收光子后, 所处的自旋态比较简单, 因而受到较多的注意, 我们在这里也只讨论偶偶核. 如取光子入射方向为 z 轴方向, 则由于光子是自旋为 1 的粒子, 又没有纵向极化态, $M=\pm 1$, 而自旋和宇称, 则要看吸收的多极性而定. 对于电偶极吸收, 则 $J^{\pi}=1^{-}$, $K=0,1$; 对于电四极吸收, 则 $J^{\pi}=2^{+}$, $K=0,1,2$; 对于低能 γ 射线, 一般只考虑这两类吸收. 这几种情态相应的角分布为:

对于电偶极吸收:

$$W_{\pm 1,0}^{1}(\theta)=\frac{3}{2}\left[\frac{1}{2}\left|d_{1,0}^{1}(\theta)\right|^{2}+\frac{1}{2}\left|d_{-1,0}^{1}(\theta)\right|^{2}\right]=\frac{3}{4}\sin^{2}\theta, \tag{5.6.5a}$$

$$W_{\pm 1,1}^{1}(\theta)=\frac{3}{8}\left[\frac{1}{2}\left|d_{1,1}^{1}(\theta)\right|^{2}+\frac{1}{2}\left|d_{-1,1}^{1}(\theta)\right|^{2}+\frac{1}{2}\left|d_{1,-1}^{1}(\theta)\right|^{2}\right]$$

$$=\frac{3}{4}-\frac{3}{8}\sin^{2}\theta. \tag{5.6.5b}$$

对于电四极吸收:

$$W_{\pm 1,0}^{2}(\theta)=\frac{15}{16}\sin^{2}2\theta, \tag{5.6.6a}$$

$$W_{\pm 1,1}^{2}(\theta)=\frac{5}{8}\left(2-\sin^{2}\theta-\sin^{2}2\theta\right), \tag{5.6.6b}$$

$$W_{\pm 1,2}^{2}(\theta)=\frac{5}{8}\left(\sin^{2}\theta+\frac{1}{4}\sin^{2}2\theta\right). \tag{5.6.6c}$$

图 5.49 及 5.50 为实验测得的碎片角分布与理论拟合曲线的比较. 由图 5.49 可见, 对于 ^{232}Th(γ,f), 当 γ 能量不高时, 最主要的为电偶极跃迁, 对于负宇称态, $K=0,J^{\pi}=1^{-}$ 为处于鞍点能量最低的态. 图 5.50 则表明对于低能 ^{238}U(γ,f), 在鞍点除了 $K=0,J^{\pi}=1^{-}$ 的态外, 还有由电四极跃迁引入的 $J^{\pi}=2^{+}$, $K=0$ 的态, 这些是变形位垒低激发态.

碎片角分布有时也能用来分析裂变机制, 下面是个有趣的例子. 用最大能量为 5.7 MeV 的韧致辐射来轰击 ^{236}U, 这能量正好超过 ^{236}U 的位垒, 吸收低能 γ 射线后, 核可能处在 $J^{\pi}=1^{-}$, $K=0,1$ 以及 $J^{\pi}=2^{+}$, $K=0,1,2$ 这 5 个过渡态上(通常把核在鞍点所处的量子态称为过渡态). 由式(5.6.5a), 式(5.6.5b)和式(5.6.6c)可

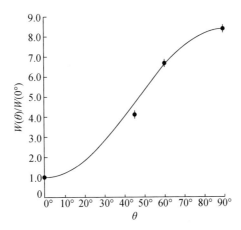

图 5.49 最高能量为 7 MeV 的韧致辐射引起的^{232}Th(γ,f)碎片角分布
曲线为按电偶极跃迁计算的角分布,$K=0$ 的态占 94%.

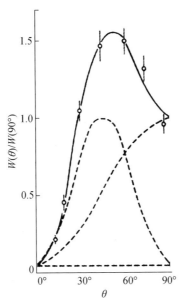

图 5.50 最高能量为 5.2 MeV 韧致辐射引起的^{238}U(γ,f)碎片角分布
在 $45°$有峰值的虚线为与 $J^{\pi}=2^{+}$, $K=0$ 的态对应的角分布,在 $90°$有峰值的虚线为与 $K=0,J^{\pi}=1^{-}$ 对应的角分布,曲线为上述两种角分布按适当比例混合而得的与实验符合的角分布.

知,即使这五种过渡态同时存在,角分布也可以写成

$$W(\theta) = a + b\sin^{2}\theta + c\sin^{2}2\theta, \tag{5.6.7}$$

上式中仅含 3 个参量,不足以确定 5 个参量. 通常认为,只有 $J^{\pi}=1^{-}$,$K=0,1$ 以及 $J^{\pi}=2^{+}$,$K=0$ 这三个态对裂变有贡献,其比例分别为 X,Y,Z,则

$$a = 1.5Y, \quad b = \frac{3}{4}(X - Y), \quad c = \frac{15}{16}Z. \tag{5.6.8}$$

在准备讨论碎片的角分布时,并没有区分碎片的种类,也就等于假设无论碎片的质量如何,测得的角分布都是相同的.如果碎片的质量比相差不很悬殊,那么低能实验确实表明,角分布不随碎片质量比的改变有明显的变化.但是对于两组质量比相差很大的碎片,则角分布可能不同.图5.51就是一个例子,从图上可见,对于 $A_H/A_L \geqslant 2.1$ 的非对称裂变,角分布如图5.51(a)所示,而对于 $A_H/A_L \leqslant 1.2$ 接近对称的裂变,角分布如图5.51(b)所示,两者有明显的差异.从图上可见,对称裂变的贡

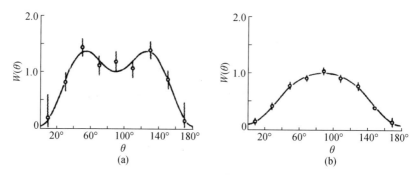

图 5.51 最大光子能量为 5.7 MeV[10] 的 ^{236}U(γ,f) 碎片角分布

(a) 非对称裂变碎片角分布;(b) 对称裂变碎片角分布.

献,主要来自 $K=0$ 的电偶极跃迁;而对于非对称裂变,$K=0$,$J^\pi = 1^-$ 和 $J^\pi = 2^+$ 的贡献差不多相等.由于 ^{236}U 的第二位垒对应于前后不对称的形变,$J^\pi = 1^-$ 和 $J^\pi = 2^+$ 的态组成宇称二重态的转动能级,$K=0$ 时两者相差不大,因此对于非对称裂变,两者贡献相当是可以预期的.为什么对于对称裂变 $J^\pi = 2^+$ 的电四极跃迁几乎没有贡献?一个合理的解释是,对称裂变和非对称裂变在位能曲面所经历的形变途径是有差别的,对称裂变主要不是通过第二位垒进行的.这是通过对碎片角分布的分析,可能揭示出的裂变机制的一个例子.

5.6.3 高激发态裂变的碎片角分布[8]

对于激发能远超过位垒的裂变,过渡态可以具有很多不同的 K 值,逐一计算与拟合不再可行,只能用统计方法来处理.对这个问题的严格统计处理是很困难的,K 的分布仅仅是在给定轴对称形变下才有明确的意义.怎么能设想一个处在高激发态的核会具有固定形变呢?但是如果集体自由度和内部自由度的耦合很弱,不难设想,表示核形变的集体自由度仍可达到平衡,这时 K 的分布就由能级密度所决定.保留最主要项,可得能级密度为[7]

$$\rho(E, J, K) \propto \exp[2\sqrt{a}(E^* - \hbar^2 K^2 / 2\mathscr{I}_p)^{1/2}], \tag{5.6.9}$$

这里 E^* 为内部运动的激发能,即

$$E^* = E - \frac{\hbar^2}{2\mathscr{I}_v}[J(J+1) - K^2],\qquad(5.6.10)$$

这里 $\mathscr{I}_p,\mathscr{I}_v$ 分别为沿对称轴和垂直对称轴的转动惯量.式(5.6.10)代入(5.6.9),可得

$$\rho(E,J,K) \propto \exp\left\{2\sqrt{a}\left[E - \frac{\hbar^2}{2\mathscr{I}_v}J(J+1) - \hbar^2 K^2/2\mathscr{I}_e\right]^{1/2}\right\}$$

$$\approx \exp\left\{2\sqrt{a}\left[E - \frac{\hbar^2}{2\mathscr{I}_v}J(J+1)\right]^{1/2}\right\}e^{-K^2/2K_0^2},\qquad(5.6.11)$$

式中

$$\mathscr{I}_e = \left[\frac{1}{\mathscr{I}_p} - \frac{1}{\mathscr{I}_v}\right]^{-1} = \frac{\mathscr{I}_p\mathscr{I}_v}{\mathscr{I}_v - \mathscr{I}_p},\qquad(5.6.12)$$

$$K_0^2 = \frac{t\mathscr{I}_e}{\hbar^2},\qquad(5.6.13)$$

$t = \sqrt{E^*/a}$ 为核温度,由此可见,归一化的 K 的分布可写成

$$P(K) = \frac{1}{\sum_{K=-J}^{J}\exp[-K^2/(2K_0^2)]}\exp[-K^2/(2K_0^2)].\qquad(5.6.14)$$

可以看出,$K_0^2 = \overline{K^2}$ 为 K^2 的平均值.裂变在哪一阶段系统 K 值的分布处于统计平衡呢?最常用的假设是过渡态统计模型(TSM),即假设当体系处于鞍点时,内部运动的 K 值达到统计平衡.为了由此推断碎片的角分布,还要假设,由鞍点到断点,尽管系统的形状经历了相当大的变化,而 K 的分布并没有变化.对于激发能不很高、角动量不很高的体系,这两条假设可能近似成立,有不少实验支持这种模型.对于激发能特高,以及重离子反应形成的没有鞍点的大体系,这些假设显然不成立.这时,人们提出可采用断点统计模型(SSM),相当于取断裂前核形状作为计算 K_0^2 的依据,也有一些实验,特别是重离子引起的裂变,支持这一模型.不管采用哪种模型,计算角分布的公式的形式都是相同的.为了简化公式,我们有时设入射粒子形成复合核的穿透系数将只与轨道角动量 L 有关,并设靶核和弹核的自旋分别为 I_0 和 i_0,反应道自旋为 S.由于取入射方向为 z 轴,角动量 z 轴的投影只能取 $-S\sim S$ 共 $2S+1$ 个值.略去与角分布无关的因子,可得

$$W(\theta) \propto \sum_{J=0}^{\infty}\sum_{L=0}^{\infty}T_L(2L+1)\sum_{S=|I_0-i_0|}^{I_0+i_0}\sum_{M=-S}^{S}|(S,M,L,0|J,M)|^2(2J+1)$$

$$\times\sum_{K=-J}^{J}|d_{MK}^J(\theta)|^2 P(K).\qquad(5.6.15)$$

应用于 $I_0 = i_0 = 0$ 的情况,上式可简化为($L=J$)

$$W(\theta) \propto \sum_{J=0}^{\infty}(2J+1)T_J\sum_{K=-J}^{J}|d_{MK}^J(\theta)|^2 P(K)(2J+1).\qquad(5.6.16)$$

应用式(5.6.15)或(5.6.16),可由实验测得的角分布确定 K_0 值,与由(5.6.13)计算的 K_0 理论值比较,以检验理论模型.大体上讲,对于 α 粒子或更轻的离子引起的裂变,过渡态统计模型(TSM)基本上是适用的.图5.52就是实验与 TSM 比较的例子.

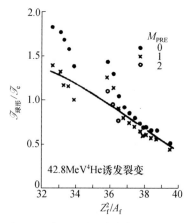

图 5.52　由 (α, f) 碎片角分布确定的 $\mathscr{I}_e$ 值

M_{PRE} 表示假设的断裂前释放的中子数,实线为根据 Sierk 旋转液滴模型的计算值.

当 J 较大时,应用准经典近似,可得

$$|d_{MK}^J(\theta)|^2 \approx \frac{1}{\pi}\left[\left(J + \frac{1}{2}\right)^2 \sin^2\theta - M^2 - K^2 + 2MK\cos\theta\right]^{-1/2}.$$

(5.6.17)

当上式括号中的数值变为负数时,应取 $|d_{MK}^J(\theta)|^2 \approx 0$. 如式(5.6.17)代入式(5.6.16),应用 $P(K)$ 的表示式(5.6.14),并把对 K 的求和换成积分,可得的近似表示式(省去一些常数因子)

$$W(\theta) \propto \sum_{J=0}^{\infty} (2J+1)^2 T_J \frac{1}{\operatorname{erf}(x)} I_0(z)\exp(-z),$$

(5.6.18)

其中 $z = \dfrac{x^2\sin^2\theta}{2}$,$\operatorname{erf}(x)$ 为误差函数,其定义为

$$\operatorname{erf}(x) = \frac{2}{\sqrt{\pi}}\int_0^x e^{-t^2}\,dt.$$

$I_0(z)$ 为零级贝塞尔函数,即

$$I_0(z) = 1 + \frac{1}{(1!)^2}\frac{z^2}{4} + \frac{1}{(2!)^2}\left(\frac{z^2}{4}\right)^2 + \cdots,$$

$$x^2 = \frac{\left(J + \dfrac{1}{2}\right)^2}{2K_0^2}.$$

公式(5.6.15)以及当 $M=0$ 时的简化表示式(5.6.18)曾被用来分析很多高激

发态的裂变碎片角分布. 一般来说, 如果把 K_0 看成可调参量, 拟合实验测定的角
分布并不困难, 图 5.53 就是一个典型的例子. 从图上可以看到, 甚至在式 (5.6.18)

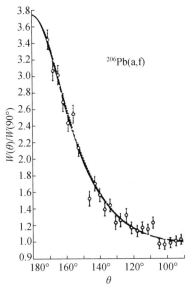

图 5.53　30 MeVα 引起的 ^{206}Pb(α,f) 碎片角分布

实线: 由式 (5.6.18) 计算的值, $K_0^2 = 8.83$; 虚线: 令 erf$(x) = 1$ 后的计算值, $K_0^2 = 9.47$.

中取 erf$(x) = 1$, 仍然可以得到几乎相同的角分布曲线, 仅需对 K_0 值略作变化. 对
于重离子引起的裂变, 可假设体系的 K 值在断点达到平衡, 采用断点统计模型
(SSM) 来计算, 图 5.54 就是一个例子. 图上也画出了表示 $1/\sin\theta$ 的曲线, 这是当 J
很大时, 角分布的极限值即式 (5.6.18) 中取 I_0 的渐近值, 即可获得这样的分布.

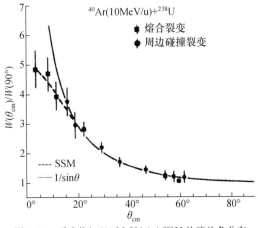

图 5.54　反应 ^{40}Ar$(10 \text{ MeV/u}) + ^{238}$U 的碎片角分布

5.6.4　垒下熔合裂变的碎片角分布

两重离子碰撞时,由于库仑力和核力的作用,会形成一个位垒,阻止它们相互接近.如果离子间相对运动能量低于位垒高度,两核只能通过位垒穿透才能互相熔合,成为垒下熔合.这时由单纯位垒计算的熔合截面往往比实验值低得多,这是由于两核间的多道相互作用引起的,这已得到解释.但是重离子垒下熔合后,复合核处于高激发态,它还会裂变,而裂变碎片的角分布异常是近来在这方面受到关注的原因[10].利用通行的垒下熔合理论,并且考虑到靶核的形变,也可以满意地算得实验测得的裂变截面.但是应用通常的过渡态统计模型计算的碎片角分布的各向异性比 $W(0°)/W(90°)$,却比实验值小得多,张焕乔等最近研究的结果如图 5.55 所示.图上比较 $^{16}O+^{232}Th$ 和 $^{11}B+^{237}Np$ 两体系的熔合裂变碎片各向异性的测量值与理论值.在实验中已扣除了转移裂变的贡献,理论值是按通常的鞍点过渡态统计模型计算的.这两个体系形成的复合核及激发能大约相同.角动量的差别在计算中已考虑过,在图上表现为两曲线的差异.由此可以推测,两体系的行为差别可能是初态不同引起的.入射道的质量不对称性不同,可能使 $^{11}B+^{237}Np$ 更容易形成复合核,而 $^{16}O+^{232}Th$ 可能是一种未经过复合核的裂变.

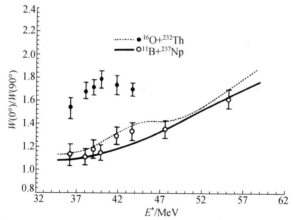

图 5.55　$^{16}O+^{232}Th$ 和 $^{11}B+^{237}Np$ 垒下熔合裂变碎片角分布的比较
实线与虚线分别为两裂变体系由鞍点过渡态统计模型的计算值.

§5.7　裂变中子与 γ 射线[11,8]

发射中子与 γ 射线是裂变碎片的重要性质,也是我们从实验上研究碎片的主要途径.裂变中子的数目和能谱还与裂变能的利用密切相关,可以说,自从发现裂变以来,人们就不断地研究裂变中子.裂变发射的 γ 射线比中子更难研究,因此这方面的知识也比较少一些.下面将分瞬发中子、瞬发 γ 射线和缓发中子与缓发 γ 射线三个部分介绍一些实验结果,并进行初步的讨论.

5.7.1 裂变瞬发中子

裂变后的碎片在 β 衰变以前发射的中子称为裂变瞬发中子,绝大部分瞬发中子是在裂变过程中 10^{-14} s 以前发出的,这是裂变中子的主要部分;经过 β 衰变以后放出的是缓发中子,在 100 次裂变中不过一两个.因此在讨论瞬发中子时,一般可不考虑缓发中子.

1. 裂变平均瞬发中子数及瞬发中子分布[8]

对一定裂变体系,测量它每次裂变的瞬发中子数,测得的中子数一般各不相同,中子数形成一统计分布,由此可求得对这种裂变过程释放 ν 个中子的几率 P_ν,并计算得到平均释放中子数 $\bar{\nu}$ 及分布的均方差 σ^2

$$\bar{\nu} = \sum_{\nu=0} \nu P_\nu, \quad \sigma^2 = \sum_{\nu=0} P_\nu (\nu - \bar{\nu})^2. \tag{5.7.1}$$

表 5.4 给出 ^{233}U, ^{235}U, ^{239}Pu, ^{241}Pu 热中子裂变及 ^{252}Cf 自发裂变测得的 P_ν, $\bar{\nu}$ 及 σ^2 值.

表 5.4　^{233}U, ^{235}U, ^{239}Pu, ^{241}Pu 热中子裂变及 ^{252}Cf 自发裂变的瞬发中子参数

核素		^{233}U	^{235}U	^{239}Pu	^{241}Pu	^{252}Cf
	$\bar{\nu}$	2.492±0.008	2.416±0.008	2.904±0.008	2.947±0.007	3.784 标准
	σ^2	1.206±0.008	1.236±0.008	1.405±0.010	1.378±0.008	1.606±0.004
P_ν	$\nu=0$	0.0259±0.001	0.0313±0.006	0.0094±0.001	0.0097±0.001	0.00197±0.00008
	$\nu=1$	0.1526±0.002	0.1729±0.0016	0.0990±0.0027	0.0877±0.0025	0.02447±0.00025
	$\nu=2$	0.3289±0.0034	0.3336±0.0029	0.2696±0.0034	0.2636±0.003	0.1229±0.0005
	$\nu=3$	0.3282±0.0035	0.3078±0.0029	0.3297±0.0035	0.3343±0.0032	0.2707±0.008
	$\nu=4$	0.1320±0.0027	0.1232±0.0016	0.1982±0.0030	0.2099±0.0035	0.3058±0.0010
	$\nu=5$	0.0252±0.002	0.0275±0.002	0.0824±0.004	0.0811±0.004	0.1884±0.0007
	$\nu=6$	0.0045±0.002	0.0038±0.0015	0.0119±0.002	0.0112±0.002	0.0677±0.0006
	$\nu=7$					0.0160±0.0003
	$\nu=8$					0.0021±0.0002

这种分布可以相当准确地用高斯分布表示出来

$$P_\nu = \frac{1}{\sqrt{2\pi\sigma_0^2}} \exp\left[-\frac{(\nu - \bar{\nu})^2}{2\sigma_0^2} \right], \tag{5.7.2}$$

$$\sigma_0^2 = \sigma^2 - \frac{1}{12}.$$

其他裂变体系的瞬发中子分布也都近似为高斯分布.

$\bar{\nu}$ 的值随碎片激发能的增加而增加,例如,图 5.56 就给出 ^{235}U(n,f)裂变平均

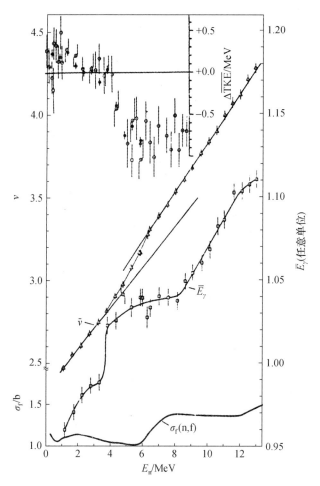

图 5.56 ^{235}U(n,f)的裂变截面 σ_f、平均瞬发 γ 辐射能量 $\overline{E_\gamma}$、平均瞬发中子数 $\bar\nu$ 随入射中子能量 E_n 的变化 图中右方的纵坐标如乘以 7.06 MeV 可化为能量 $\overline{E_\gamma}$. 图的左上角为 $\Delta\overline{\text{TKE}}$ 随入射中子能量的变化, 横坐标仍为入射中子能量.

瞬发中子数 $\bar\nu$ 随入射中子能量 E_n 的变化,图中也画出了裂变截面 σ_f、平均 γ 射线能量 $\overline{E_\gamma}$ 随 E_n 的变化曲线. 在图的左上角还画出了平均总动能 ΔTKE 随 E_n 的变化,

$$\Delta\,\overline{\text{TKE}} = \overline{\text{TKE}}(E_n) - \overline{\text{TKE}}(0),$$

式中 $\overline{\text{TKE}}(E_n)$ 为入射中子能量为 E_n 时碎片平均总动能. 从图上可以看到,$\bar\nu$的值基本上是随 E_n 线性增加的,但在 E_n 从 4 MeV 增加到 7 MeV 左右时,$\bar\nu$ 随 E_n 增加的斜率突然变大,与此相应,$\overline{E_\gamma}$ 也突然增加,而 $\Delta\overline{\text{TKE}}$ 在此区间却突然下降. 这可能表示,在此能区,裂变机制有某些变化(次级裂变,即释放一中子后的裂变将在这一能区发生),随着碎片平均总动能的减小,这部分能量就转化为发射中子和 γ 射线

的能量. 对于一般裂变体系,复合核激发能每增加 $7\sim8\,\mathrm{MeV}$,平均瞬发中子就增加一个,接近于平均蒸发一个中子所需的能量,而碎片平均总动能则变化很小. 表5.5 给出了一些元素热中子和自发裂变的平均瞬发中子数[11].

表 5.5 平均裂变中子数

自发裂变		自发裂变		热中子裂变	
核素	$\bar{\nu}$	核素	$\bar{\nu}$	核素	$\bar{\nu}$
^{232}Th	2.14 ± 0.20	^{249}Bk	3.339 ± 0.026	^{229}Th	2.08 ± 0.02
^{236}U	1.90 ± 0.05	^{246}Cf	3.08 ± 0.08	^{232}U	3.132 ± 0.060
^{238}U	2.00 ± 0.02	^{249}Cf	3.4 ± 0.4	^{233}U	2.495 ± 0.004
^{236}Pu	2.12 ± 0.14	^{250}Cf	3.511 ± 0.037	^{235}U	2.4334 ± 0.0036
^{238}Pu	2.21 ± 0.06	^{252}Cf	3.7676	^{238}Pu	2.889
^{240}Pu	2.142 ± 0.005	^{254}Cf	3.844 ± 0.034	^{239}Pu	2.8822 ± 0.0051
^{242}Pu	2.134 ± 0.006	^{253}Es	4.7	^{241}Pu	2.9463 ± 0.0058
^{244}Pu	2.29 ± 0.19	^{244}Fm	4.0 ± 1.0	^{241}Am	3.121 ± 0.023
^{242}Cm	2.544 ± 0.011	^{246}Fm	4.0 ± 1.0	^{242}Am	3.257 ± 0.023
^{244}Cm	2.690 ± 0.008	^{254}Fm	3.98 ± 0.19	^{243}Cm	3.422 ± 0.045
^{246}Cm	2.941 ± 0.008	^{256}Fm	3.621 ± 0.057	^{245}Cm	3.825 ± 0.032
^{248}Cm	3.134 ± 0.006	^{257}Fm	3.797 ± 0.013	^{247}Cm	3.79 ± 0.15
^{250}Cm	3.30 ± 0.08	^{252}No	4.15 ± 0.030	^{249}Cf	4.08 ± 0.04
				^{251}Cf	4.1 ± 0.5
				^{254}Es	4.2
				^{255}Fm	4.0 ± 0.5

2. 单碎片平均瞬发中子数 $\bar{\nu}(A)$

如果要通过蒸发中子数来推算碎片的激发状态,那么单个碎片的蒸发中子数 $\nu(A)$ 的分布可能直接提供这种信息. 从实验测定 $\nu(A)$ 比较困难,在 §5.3 中已经指出. 单是要准确地测定碎片的质量分布已经比较困难,而测定 $\nu(A)$ 要同时测定质量和中子,当然要更困难一些. 通常采用的方法有两类. 第一类方法是同时测中子和质量. 中子主要是由一加速到最大速度的碎片放出的,因此单一碎片发射中子的飞行方向偏向于该碎片的飞行方向. 利用这一特点,通过测定一对碎片的飞行速率(由此可计算碎片的质量)和在各方向(或若干指定方向)测得的中子数,就可以计算获得两碎片的质量和各自释放的中子数. 另一类方法是同时测定一对碎片的速度和能量,如以 A_1,A_2 表示两碎片释放中子前的质量数,$A_1',A_2',v_1,v_2,E_1,E_2$ 表示两碎片释放中子后的质量数、速度及能量,并假设释放中子是各向同性的,不改变碎片的速度,则由测得的 v_1,v_2,E_1,E_2,即可计算 A_1,A_2 及 A_1',A_2'

$$\begin{cases} A_1 v_1 = A_2 v_2, \quad A_1 + A_2 = A, \\ \dfrac{1}{2} A_1' v_1^2 = E_1, \quad \dfrac{1}{2} A_2' v_2^2 = E_2. \end{cases} \tag{5.7.3}$$

由碎片 1,2 所释放的中子数分别为 A_1-A_1' 及 A_2-A_2'.

　　这两类方法都要做中子反冲修正,即发射中子,碎片的速度会改变.第二类方法,因为不测量中子,更难做中子的反冲修正.第一类方法,则随探测器的安排与性能的差别,中子反冲修正不同.实验还表明,碎片释放的中子数,在某些质量区会随碎片质量迅速改变,则更难准确测定 $\nu(A)$ 及其平均值 $\overline{\nu}(A)$.

　　由于实验上的种种困难,测定 $\overline{\nu}(A)$ 往往误差较大,不同实验室的数据会有差异.例如,图 5.57 画出了关于 ^{235}U 热中子裂变 $\overline{\nu}(A)$ 的三家实验数据,三家都是采用测量碎片和中子那一类方法进行的,但是三家结果差别很大,其中 Maslin 和 Boldeman 两家数据比较接近,都是用大的高效率闪烁液体探测中子的,因而较少受到反冲的影响,可能较为准确.

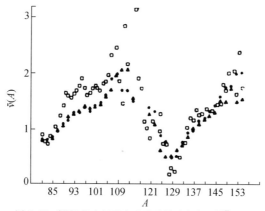

图 5.57　　^{235}U 热中子裂变碎片平均瞬发中子数 $\overline{\nu}(A)$

▲：Maslin，●：Boldeman，□：Milton 和 Fraser.

　　图 5.57 所示的 $\overline{\nu}(A)$ 随碎片质量数 A 的变化的锯齿形的结构,是一种典型的结构.所有具有非对称碎片质量分布的裂变体系,$\overline{\nu}(A)$ 都具有这种锯齿型结构;有一个特例是 ^{252}Cf 的自发裂变,如图 5.58 所示.这种裂变体系,在极端非对称裂变的质量区还多两个锯齿,这一特点也和 ^{252}Cf(s,f) 在极端非对称质量区碎片质量分布也有异常行为是一致的(参看 §5.3 中的图 5.5).也许还有其他一些裂变体系也有这种特点,只是由于实验上的困难,尚未测得.对于质量分布为对称的裂变体系,则 $\overline{\nu}(A)$ 一般随碎片质量数的增加而增加,没有显著的锯齿结构,如图 5.59 所示.图 5.60 表示 ^{238}U(α,f) 和 ^{233}U(α,f) 二裂变体系 $\overline{\nu}(A)$ 随碎片质量数的变化的行为[13].由图可见,复合核的激发能越高,则 $\overline{\nu}(A)$ 随碎片质量数的变化越平滑.在本章第二节中,我们曾指出,对于 ^{227}Ac 的低激发能裂变时,可以把碎片质量分布分解为对称和非对称两个组分,图 5.61 则表明 $\overline{\nu}(A)$ 也可以分为两个组分,对应于碎片非对称质量分布 $\overline{\nu}_a(A)$(黑点)呈锯齿型结构,而对应于碎片质量对称分布的成分 $\overline{\nu}_s(A)$(短划线)可以简单地用一直线表示.[14]

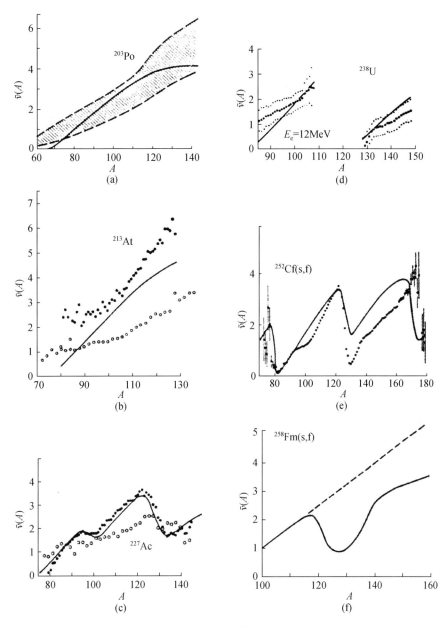

图 5.58 各裂变体系的 $\bar{\nu}(A)$ 随 A 的变化

图中曲线为理论估算值(参看第七章).

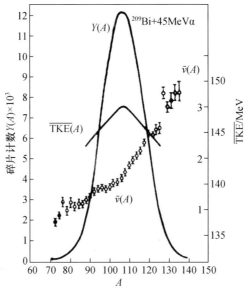

图 5.59 $^{209}\text{Bi}(\alpha,\text{f})$，$\alpha$ 粒子能量为 45 MeV，$\bar{\nu}(A)$ 随碎片质量数 A 的变化

图上同时标出碎片质量分布 $Y(A)$ 和平均总动能分布 $\overline{\text{TKE}}(A)$.

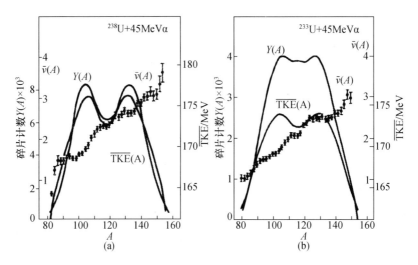

图 5.60 $^{238}\text{U}(\alpha,\text{f})$，$^{233}\text{U}(\alpha,\text{f})$，$\alpha$ 粒子能量为 45 MeV，$\bar{\nu}(A)$ 随碎片质量数 A 的变化

图上同时标出碎片质量分布 $Y(A)$ 和平均总动能分布 $\overline{\text{TKE}}(A)$.

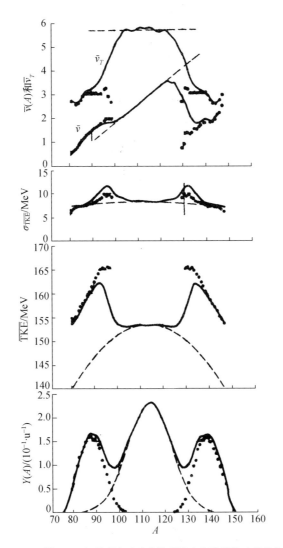

图 5.61 ^{226}Ra(p,f) 的裂变碎片的性质随碎片质量数 A 的变化

质子能量为 13 MeV,自下而上的四图中实线分别表示碎片质量分布、平均总动能、总动能均方根差、$\bar{\nu}(A)$及$\bar{\nu}_T = \bar{\nu}(A) + \bar{\nu}(A_f - A)$,$A_f$ 为裂变复合核质量数. 短划线及黑点分别表示估计的对称及非对称部分.

3. 瞬发中子能谱[8,11]

(1) 瞬发中子能谱的实验测定

　　裂变能的利用是由裂变释放的中子引起裂变的链式反应而实现的. 除了平均释放的中子数目外,裂变释放的中子能谱也是很重要的量. 能谱的精确测定,对于应用裂变中子源,研究裂变机制也是很重要的. 一般应用飞行时间法来测定裂变中子能谱,这种实验的精确度主要依赖于探测效率的刻度和实验本底的扣除(中子和

γ 射线都会引进本底). 实验测定的裂变中子能谱,都很接近麦克斯韦谱.

$$N(E) \propto \sqrt{E}\exp\left(-\frac{E}{T}\right). \tag{5.7.4}$$

图 5.62 给出的热中子引起^{235}U 裂变的瞬发中子谱就是一个例子. 一般讲,参量 T 随核的激发能缓慢地增加,但并非裂变核的温度. 式(5.7.4)也不是简单的蒸发谱.

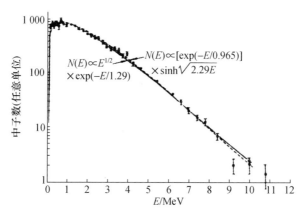

图 5.62   热中子引起^{235}U 裂变的瞬发中子谱
实线为麦克斯韦谱,虚线为瓦特谱.

如假设两碎片释放的中子在碎片质心系都是温度相同的麦克斯韦谱,并假设两碎片蒸发的中子数相同,两碎片在实验室系速率相同,均为 v_f,则把中子能量变换到实验室系后,可得中子能谱为

$$N(E) \propto \sinh \sqrt{\left(\frac{2EMv_f^2}{T^2}\right)}\exp\left(-\frac{E}{T}\right). \tag{5.7.5}$$

当调整好 T 及 v_f 的值后,这种谱形基本上和麦克斯韦谱是一致的,式(5.7.5)称为瓦特谱. 图 5.62 为实验测定的热中子引起^{235}U 裂变的瞬发中子谱,在图上也画出了拟合的麦克斯韦谱和瓦特谱,公式中的参数值都是拟合实验数据得出的. 应该看到,麦克斯韦谱虽然只含一个参量,但能近似地拟合不少裂变中子谱,并无理论根据. 式(5.7.4)中的 T 也仅仅是一个拟合参数,并不代表核温度,但和平均中子能量有下述关系

$$\overline{\text{TKE}} = \frac{3}{2}T, \tag{5.7.6}$$

这是直接从麦克斯韦谱求得的. 公式(5.7.6)在实际上是很有用的,因此一旦从实验上测定或从理论估算上求得$\overline{\text{TKE}}$,从式(5.7.6)立即可算得 T 及实验能谱. 瓦特谱由于含两个参量,用来拟合中子能谱,可以稍许增加一点精确度,但是也因为含两个参量,用起来较不方便. 应该看到,瓦特谱假设碎片的中子蒸发谱是麦克斯韦

谱是没有根据的,反而不如认为整个裂变中子谱是麦克斯韦谱还有实验可以比较. 另外,各碎片的速度并不相同,也不能看成是一种速度.根据公式(5.7.5)以及在图 5.62 上所标出的参数,可以算出碎片每核子的平均动能为

$$\frac{1}{2}mv_f^2 = 0.54\,\text{MeV}.$$

由此算得 ^{235}U 热中子裂变的碎片平均动能为 1.27 MeV,远小于实验测定的 1.68 MeV.因此式(5.7.5)中的 v_f 仅能看成是一个可调参量,与碎片的真正速度并无联系.由此可见,对于中子能谱而言,麦克斯韦谱和瓦特谱均为经验公式,原则上并无优劣之分,而麦克斯韦谱只含一个参量,使用起来要方便得多,而且与瓦特谱比起来拟合实验精度的差别不大.

(2) 瞬发中子谱的理论计算

不可能对所有有实际意义的裂变体系都进行中子能谱测量,因此进行理论计算是必要的.另一方面,为了了解释放中子的机制,也要进行理论分析.首先,要看看裂变释放中子的机制.当然,对于低能裂变,绝大部分中子是在碎片加速到最大能量后由这些碎片释放的,但是瞬发中子也还有其他来源,一些中子是在碎片加速过程中释放的,不过由于这段时间很短,不过 10^{-20} s 左右,因此释放中子的几率是很小的.另外,自鞍点到断点的形变过程中也可能释放中子,这是由于在形变过程中,平均场变化很快,有可能把一些中子激发到费米能以上,从而自核中释放.这种过程和直接反应相似,释放中子的数目密切依赖于由鞍点到断点的过渡时间.有人[11]估计过渡时间与释放中子数的关系如表 5.6[51].

表 5.6 释放中子数 ν 与过渡时间 τ 的关系

τ/s	1.5×10^{-21}	3.0×10^{-21}	6.0×10^{-21}
ν	0.44	0.06	~ 0

根据 Nix 等人的估算,对于锕系元素,从鞍点到断点的时间(即表 5.6 的过渡时间 τ)在 3.0×10^{-21} s 左右,则这一类中子可达中子总数的 2%~3%,有一定的影响,其平均能量可能较蒸发中子要高.此外实验已表明,在断裂为两碎片时,会放出质子、氚、氦及 α 粒子等轻粒子(参看 §8.3),当然也一定会放出中子,其几率可达千分之一左右.这种中子,可称为断点中子.总的讲,可以把这两种中子合并称为断裂中子,大体说这类中子的飞行方向是与碎片飞行的方向无关的.而由碎片蒸发的中子,则都带有碎片的飞行速度,相对于碎片的飞行方向,是各向异性的,偏向于碎片飞行方向.

目前关于裂变过程的实验和理论知识还不足以让我们对断裂中子的数量和能谱做出估算.比较可行的是单计算碎片的蒸发中子,把获得的能谱与实验比较,由

此估计断裂前中子的贡献. 这种计算, 可从一质量数 A、电荷数 Z、激发能 E、自旋为 I 的碎片出发, 计算其蒸发能量为 ε 的中子的几率. 如剩余核仍能蒸发中子, 则继续计算级联蒸发中子的几率, 直到剩余核不足以蒸发中子为止. 因此只要知道发射一质量数为 A、电荷数为 Z、激发能为 E、自旋为 I 的核的几率, 就可以计算裂变中子谱. 对于有些常见核, 碎片 $Y(A, Z)$ 已大体测定, 自旋 I 对蒸发中子影响不大, 可假设为统计分布, 一对碎片的总激发能分布可从反应能及总动能分布算出, 而激发能在两碎片之间的分布可假设为与碎片质量成正比, 或更可靠一些, 可按测定的平均中子数分配. 一般讲, 不必计算所有可能的碎片组, 选择若干产额较大的有代表性的碎片即可. 计算的方法可以采用常用的蒸发模式或者采用更严格的 Hauser-Fechbach 公式, 后者可考虑 γ 辐射与发射中子的竞争, 这更严格一些.

早期计算采用蒸发模型, 如文献[15]选择了 9 个碎片, 并且做了简单的断裂中子修正, 所得 ^{235}U 及 ^{239}Pu 热中子裂变瞬发中子谱如图 5.63 所示.

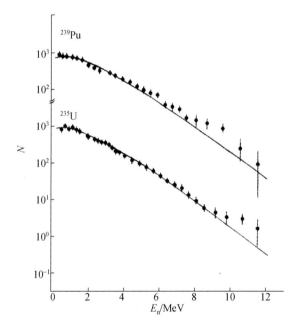

图 5.63 ^{235}U 及 ^{239}Pu 热中子裂变瞬发中子谱

纵坐标为中子数, 横坐标为激发中子能量, 实线为计算值, 点为测量值.

由上图可见, 其理论与实验的符合还是不错的. 计算结果还发现碎片蒸发谱的形状并不密切依赖于碎片的特性, 并由此推得裂变瞬发中子的平均能量 ε 和平均瞬发中子数 ν 之间近似地满足下列关系:

$$\varepsilon = A + B\sqrt{1 + \nu}, \qquad (5.7.7)$$

式中参数

$$A = 0.74\,\mathrm{MeV},$$
$$B = 0.66\,\mathrm{MeV},$$

也是由蒸发模型计算的. 这和 Terrell 的半经验公式在形式上是一致的, 而其由拟合实验所定出的参数为

$$A = 0.75\,\mathrm{MeV},$$
$$B = 0.65\,\mathrm{MeV},$$

和理论计算的参数也很接近. 与实验值比较, 式(5.7.7)能较好地反映 ε 和 ν 之间的关系, 如图 5.64 所示. 此图还表明了理论公式适用于不同的裂变体系.

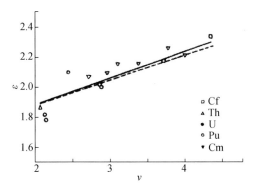

图 5.64　重核裂变瞬发中子的平均能量 ε 与裂变平均瞬发中子数 ν 的关系
虚线为用 Terrell 拟合值, 实线为蒸发模型计算值.

　　详细地比较理论与实验结果, 需要选择一个可以精确测定中子谱的裂变体系. 在这方面, ^{252}Cf(s,f) 当为首选, 除了在中子能量大于 10 MeV 的高能端, 由于统计误差的限制, 实验误差较大, 在 0.5~10 MeV 的区域实验数据都很准确. 在低能端, 中子能量约为 0.1 MeV 的区域, 近来也测得较准确. 在图 5.65 上给出的经过评价的各家实验数据、理论计算, 除了上面介绍的统计模型外, 也有用其他模型的. 这种理论计算一般不用或少用可调参量, 然而也在选择近似方法、质量公式及能级密度等方面也含有相当多的不定因素. 图 5.65 是两种典型的结果[16], 图上曲线为采用各种光学势计算碎片逆截面时所得的中子谱与实验比较的情况. 在中子能量小于 1 MeV 的区间, 各种光学势或用 Hauser-Feshbach 方法, 结果差不多. 由此可推测, 在低能端, 实验高出理论的部分也许是一种真正的偏离. 表明存在着一种断裂中子的组分, 份额为 1%~2%. 角分布的研究也支持这种推测.

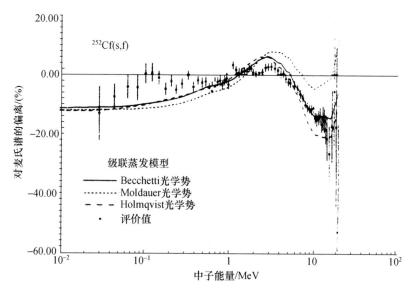

图 5.65　^{252}Cf(s,f)瞬发中子谱相对于 $T=1.42\,\mathrm{MeV}$ 的麦克斯韦谱的偏离

5.7.2　裂变瞬发 γ 射线[11,8]

　　裂变瞬发 γ 射线一般在发射中子后进行,当碎片在级联发射中子后,所余能量不足以发射中子,则必须通过 γ 发射而退激发,时间约在裂变过程发生后 10^{-14} s 开始到 10^{-6} s 左右.也可能有些 γ 射线是由刚断裂的碎片通过形变的变化发射的,这部分 γ 射线可能是与中子同时发射.裂变 γ 射线的能谱如图 5.66 所示,基本上接近指数衰变形式,这表明大部分 γ 衰变服从统计规律.

　　和中子相同,我们也可以分碎片测定瞬发 γ 射线的平均光子数目和射线的平均能量.和中子不同,碎片的速度对 γ 射线的影响较小,γ 射线的角分布可以近似地认为是各向同性的,因此可以用屏蔽的方法单测一个碎片的 γ 射线.实验测定的 γ 射线平均光子数和平均能量随碎片的质量分布如图 5.67 所示,图中所示的为 ^{239}Pu 热中子裂变的测量结果.其他低能裂变,如 ^{235}U 热中子裂变也有类似的结果.从图上可以看到,和碎片发射平均中子数相似,平均 γ 光子数也有类似的锯齿结构,并且重碎片的 γ 射线平均光子数 $\bar\nu_{\gamma H}$ 和平均能量 $\overline{E}_{\gamma H}$ 均明显地小于轻碎片的 $\bar\nu_{\gamma L}$、$\overline{E}_{\gamma L}$.一个可能的解释是:一般说,重碎片的中子结合能要小于轻碎片,因此在发射中子后留下供发射 γ 射线的激发能也小一些.

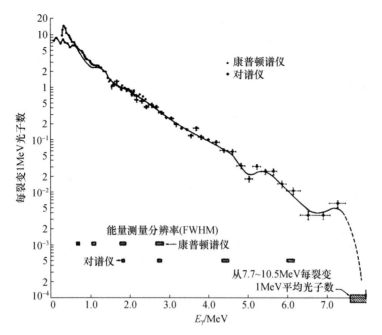

图 5.66 ^{235}U 热中子裂变瞬发 γ 射线能谱

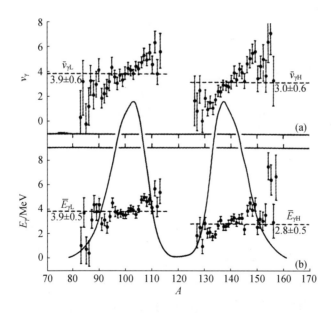

图 5.67 ^{239}Pu 热中子裂变瞬发 γ 射线随碎片质量数的变化

(a) 平均光子数 $\bar{\nu}_\gamma$; (b) 平均 γ 能量 $\bar{E}_\gamma$,

短划线表示轻碎片的平均值和重碎片的平均值,实线为碎片质量分布.

　　分碎片测定其瞬发 γ 射线谱,可能为裂变机制及碎片结构提供更多的信息,然而裂变过程中 γ 本底是很高的,获得这样的信息很困难. ^{252}Cf(s,f)由于本底低,事件多,是最佳的研究对象.如果把碎片按质量数分成若干组,就可以得到统计误差较小的 γ 谱,如图 5.68 所示.

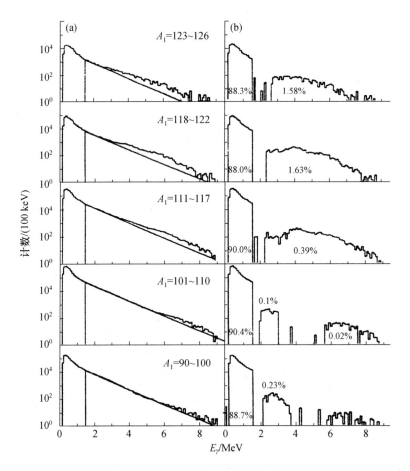

图 5.68　(a) ^{252}Cf(s,f)碎片按质量分组的 γ 谱;(b) 测定的 γ 谱超出统计值的部分[55].

　　由图 5.68(a)可见,能谱可以近似地以 $E_\gamma = 1.5\,\text{MeV}$ 为界划分为两个部分.低能部分,$E_\gamma < 1.5\,\text{MeV}$,各碎片组是相似的,强度约占全部 γ 谱的 90%,在图 5.68(b)中以相似的阶梯形方块标出.在高能部分,谱线可以明显地分为两部分,一部分以斜率相同的三角形标出,为统计发射部分;另一部分是高出指数统计谱的部分,在图 5.68(b)中以梯形图标出,百分数表示这一凸出部分在整个能谱中所占的份额.由图可见,接近对称裂变时,碎片发射的非统计高能 γ 辐射的份额比较大,对于非对称裂变,则这一类辐射的份额迅速减小.对这种现象的一种可能解释是:接近

对称裂变时,碎片拉得很长,绝大部分激发能均为碎片的形变能,一时不会发射中子,先要经过收缩过程将形变能转化为内部激发能,才能发射中子,这种收缩运动将会导致 γ 辐射,这就是非统计辐射的来源.这种非统计辐射的光子随碎片质量的分布如图 5.69 所示.

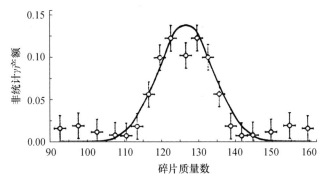

图 5.69　^{252}Cf(s,f)非统计辐射的 γ 光子所占份额随碎片质量数的变化

5.7.3　裂变缓发中子及 γ 射线

裂变过程中有些中子和 γ 射线是在碎片经过 β 衰变后发出的,其发射机制如图 5.70 所示.图 5.70 表示缓发 γ 射线的机制,由母核 $A(N,Z)$ 可经过 β 衰变到子

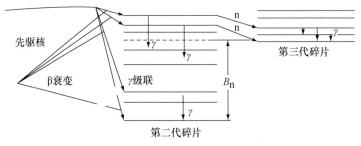

图 5.70　缓发 γ 射线及中子机制示意图

核 $A(N-1,Z+1)$ 的若干能级上,这些能级之间的跃迁就导致缓发 γ 射线.由于发射 γ 比发射 β 衰变的寿命一般要短得多,因此缓发 γ 射线的寿命即 β 衰变的寿命.这种缓发 γ 谱与裂变没有什么关系,但可为核谱研究提供一些资料.如核 $A(N,Z)$ 可经过 β 衰变到子核 $A(N-1,Z+1)$ 的若干高于中子分离能 B_n 的能级上,这时子核 $A(N-1,Z+1)$ 又可能发射一个中子而达到孙核 $A(N-2,Z+1)$,这就是缓发中子.引起缓发中子的核 $A(N,Z)$ 称为先驱核,缓发中子的半衰期就是先驱核的 β 衰变的半衰期.总而言之,裂变中子中大约有小于 1% 的部分是缓发中子,其半衰期从几毫秒到 100 s 左右,在 0.175～85.5 s 之间放出的缓发中子为 90%,7% 缓发

中子的发射时间小于 0.175 s,而其余则在更长的时间放出.尽管缓发中子和裂变机制的关系很小,但是与反应堆的控制有密切关系,因而受到密切注意,已认定的先驱核已达 270 多个,因此详细测定缓发中子的半衰期是不现实的.研究缓发中子

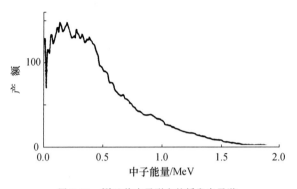

图 5.71　^{235}U 热中子裂变的缓发中子谱

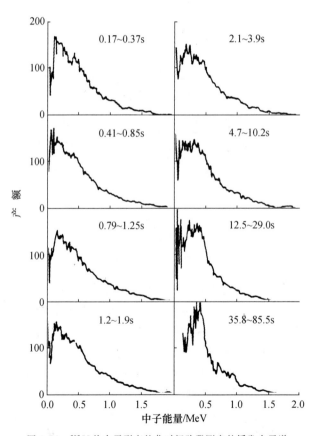

图 5.72　^{235}U 热中子裂变的分时间阶段测定的缓发中子谱

通常可以测定总的缓发中子谱(如图5.71)或分时间间隔的中子谱(如图5.72);或者规定一个先驱核而测定其缓发中子谱(图5.73).如图5.71和5.72所示,缓发中子谱都比瞬发中子谱的能量低,一般不超过2 MeV,平均能量小于0.3 MeV.在图5.72中可以看到,所选择的时间区间,使缓发中子数目大体相等.

关于给定先驱核的缓发中子谱如图5.73所示.由图可见,这时中子谱是呈线状的,这正是由图5.70可以推断的.

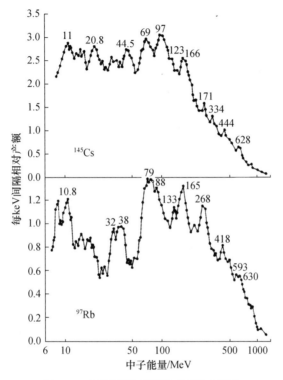

图 5.73　先驱核 ^{97}Rb 及 ^{145}Cs 的缓发中子谱

利用这种中子谱以及有关 γ 谱,可以获得子核及孙核的能谱知识,特别是可以获得子核能量高于中子分离能的高激发态能谱知识.这虽与裂变无直接关系,但对于研究远离 β 稳定线的丰中子核的结构是很有帮助的.

参 考 文 献

[1]　F. Gonnenwelin. The Nuclear Fission Process, Ed. C. Wagemans, CRC Press Inc., 1991, 288~470.

[2]　J. P. Unik et al. Physics and Chemistry of Fission, IAEA, Vol. 2, 19~42.

[3]　A. C. Wahl. 50 Years with Nuclear Fission, Ed. J. W. Behrens, A. D. Carlson, Illinois USA, American Nuclear Society Inc. , 1989, 525~532.

[4]　V. E. Viola. *Nucl. Data*, A7, 1966, 391.

[5]　V. E. Viola, K. Kwiatkowski, M. Walker. *Phys. Rev.* , C31, 1985, 1550.

[6]　J. Trochon, G. Simon, C. Signarbieux. 50 Years with Nuclear Fission, Ed. J. W. Behrens, A. D. Carlson, Illinois USA, American Nuclear Society Inc. , 1989, 313~318.

[7]　胡济民. 原子核理论(修订版),第二卷,北京:原子能出版社,1996,367~372.

[8]　R. Vandenbosch, J. R. Huizenga. Nuclear Fission, Academic Press, New York, 1973, 109~214.

[9]　胡济民,杨伯君,郑春开. 原子核理论(修订版),第一卷,北京:原子能出版社,1993, 86~90.

[10]　Z. H. Liu, H. Q. Zhang, J. C. Xu et al. *Physics Letters*, B353, 1995, 173.

[11]　H. H. Knitter, U. Brosa, C. Budtz Jorgensen. The Nuclear Fission Process, 1991, 498~538.

[12]　H. Nifenecker, C. Signarbieus, R. Babinet, J. Poitou. *Physics and Chemistry of Fission*, Vol. 2, 1973, 117~178.

[13]　Z. Fraenkel, I. Mayk, J. P. Unik et al. *Phys. Rev.* , C12, 1975, 1809.

[14]　E. Konecny, H. W. Schmitt. *Phys. Rev.* , 172, 1968, 1213.

[15]　胡济民,王正行. 高能物理与核物理,3,1979,772~783.

[16]　M. Marten, A. Ruben, D. Seeliger. 50 Years with Nuclear Fission, Ed. J. W. Behrens, A. D. Carlson, Illinois USA, American Nuclear Society Inc. , 1989, 741~749.

第六章　裂变动力学

裂变是一个多粒子的运动过程.对多粒子体系的运动,无论是应用经典力学或量子力学,都缺乏有效的处理办法.只能采用各种模型,做近似的处理.本章所采用的方法,是把原子核看成一连续介质,把它的形状参量看成集体运动坐标,把形状变化和内部粒子运动的相互作用看成为导致集体运动的耗散和扩散的机制.一般期望,这种模型应能适用于激发能较高、量子效应可以忽略的裂变.作为比较,有时也将这种模型的结果试用于激发能较低的裂变.对于这种模型,人们可以把集体运动看成是一个布朗粒子在形变空间内运动,而把粒子的单粒子运动看成是布朗粒子所处的介质,因此这种模型有时简称为裂变的布朗粒子模型.

§6.1　原子核裂变的动力学方程和裂变碎片总动能的计算

应用分析力学的方法,这个运动方程式是很容易写出来的.设 $x_1, x_2, \cdots, x_n$ 为原子核的 n 个形变参量,即 n 个集体运动的广义坐标,$\dot{x}_1, \dot{x}_2, \cdots, \dot{x}_n$ 为相应的广义速度,设 $V(x)$ 为形变位能,$\Im$ 为能量耗散函数,L 为 Lagrange 函数,则

$$\Im = \frac{1}{2} \sum_{i,j} \gamma_{ij} \dot{x}_i \dot{x}_j, \tag{6.1.1}$$

$$L = \frac{1}{2} \sum_{i,j} M_{ij} \dot{x}_i \dot{x}_j - V(x_1, x_2, \cdots, x_n), \tag{6.1.2}$$

其中 γ, M 分别为黏滞张量与质量张量.将 $L, \Im$ 代入 Lagrange 方程,得

$$\frac{\mathrm{d}}{\mathrm{d}t}\left(\frac{\partial L}{\partial \dot{x}_i}\right) = \frac{\partial L}{\partial x_i} - \frac{\partial \Im}{\partial \dot{x}_i}, \tag{6.1.3}$$

上式即裂变动力学方程,J. R. Nix 曾用它来分析鞍点以后的形变运动,计算了碎片的平均动能[1].他用墙公式和窗公式结合的方法计算了能量耗散函数,用无旋流体的 Werner-Wheeler 方法计算了质量张量(见第三章),位能则用第二章所介绍的方法,由有限力程宏观模型算出.

以 $p_1, p_2, \cdots, p_n$ 表示相应的广义动量,则其与广义坐标之间的关系为

$$p_i = M_{ij}(x_1, \cdots, x_n) \dot{x}_j,$$

或

$$\dot{x}_i = (M^{-1})_{ij} p_j, \tag{6.1.4}$$

式中相同的下角标表示求和,下同.动力学方程(6.1.3)可写成

$$\dot{p}_i = -\frac{\partial V}{\partial x_i} - \frac{1}{2}\frac{\partial (M^{-1})_{jk}}{\partial x_i}p_j p_k - \gamma_{ij}(M^{-1})_{jk}p_k. \qquad (6.1.5)$$

以鞍点附近为运动的出发点,用数值解法沿着裂变路径解(6.1.4)与(6.1.5)两方程式,一直计算到两碎片相距甚远时,获得系统的广义动量或广义速度,其动能 T 就可以从下式计算:

$$T = \frac{1}{2}M_{ij}\dot{x}_i \dot{x}_j = \frac{1}{2}(M^{-1})_{ij}p_i p_j, \qquad (6.1.6)$$

这就是裂变碎片的总动能.计算结果与实验值的比较见图 6.1.图上实验点为激发态裂变的碎片平均总动能;虚线为无耗散的情况;实线为墙加窗一体耗散乘了强度因子 $k_s=0.27$ 时的计算值.

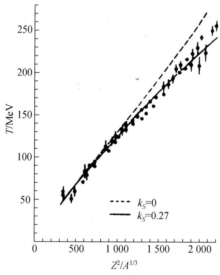

图 6.1　裂变碎片总动能 T 与实验结果的比较

§6.2　朗之万方程及其应用[2]

　　§6.1公式的缺点在于只考虑到单粒子运动引起的耗散,而没有考虑单粒子运动引起的集体运动在相空间的扩散.实际上,根据给定的初始条件解式(6.1.3),我们将得到相空间的一条曲线,而由于单粒子运动引起的无规力 A_0 的作用,集体运动将分布在相空间,也就是从一条曲线扩散开来.这种现象和粒子在介质中的布朗运动很相似,因此也就把考虑到这种扩散现象的裂变理论称为裂变的布朗运动模型.应该指出,这种扩散现象对于理解裂变现象是很重要的.没有这种扩散就不能解释为什么初始处于球形的核会到达并越过位能较高的鞍点,也不能解释碎片

的质量和动能分布.

考虑这种扩散最直接的方法是在式(6.1.3)的右边加一项无规力 A_0. 这样就得到朗之万方程

$$M\dot{\boldsymbol{u}} = \boldsymbol{f} - \gamma\boldsymbol{u} + \boldsymbol{A}_0, \tag{6.2.1}$$

上式是写成矢量形式的方程,其中

$$\boldsymbol{u} = (\dot{x}_1, \dot{x}_2, \cdots, \dot{x}_n),$$

$$\boldsymbol{f} = \left(-\frac{\partial V}{\partial x_1}, -\frac{\partial V}{\partial x_2}, \cdots, -\frac{\partial V}{\partial x_n}\right).$$

若只考虑伸长形变,即可把裂变简单看成一维的布朗运动,则朗之万方程可简单写成

$$\frac{\mathrm{d}^2 x}{\mathrm{d}t^2} = -\beta\frac{\mathrm{d}x}{\mathrm{d}t} + R(t) + F(x), \tag{6.2.2}$$

$$F(x) = -\frac{1}{\mu}\frac{\mathrm{d}U}{\mathrm{d}x}, \tag{6.2.3}$$

μ 为系统的质量参量,β, R, U 为单位质量的黏滞系数、无规力和位能. 可以用蒙特卡罗方法解朗之万方程而计算裂变几率. 将 $0 \sim t$ 的时间分成许多时间间隔 Δt 之和,设在 Δt 内,无规力已变化很多次,而 $F(x)$ 的变化可以忽略,则可得布朗粒子的速度 v 与位置 x 的迭代公式

$$v_{n+1} = v_n\exp\left(-\frac{\Delta t}{\tau}\right) + B_0\exp\left(-\frac{\Delta t}{2\tau}\right) + F_{n+1}\tau\left[1 + \exp\left(-\frac{\Delta t}{2\tau}\right)\right]$$

$$+ F_n\tau\left[\exp\left(-\frac{\Delta t}{2\tau}\right) - \exp\left(-\frac{\Delta t}{\tau}\right)\right], \tag{6.2.4}$$

$$x_{x+1} = x_n + \tau v_n\left[1 - \exp\left(-\frac{\Delta t}{\tau}\right)\right] + B_0\tau\left[1 - \exp\left(-\frac{\Delta t}{2\tau}\right)\right]$$

$$+ F_n\tau\left\{\Delta t - \tau\left[1 - \exp\left(-\frac{\Delta t}{\tau}\right)\right]\right\}, \tag{6.2.5}$$

这里 $\tau = 1/\beta$,且 x_n, v_n 为 $t_n = n\Delta t$ 时刻的值.

$$B_0 = \int_0^{\Delta t} R(t)\mathrm{d}t, \tag{6.2.6}$$

为 Δt 时间间隔内无规力的冲量,B_0 体现了无规力的作用,可以用服从高斯分布的无规数来表示,其均方根差 σ 为

$$\sigma = \sqrt{\frac{2kT\Delta t}{\mu\tau}}. \tag{6.2.7}$$

从初始位置及初始速度出发,经过一段足够长的时间,记下粒子的位置与速度,以越过鞍点者为裂变粒子,重复大量粒子的结果,可以获得裂变几率以及裂变时的能量分布.

这方法不难推广到多维情况. 运用形变参量 (c, h, α) 作为广义坐标,则原子核

的形状用柱坐标描述为

$$\rho^2 = (c^2 - z^2)\left(A + B\frac{z^2}{c^2} + \alpha\frac{\dot{z}}{c}\right), \qquad (6.2.8)$$

其中

$$A = \frac{1}{c^3} - 0.4h - 0.1(c-1), \quad B = 2h + \frac{1}{2}(c-1). \qquad (6.2.9)$$

发生断裂时 $\rho=0$,获得断裂条件为

$$A = \frac{\alpha^2}{4B}, \quad z = \frac{-\alpha C}{2B}; \qquad (6.2.10)$$

则裂变时,轻碎片的质量数 A_L 与总质量数 A_f 之比为

$$\frac{A_L}{A_f} = \frac{1}{2} - \frac{3}{4}c^3\alpha\left(\frac{1}{4} + \frac{\alpha^2}{24B^2} - \frac{\alpha^4}{960B^4}\right). \qquad (6.2.11)$$

取 $h=0$,则成为具有两个变量的两维的布朗运动. 用蒙特卡罗法、用 1000 个以上试验粒子进行统计. 用这种方法可以从球形核算起,得到核的裂变几率、碎片的质量及动能分布等. 作为例子,算得 ^{213}At 裂变时碎片质量分布与实验的比较如图 6.2 所示[3]. 因为采用的实验粒子较少,计算的统计误差较大.

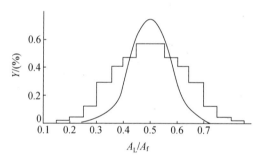

图 6.2　^{213}At 裂变时碎片质量分布与实验的比较

纵坐标为产额,横坐标为碎片质量比,直方图为计算结果,而曲线为实验值.

§ 6.3　Fokker-Planck 方程[4]

用蒙特卡罗法求解朗之万方程,虽然很直观,但这样做不但计算工作量很大,而且只能做数值计算,不便于一般讨论. 更常用的是下述的直接计算集体运动在相空间分布函数的 Fokker-Planck 方程. 由于质量张量与黏滞张量都有非对角元,因而首先要做一些转换,把朗之万方程中的非对角元化去.

令

$$\boldsymbol{g} = M^{1/2}\boldsymbol{u}, \quad \dot{\boldsymbol{g}} = M^{1/2}\dot{\boldsymbol{u}}, \qquad (6.3.1)$$

代入(6.2.1)式得无外力时的朗之万方程为

$$\dot{\boldsymbol{g}} = -M^{-1/2}\gamma M^{-1/2}\boldsymbol{g} + \boldsymbol{A}, \tag{6.3.2}$$

其中 $\boldsymbol{A} = M^{-1/2}\boldsymbol{A}_0$，令

$$\boldsymbol{g} = K\boldsymbol{h}, \tag{6.3.3}$$

则(6.3.2)式成为

$$\dot{\boldsymbol{h}} = -K^{-1}M^{-1/2}\gamma M^{-1/2}K\boldsymbol{h} + \boldsymbol{A}', \tag{6.3.4}$$

其中 $\boldsymbol{A}' = K^{-1}\boldsymbol{A}$. 适当选择 K 使

$$K^{-1}M^{-1/2}\gamma M^{-1/2}K = \begin{pmatrix} \dfrac{1}{\tau_1} & 0 & \cdots \\[2mm] 0 & \dfrac{1}{\tau_2} & \cdots \\[2mm] \cdots & \cdots & \cdots \end{pmatrix} \tag{6.3.5}$$

为一对角矩阵，则式(6.3.4)可分成

$$\dot{h}_i = -\frac{1}{\tau_i}h_i + A'_i, \quad i = 1, 2, \cdots, n. \tag{6.3.6}$$

这样 n 维运动方程式均分开了，h_i 即变换后第 i 维的速度. 对每一维可以分别做如下的形式解. 令

$$h_i = f(t)\mathrm{e}^{-t/\tau_i}, \tag{6.3.7}$$

代入(6.3.6)式，可得

$$h_i = h_0\mathrm{e}^{-t/\tau_i} + \mathrm{e}^{-t/\tau_i}\int_0^t A'_i(\xi)\mathrm{e}^{\xi/\tau_i}\,\mathrm{d}\xi$$

$$= h_0\mathrm{e}^{-t/\tau_i} + \int_0^t A'_i(\xi)\mathrm{e}^{(\xi-t)/\tau_i}\,\mathrm{d}\xi. \tag{6.3.8}$$

令

$$R = \int_0^t A'_i(\xi)\mathrm{e}^{(\xi-t)/\tau_i}\,\mathrm{d}\xi = \int_0^t A'_i(\xi)\psi(\xi)\,\mathrm{d}\xi, \tag{6.3.9}$$

其中 $A'_i(\xi)$ 是变化很快的无规变量，而 $\psi(\xi)$ 是一个普通函数. 现将时间 $0\sim t$ 分成 N 段小区间 Δt，$N \gg 1$，在每一区间 Δt 内，$\psi(\xi)$ 的变化可以忽略，而 $A'_i(\xi)$ 却已经变化了无数次.

$$R = \int_0^t A'_i(\xi)\psi(\xi)\,\mathrm{d}\xi = \sum_{j=0}^N \psi(j\Delta t)\int_{j\Delta t}^{(j+1)\Delta t} A'_i(\xi)\,\mathrm{d}\xi$$

$$= \sum_{j=0}^N \psi(j\Delta t)B_i(\Delta t), \tag{6.3.10}$$

其中

$$B_i(\Delta t) = \int_{j\Delta t}^{(j+1)\Delta t} A'_i(\xi)\,\mathrm{d}\xi = \int_0^{\Delta t} A'_i(\xi)\,\mathrm{d}\xi. \tag{6.3.11}$$

由于 $A'_i(\xi)$ 是一个无规变量，故 $B_i(\Delta t)$ 也是一个无规变量，我们只能问经过 Δt 时

间后,具有 $B_i \sim B_i + \Delta B_i$ 的几率 $W(B_i)\mathrm{d}B_i$ 为多大?

设在 Δt 时间内, $A_i'(\xi)$ 变化 N_A 次,每次向前与向后的几率相同,而 N_A 是一个很大的数. 从无规荡步的规律知, $W(B_i)\mathrm{d}B_i$ 服从高斯分布.

$$W(B_i) = \frac{1}{\sqrt{2\pi\,\overline{B_i^2}}}\exp\left(\frac{B_i^2}{2\,\overline{B_i^2}}\right), \tag{6.3.12}$$

而 $\overline{B_i^2} \propto N_A \propto \Delta t$,令

$$\overline{B_i^2} = q_i \Delta t, \tag{6.3.13}$$

比例系数 q_i 下面再定. 从式(6.3.10)看, R 是 N 次无规荡步的结果,而且每一次向前与向后的几率都是相等的,因而具有 $R \approx R + \mathrm{d}R$ 的几率 $W(R)\mathrm{d}R$ 服从高斯分布,为

$$W(R) = \frac{1}{\sqrt{2\pi\,\overline{R^2}}}\exp\left(\frac{R^2}{2\,\overline{R^2}}\right),$$

$$\overline{R^2} = \sum_{j=0}^{N} \psi^2(j\Delta t)\,\overline{B_i^2}(\Delta t) = q_i \sum_{j=0}^{N} \psi^2(j\Delta t)\Delta t$$

$$= q_i \int_0^t \psi^2(\xi)\mathrm{d}\xi. \tag{6.3.14}$$

从(6.3.9)式知, $\psi(\xi) = \exp\left(\dfrac{\xi-t}{\tau}\right)$,代入上式得

$$\overline{R^2} = \frac{q_i\tau}{2}\left[1 - \exp\left(\frac{-2t}{\tau}\right)\right]. \tag{6.3.15}$$

从(6.3.8)式可看出, $W(R)\mathrm{d}R$ 即经过 t 时间后,速度从 h_0 达到具有 $h_i \approx h_i + \mathrm{d}h_i$ 的几率 $W(h_i,t))\mathrm{d}h_i$,故

$$W(h_i,t) = \frac{1}{\sqrt{\pi q_i\tau[1-\exp(-2t/\tau)]}}\exp\left\{-\frac{[h_i - h_0\exp(-t/\tau)]^2}{q_i\tau[1-\exp(-2t/\tau)]}\right\}. \tag{6.3.16}$$

当 t 足够大时, $W(h_i,t)\mathrm{d}h_i$ 应趋向于平衡态的麦克斯韦分布,比较之得

$$q_i = \frac{2kT}{\tau}. \tag{6.3.17}$$

设 $W(\boldsymbol{q},\boldsymbol{h},t)\mathrm{d}\boldsymbol{q}\mathrm{d}\boldsymbol{h}$ 为 t 时刻体系处在 $\boldsymbol{q} \approx \boldsymbol{q} + \mathrm{d}\boldsymbol{q}$, $\boldsymbol{h} \approx \boldsymbol{h} + \mathrm{d}\boldsymbol{h}$ 的几率,令 $\psi(\boldsymbol{q},\boldsymbol{h},\Delta\boldsymbol{q},\Delta\boldsymbol{h})\mathrm{d}\Delta\boldsymbol{q}\mathrm{d}\Delta\boldsymbol{h}$ 为经过 Δt、广义坐标与广义速度增量为 $\Delta\boldsymbol{q}$ 与 $\Delta\boldsymbol{h}$ 的转移几率,则必然有

$$W(\boldsymbol{q},\boldsymbol{h},t+\Delta t) = \int_{-\infty}^{\infty} W(\boldsymbol{q}-\Delta\boldsymbol{q},\boldsymbol{h}-\Delta\boldsymbol{h},t)$$

$$\times \psi(\boldsymbol{q}-\Delta\boldsymbol{q},\boldsymbol{h}-\Delta\boldsymbol{h},\Delta\boldsymbol{q},\Delta\boldsymbol{h})\mathrm{d}\Delta\boldsymbol{q}\mathrm{d}\Delta\boldsymbol{h}, \tag{6.3.18}$$

两边展开泰勒级数,得

$$\frac{\partial W}{\partial t}\Delta t = -\frac{\partial}{\partial q_i}W\langle\Delta q_i\rangle - \frac{\partial}{\partial h_i}W\langle\Delta h_i\rangle + \frac{1}{2}\frac{\partial^2}{\partial q_i\partial q_j}W\langle\Delta q_i\Delta q_j\rangle$$

$$+ \frac{1}{2}\frac{\partial^2}{\partial h_i\partial h_j}W\langle\Delta h_i\Delta h_j\rangle + \frac{1}{2}\frac{\partial^2}{\partial q_i\partial h_j}W\langle\Delta q_i\Delta h_j\rangle + \cdots,$$

$$(6.3.19)$$

其中

$$\begin{cases} \langle\Delta q_i\rangle = \iint \Delta q_i\psi(\boldsymbol{q},\boldsymbol{h},\Delta\boldsymbol{q},\Delta\boldsymbol{h})\mathrm{d}\Delta\boldsymbol{q}\mathrm{d}\Delta\boldsymbol{h}, \\[2mm] \langle\Delta h_i\rangle = \iint \Delta h_i\psi(\boldsymbol{q},\boldsymbol{h},\Delta\boldsymbol{q},\Delta\boldsymbol{h})\mathrm{d}\Delta\boldsymbol{q}\mathrm{d}\Delta\boldsymbol{h}, \\[2mm] \langle\Delta q_j\Delta h_i\rangle = \iint \Delta q_j\Delta h_i\psi(\boldsymbol{q},\boldsymbol{h},\Delta\boldsymbol{q},\Delta\boldsymbol{h})\mathrm{d}\Delta\boldsymbol{q}\mathrm{d}\Delta\boldsymbol{h}, \\[2mm] \cdots\cdots \end{cases} \quad (6.3.20)$$

现在来分析一下转移几率的具体形式. 在有外力场情况下,(6.3.6)式成为

$$\dot{h}_j = -\frac{1}{\tau_j}h_j + A'_j + F'_j, \qquad (6.3.21)$$

其中

$$F'_j = \sum_s (K^{-1}M^{-1/2})_{js}f_s. \qquad (6.3.22)$$

设在 Δt 时间内,h_j 与 F'_j 均无明显变化,而 A'_j 已变化很多次,故从(6.3.21)式可得

$$\Delta h_j = \left(F'_j - \frac{h_j}{\tau_j}\right)\Delta t + B_j(\Delta t), \qquad (6.3.23)$$

其中

$$B_j(\Delta t) = \int_0^{\Delta t} A'_j(\xi)\mathrm{d}\xi, \qquad (6.3.24)$$

与(6.3.11)式相同. 具有 $B_j(\Delta t)$ 的几率就是在 Δt 时间内、速度有一增量 Δh_j 的几率,即

$$\psi(h_j,\Delta h_j) = \frac{1}{\sqrt{2\pi q_j\Delta t}}\exp\left\{\frac{[\Delta h_j - (F'_j - h_j/\tau_j)\Delta t]^2}{2q_j\Delta t}\right\}. \qquad (6.3.25)$$

在 Δt 时间内,q_j 的增量 Δq_j 是一固定值,从而得转移几率为

$$\psi(\boldsymbol{q},\boldsymbol{h},\Delta\boldsymbol{q},\Delta\boldsymbol{h}) = \prod_j \psi(h_j,\Delta h_j)\delta(\Delta q_j - h_j\Delta t). \qquad (6.3.26)$$

代入式(6.3.20),可计算得

$$\langle\Delta q_i\rangle = h_i\Delta t, \quad \langle\Delta h_i\rangle = (F'_i - h_i/\tau_i)\Delta t,$$

$$\langle(\Delta h_i)^2\rangle = \frac{2kT}{\tau_i}, \quad \langle\Delta q_i\Delta q_j\rangle = 0,$$

$$\langle\Delta q_i\Delta h_j\rangle = 0, \quad \langle\Delta h_i\Delta h_j\rangle = 0.$$

代入(6.3.19)式,得

$$\frac{\partial W}{\partial t} = -h_i \frac{\partial}{\partial q_i} W - \frac{\partial}{\partial h_i} W \left(F_i' - \frac{h_i}{\tau_i} \right) + \frac{1}{2} \frac{\partial^2}{\partial h_i^2} W \left(\frac{2kT}{\tau_i} \right). \quad (6.3.27)$$

现把式(6.3.27)又转换为原来的变量,则得

$$\frac{\partial W}{\partial t} + u_i \frac{\partial W}{\partial x_i} + (M^{-1})_{ij} f_i \frac{\partial W}{\partial u_j}$$

$$= (M^{-1})_{ij} \gamma_{jk} \frac{\partial}{\partial u_i} (W u_k) + \frac{\partial^2}{\partial u_i \partial u_j} (D_{ij} W), \quad (6.3.28)$$

其中

$$D_{ij} = kT (M^{-1})_{ir} \gamma_{rs} (M^{-1})_{sj}. \quad (6.3.29)$$

为了简单起见,上面式中的求和号 $\sum$ 都省略了,凡是下标重复的就意味着求和. (6.3.28)式就是质量张量与黏滞张量均具有交叉项的 Fokker-Planck 方程,在很多文献中均能看到[3]. 上式的物理意义是很明显的,式的右边表示由于速度和加速度引起的几率分布的改变,而右边第一项为黏滞力的影响,第二项为无规力引起的扩散,因此 D_{ij} 称为扩散系数. 要应用它来处理裂变问题,就需要选定形变参量,计算位能、质量及黏滞张量等,在第二章、第三章中已讨论过这些问题.

§6.4 一维 Fokker-Planck 方程和 Smoluchouski 方程[2]

6.4.1 一维 Fokker-Planck 方程

将 Fokker-Planck 方程(6.3.28)用于一维运动,则简化为

$$\frac{\partial W}{\partial t} + u \frac{\partial W}{\partial x} - \frac{1}{m} \frac{\partial V}{\partial x} \frac{\partial W}{\partial u} = \beta \frac{\partial}{\partial u} (W u) + D \frac{\partial^2 W}{\partial u^2}, \quad (6.4.1)$$

其中

$$\beta = \frac{1}{\tau}, \quad D = \beta \frac{kT}{m}, \quad (6.4.2)$$

V 为位能. 有了 W,单位时间裂变几率 p 就可以从以下的定义求得. 考察一个由大量裂变核组成的体系,在时刻 t 有 N 个未裂变核,而在时刻 $t + \Delta t$ 有 $N - \Delta N$ 个未裂变核,则

$$p \Delta t = \frac{\Delta N}{N}. \quad (6.4.3)$$

由 W 可求出 t 时刻粒子还在鞍点以内的几率 I,

$$I = \int^{x_c} \mathrm{d}x \int_{-\infty}^{\infty} \mathrm{d}u W(t, x, u),$$

式中 x_c 为鞍点的广义坐标. 显然 N 正比于 I,则

$$p = \frac{\Delta I}{I \Delta t}.$$

如认为体系一旦越过鞍点即发生裂变,则

$$\Delta I = \int_0^\infty \mathrm{d}u W(t, x_\mathrm{c}, u) \Delta x,$$

而 $\Delta x / \Delta t = u$, 故

$$p = \int_0^\infty u W(t, x_\mathrm{c}, u) \mathrm{d}u / I. \qquad (6.4.4)$$

因而求裂变几率的关键是求 W, 而求 W 就必须解 Fokker-Planck 方程. 一维的 Fokker-Planck 方程(即只有一个沿裂变方向的形变参量)可以数值求解,较复杂的情况则只能采取各种近似方法. P. Grange 等人用如下的裂变位垒运用数值解法解了上述方程[5].

$$V(x) = g x^2 (x - c)(x + b), \qquad (6.4.5)$$

$$m = \frac{1}{4} A m_0,$$

$$g = 0.013827 \times 10^{42} \ \mathrm{fm}^{-2} \cdot \mathrm{s}^{-2},$$

$$b = 5 \ \mathrm{fm}, \quad c = 19.688 \ \mathrm{fm},$$

其中 A 为核子数,m_0 为核子质量,取 $A = 248$. 计算结果如图 6.3 中虚线所示,图中实线为 §6.2 所述,用相同的位能,运用蒙特卡罗方法解朗之万方程的计算结果,两者相差不大[6].

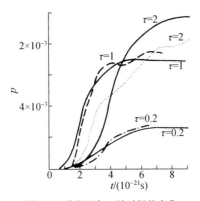

图 6.3 裂变几率 p 随时间的变化

核温度为 1 MeV,$\tau = 1/\beta$ 为黏滞系数的倒数,为时间量纲;纵坐标为单位时间的裂变几率(时间单位 10^{-21} s),虚线为数值解 Fokker-Planck 方程的结果,而实线为用蒙特卡罗法解朗之万方程的结果.

6.4.2 Smoluchouski 方程及其解[2,7]

在黏滞性较大的情况下,假定布朗粒子的速度随时达到热平衡,则可以把速度

与坐标空间的微分方程简化为只是坐标空间的微分方程,即从 Fokker-Planck 方程简化为 Smoluchouski 方程. 为此,把(6.4.1)式写成

$$\frac{\partial W}{\partial t} = \frac{1}{\tau}\frac{\partial}{\partial u}\left(Wu + \tau D\frac{\partial}{\partial u}W - \tau f W\right) - \frac{\partial}{\partial x}uW, \qquad (6.4.6)$$

其中 $f = -\frac{1}{m}\frac{\partial V}{\partial x}$. 又可进一步写成

$$\frac{\partial W}{\partial t} = \frac{1}{\tau}\left(\frac{\partial}{\partial u} - \tau\frac{\partial}{\partial x}\right)\left(Wu + \tau D\frac{\partial}{\partial u}W - \tau f W + \tau^2 D\frac{\partial}{\partial x}W\right)$$
$$+ \frac{\partial}{\partial x}\left(\tau^2 D\frac{\partial}{\partial x}W - \tau f W\right). \qquad (6.4.7)$$

将(6.4.7)式沿着 $x - \tau u = x_0$(常数)直线关于速度积分,并将速度的分布用麦克斯韦分布代入,得

$$\frac{\partial}{\partial t}P(x,t) = \frac{\partial}{\partial x}\left[\tau^2 D\frac{\partial}{\partial x}P(x,t) - \tau f P(x,t)\right], \qquad (6.4.8)$$

这里 $P(x,t) = \int W(x,u,t)\mathrm{d}u$. 注意,这里积分是沿着 $x - \tau u = x_0$(常数)直线进行的,x 与 x_0 的差别为 τu,若用平均速度的大小来估计,则只要 f 在长度 $\tau\sqrt{kT/m}$ 范围内的变化可以忽略,就可以用 $f(x_0)$ 来代替 $f(x)$,因而(6.4.8)式的获得必须 τ 小才行;另一方面,由于 τ 小,在初始时的任一分布,在 $t \gg \tau$ 时其速度都可以认为已达到麦克斯韦分布. 由于 τ 与黏滞系数成反比,故(6.4.6)式的获得必须黏滞系数较大才行.(6.4.8)式即 Smoluchouski 方程.

为了解 Smoluchouski 方程,把(6.4.6)式改写成如下形式

$$\theta\frac{\partial}{\partial t}P(x,t) = \frac{\partial^2}{\partial x^2}P(x,t) + \frac{\partial}{\partial x}\left[\frac{\mathrm{d}U}{\mathrm{d}x}P(x,t)\right], \qquad (6.4.9)$$

这里

$$\theta = \frac{m}{\tau kT} = \frac{\alpha}{kT}, \quad U = \frac{V}{kT}.$$

若以 θ 为时间单位,则(6.4.9)式为

$$\frac{\partial}{\partial t}P(x,t) = \frac{\partial^2}{\partial x^2}P(x,t) + \frac{\partial}{\partial x}\left[\frac{\mathrm{d}U}{\mathrm{d}x}P(x,t)\right]. \qquad (6.4.10)$$

令

$$P(x,t) = \sum a_n \mathrm{e}^{-\lambda_n t}\mathrm{e}^{-U(x)/2}\varphi_n(x), \qquad (6.4.11)$$

代入(6.4.10)式,可得

$$\frac{\mathrm{d}^2\varphi_n}{\mathrm{d}x^2} + [K_0 - G(x) + \lambda_n]\varphi_n = 0, \qquad (6.4.12)$$

其中

$$G(x) = \frac{1}{4}\left(\frac{\mathrm{d}U}{\mathrm{d}x}\right)^2 - \frac{1}{2}\frac{\mathrm{d}^2 U}{\mathrm{d}x^2} + K_0 \qquad (6.4.13)$$

为形式位能. $n=0, \lambda_n=0$ 是 $P(x,t)$ 的定态解. 不难证明, φ_0 与 $U(x)$ 存在着简单关系

$$U(x) = -2\ln\varphi_0. \qquad (6.4.14)$$

a_n 由初始条件与归一化条件决定, 若初始时粒子在 x_0 处, 即 $P(x,0)=\delta(x-x_0)$, 即可得

$$P(x,t) = \varphi_0^2(x) + \frac{\varphi_0(x)}{\varphi_0(x_0)}\sum_{n=1}\varphi_n(x)\varphi_n(x_0)e^{-\lambda_n t}. \qquad (6.4.15)$$

作为例子, 文献[7]用了几种不同的核温度、位势计算了 ^{236}U 的裂变几率. 质量张量是用无旋液滴计算的, 黏滞张量则用两体摩擦耗散, 摩擦系数 $\eta_0 = 10^{16}$ MeV $\cdot$ s $\cdot$ cm^{-3}. 位能、参量计算结果及与 Kramers 及 Bohr 公式的比较如表 6.1 所示.

表 6.1 位能及裂变几率的计算结果[8]

核温度/MeV	1	1	1.5	3
位垒高度/MeV	6	6	6	6
$\hbar\omega_1$/MeV	0.885	0.539	0.805	0.904
$\hbar\omega_2$/MeV	0.792	0.944	0.731	0.633
$\theta/(10^{-21}\mathrm{s})$	11.2	11.5	7.67	9.52
W_S	0.00567	0.00422	0.0240	0.214
W_K	0.00476	0.00335	0.0206	0.190
W_B	0.00595	0.00371	0.0273	0.281

由表 6.1 可见, 三种公式计算的结果相差不大, 但 Smoluchowski 方法能提供裂变几率随时间的变化. 表中 ω_1 及 ω_2 分别为核在基态及鞍点沿裂变方向的谐振频率; W_S, W_K 及 W_B 分别为 Smoluchowski, Kramers 及 Bohr 模型计算的裂变几率; θ 为时间单位.

§6.5 裂变几率的近似计算方法

在上节中我们介绍了一维 Fokker-Planck 方程及 Smoluchowski 方程, 并与其他方法的结果进行了比较. 然而核裂变是一个多参量形变问题, 而严格解多维 Fokker-Planck 方程是很困难的. 本节将介绍求裂变几率的几种近似方法.

6.5.1 Bohr-Wheeler 公式

在第四章中曾经讨论过裂变几率的计算, 现在仍用平衡统计的概念, 不同的是把裂变作为多维的集体运动来处理. 把描写原子核形变的参量 $q_1, q_2, \cdots, q_s$ 作为广义坐标, 相应的广义动量以 $p_1, p_2, \cdots, p_s$ 表示, 则在相应的相空间体积元 $\mathrm{d}q_1\mathrm{d}q_2$ $\cdots\mathrm{d}q_s\mathrm{d}p_1\mathrm{d}p_2\cdots\mathrm{d}p_s$ 中具有的集体运动状态数为

$$\prod_{i=1}^{s} \frac{\mathrm{d}q_i \mathrm{d}p_i}{h^s}. \tag{6.5.1}$$

原子核除了集体形变运动以外,还有大量核子的运动作为内部运动来处理. 内部运动的状态数即能级密度 $\rho(E)$,其中 E 为内部运动的能量. 若以 E_0 表示原子核的总能量,E_c 为集体运动能量,则

$$\rho(E) = \rho(E_0 - E_c), \tag{6.5.2}$$

在鞍点附近时 E_c 为

$$E_c = E_b + \frac{1}{2}\sum_{ij} V_{ij}(q_i - q_{ci})(q_j - q_{cj})$$
$$+ \frac{1}{2}\sum_{ij}(M_{ij})^{-1}p_i p_j. \tag{6.5.3}$$

而在球形附近,E_c 可记做 E_{c0},

$$E_{c0} = \frac{1}{2}\sum_{ij} W_{ij}q_i q_j + \frac{1}{2}\sum_{ij}(M_{0jj})^{-1}p_i p_j. \tag{6.5.4}$$

这里 M 及 M_0 分别为鞍点及球形核的质量张量,V 及 W 分别为鞍点及球形核的位能张量,E_b 为鞍点的位垒高度(以球形核基态能量为零),q_{ci} 为鞍点广义坐标. 当 ρ 在 E 附近做一微小变化时,即 $\Delta E \ll E$ 时,用泰勒级数展开,得

$$\ln\rho(E + \Delta E) = \ln\rho(E) + \Delta E \frac{\mathrm{d}}{\mathrm{d}E}(\ln\rho)$$
$$= \ln\rho(E) + \frac{\Delta E}{kT}, \tag{6.5.5}$$

k 为玻尔兹曼常数,T 为核温度,$\frac{1}{kT} = \frac{\mathrm{d}}{\mathrm{d}E}(\ln\rho)$. 当将 (6.5.5) 式用于鞍点时,$E$ 相当于 $E_0 - E_b$;当用于球形核时,E 相当于 E_0. 以 $\mathrm{d}\Gamma$ 表示鞍点附近的处于 $\prod_i \mathrm{d}q_i \mathrm{d}p_i$ 小相体积中的状态数,G 表示系统的总状态数,则 $\mathrm{d}\Gamma/G$ 为系统处于鞍点附近该小相体积的几率. 总状态数 G 可以近似地用球形核附近的状态数积分来代替,即

$$G = \rho_0(E_0)\int \cdots \int \exp\left\{-\sum_{ij}\left[W_{ij}q_i q_j + (M_{0jj})^{-1}p_i p_j\right]/(2kT_0)\right\}$$
$$\times \prod_{i=1}^{s}\frac{\mathrm{d}p_i \mathrm{d}q_i}{h^s} = \rho_0(E_0)\left(\frac{kT_0}{\hbar}\right)^s\left(\frac{\det M_0}{\det W}\right), \tag{6.5.6}$$

式中 $\det M_0$ 和 $\det W$ 分别为由矩阵 M_0 和 W 所组成的行列式,ρ_0 为基态能级密度,T_0 为基态核温度,而

$$\mathrm{d}\Gamma = \rho_c(E_0 - E_b)\exp\left\{\frac{-1}{2kT}\sum_{ij}\left[V_{ij}x_i x_j + (M_{ij})^{-1}p_i p_j\right]\right\}$$
$$\times \prod_{i=1}^{s}\frac{1}{h^s}\mathrm{d}p_i \mathrm{d}q_i, \tag{6.5.7}$$

其中 $x_i = q_i - q_{ci}$，ρ_c 为鞍点能级密度，T 为鞍点核温度. 为了使位能张量对角化，先做如下变换，令

$$p_i' = \sum_j (M^{-1/2})_{ij} p_j,$$

则 $x_i = \sum_j (M^{-1/2})_{ij} x_j'$. (6.5.7)式成为

$$\mathrm{d}\Gamma = \rho_0 (E_0 - E_b) \exp\left[\frac{-1}{2kT} \sum_{ij} (U_{ij} x_i' x_j' + p_i'^2)\right]$$

$$\times \prod_{i=1}^s \frac{1}{h^s} \mathrm{d}p_i' \mathrm{d}x_i', \tag{6.5.8}$$

其中

$$U = (M^{-1/2}) V (M^{-1/2}). \tag{6.5.9}$$

再做一正交变换使位能张量对角化. 由于是鞍点，对角元必然有一个是负的，而其他是正的，令这些对角元为：$-\omega_1^2, \omega_2^2, \omega_3^2, \cdots, \omega_s^2$，则(6.5.8)式为

$$\mathrm{d}\Gamma = \rho(E_0 - E_b) \exp\left[\frac{-1}{2kT}\left(\sum_{i=2}^s \omega_i^2 x_i''^2 - \omega_1^2 x_1''^2 + \sum_i p_i''^2\right)\right]$$

$$\times \prod_{i=1}^s \frac{\mathrm{d}p_i'' \mathrm{d}x_i''}{h^s}. \tag{6.5.10}$$

经变换后的 1 方向即裂变方向，现将(6.5.10)式关于除 $\mathrm{d}x_1''$ 以外的所有广义坐标及广义动量积分，并注意到 $\mathrm{d}x_1'' = p_1'' \mathrm{d}t$，鞍点 $x_1'' = 0$. 将积分结果除以 G 和 $\mathrm{d}t$ 就是单位时间裂变几率 p，经积分及化简后得

$$p = \frac{\rho_c(E_0 - E_b)}{\rho_0(E_0)} \frac{|\omega_1|}{2\pi} \left(\frac{T}{T_0}\right)^s \left(\frac{\det M \mid \det W \mid}{\det M_0 \mid \det V \mid}\right)^{1/2}. \tag{6.5.11}$$

这就是多维的 Bohr-Wheeler 公式. 回到一维的情况，可得

$$p = \frac{\rho_c(E_0 - E_b)}{2\pi\rho_0(E_0)} \frac{T}{T_0} \omega_0, \tag{6.5.11'}$$

上式中 ω_0 为在基态沿裂变方向的振动频率. 由于考虑了这种集体运动，式(6.5.11')要比第四章中相应的公式准确一些. 这公式在估算裂变几率上至今还是一个重要的式子，但是在推导此公式时有不少缺点，如用平衡态的分布来计算非平衡态问题，也没有考虑核的黏滞性对裂变几率的影响，这是不能令人满意的. 因而人们致力于解 Fokker-Planck 方程，以求得单位时间的裂变几率.

6.5.2 Kramers 公式[4]

Kramers 用了下面几个假定，近似地解了 Fokker-Planck 方程.

(1) 假定系统可以达到准稳态，即系统可达到有一稳定粒子流 J，而 W 随时间的变化又可以忽略的状态.

（2）用一倒置谐振位能来模拟鞍点附近的位能，解出鞍点附近的 W，就能求得稳定粒子流 J.

$$J = \int uW(x_c, u)\,\mathrm{d}u. \tag{6.5.12}$$

（3）假设稳定流很小，不影响在鞍点内系统仍处在平衡状态，因而用一谐振位能来模拟初始时的位能，并用平衡态分布来计算总粒子数 N，则裂变几率 $p = J/N$ 就可以求得.

作为例子，下面用以上假定推导一维 Kramers 公式. 在一维情况下，忽略 W 随时间变化时，可将 Fokker-Planck 方程写成

$$-u\frac{\partial W}{\partial x} + \frac{1}{M}\frac{\partial V}{\partial x}\frac{\partial W}{\partial u} + \frac{\gamma}{M}\frac{\partial}{\partial u}(uW) + \frac{kT\gamma}{M^2}\frac{\partial^2 W}{\partial u^2} = 0. \tag{6.5.13}$$

设

$$W = C\exp\left[-\frac{1}{kT}\left(\frac{1}{2}Mu^2 + V\right)\right]F(x, u), \tag{6.5.14}$$

式（6.5.14）的右方 C 为归一化因子，指数项为平衡时玻尔兹曼分布，满足式（6.5.13），第三个因子 F 表示对平衡分布的偏离. 现取鞍点处形变参量 x 为 0. 由假设（3），裂变几率很小，可以认为核在球形处基本上处于平衡态，相当于 $x \to -\infty$，$F \to 1$；而因核越过鞍点的几率很小，故 $x \to \infty$，$F \to 0$，这就是 F 应满足的边界条件.

以式（6.5.14）代入（6.5.13）可得 F 应满足方程式

$$-u\frac{\partial F}{\partial x} + \frac{1}{M}\frac{\partial V}{\partial x}\frac{\partial F}{\partial u} - \frac{\gamma u}{M}\frac{\partial F}{\partial u} + \frac{kT\gamma}{M^2}\frac{\partial^2 F}{\partial u^2} = 0. \tag{6.5.15}$$

决定裂变几率的，主要是鞍点附近处 W 的解. 这时可取 $V = E_b - \frac{1}{2}vx^2$，则式（6.5.15）可写成

$$-u\frac{\partial F}{\partial x} - \frac{v}{M}x\frac{\partial F}{\partial u} - \frac{\gamma u}{M}\frac{\partial F}{\partial u} + \frac{kT\gamma}{M^2}\frac{\partial^2 F}{\partial u^2} = 0. \tag{6.5.16}$$

在上面的偏微分方程中，偏微商的系数均为 x 及 u 的线性函数. 因此可以找到一个特解 $F(\eta)$，而 $\eta = au - bx$ 为 u 及 x 的线性函数，将 $F(\eta)$ 代入式（6.5.16），可得

$$\left[bu - \left(\frac{vx}{M} + \frac{\gamma u}{M}\right)a\right]\frac{\mathrm{d}F}{\mathrm{d}\eta} + \frac{kT\gamma}{M^2}a^2\frac{\mathrm{d}^2 F}{\mathrm{d}\eta^2} = 0, \tag{6.5.17}$$

上式有解的条件为

$$bu - \left(\frac{vx}{M} - \frac{\gamma u}{M}\right)a = h\eta = h(au - bx), \tag{6.5.18}$$

即

$$b - \frac{\gamma}{M}a = ha, \qquad \frac{v}{M}a = hb.$$

故满足（6.5.18）式的条件为

$$h = \frac{1}{2M}\left[-\gamma \pm \sqrt{\gamma^2 + 4vM}\right], \quad b = \frac{v}{Mh}a. \tag{6.5.19}$$

应用上述关系代入式(6.5.17),可得

$$\eta \frac{\mathrm{d}F}{\mathrm{d}\eta} + \frac{kT\gamma}{M^2 h}a^2 \frac{\mathrm{d}^2 F}{\mathrm{d}\eta^2} = 0, \tag{6.5.20}$$

其满足边界条件的解为

$$F = \sqrt{\frac{G}{2\pi}}\int_{-\infty}^{\eta} \mathrm{e}^{-\frac{1}{2}G\eta'^2}\,\mathrm{d}\eta', \tag{6.5.21}$$

其中

$$G = \frac{M^2 h}{kT\gamma a^2}. \tag{6.5.22}$$

h 应取大于零的解,即

$$h = \frac{1}{2M}\left[-\gamma + \sqrt{\gamma^2 + 4vM}\right]. \tag{6.5.23}$$

当 $a > 0$ 时,式(6.5.21)为满足 F 的边界条件的解. 以式(6.5.21)代入式(6.5.14),可得

$$W = C\exp\left[-\frac{1}{kT}\left(\frac{1}{2}Mu^2 + V\right)\right]\sqrt{\frac{G}{2\pi}}\int_{-\infty}^{\eta}\mathrm{e}^{-\frac{1}{2}G\eta'^2}\,\mathrm{d}\eta'. \tag{6.5.24}$$

单位时间的裂变几率即过鞍点的几率流

$$J = M\int_{-\infty}^{\infty} uW_{x=0}\,\mathrm{d}u = CkT\sqrt{\frac{\gamma^2}{4vM}}\left(\sqrt{1+\frac{4vM}{\gamma^2}}-1\right)\mathrm{e}^{-\frac{1}{kT}E_{\mathrm{b}}}. \tag{6.5.25}$$

现在只要确定 C 即可以求出 J,而 C 是由归一化条件决定的,即

$$M_0\int_{-\infty}^{\infty}\int_{-\infty}^{\infty} W\,\mathrm{d}u\mathrm{d}x = 1. \tag{6.5.26}$$

根据假设,W 的主要贡献来自球形核附近,相当于 $x = x_0\,(x_0 > 0)$ 附近,而在该处

$$F \to 1, \quad V = \frac{1}{2}M_0\omega_0^2(x-x_0)^2,$$

$$W = C\exp\left\{-\frac{M_0}{2kT_0}\left[u^2 + \omega_0^2(x-x_0)^2\right]\right\}.$$

由式(6.5.26)可知

$$C = \frac{1}{2\pi kT_0}\omega_0.$$

令 $v = M\omega^2$,$\tau = M/\gamma$,可得

$$J = \frac{T}{4\pi T_0}\frac{\omega_0}{\omega\tau}\left[(1 + 4\tau^2\omega^2)^{1/2} - 1\right]\mathrm{e}^{-\frac{1}{kT}E_{\mathrm{b}}}, \tag{6.5.27}$$

式中 M_0,T_0,ω_0 及 M,T,ω 分别表示球形时及鞍点处的质量、温度及频率. 多维时,推导裂变几率的 Kramers 公式的方法和一维时是相同的. 经过简化的多维

Kramers 公式如下(式中已设鞍点时核温度和球形时相同[8,9]):

$$J = \frac{H}{2\pi}\left(\frac{\det W'}{|\det \Phi|}\right)^{1/2} e^{-\frac{1}{kT}E_b},\qquad(6.5.28)$$

式中所含各量的解释如下:设 M,Z 分别为鞍点质量张量与黏滞张量,以 V 为鞍点附近的位能张量,W 为初始时的位能张量,即鞍点附近的位能为

$$U = E_b - \frac{1}{2}\sum_{ij}V_{ij}(x_i - x_{ci})(x_j - x_{cj}).\qquad(6.5.29)$$

而初始时的位能为

$$U_0 = \frac{1}{2}\sum_{ij}W_{ij}x_i x_j,\qquad(6.5.30)$$

令

$$\gamma = M^{-1/2}ZM^{-1/2},\quad \Phi = M^{-1/2}VM^{-1/2},\qquad(6.5.31)$$

则 H 为下式的唯一正值解,

$$\det\begin{vmatrix}\gamma + HI & -I \\ \Phi & HI\end{vmatrix} = 0,\qquad(6.5.32)$$

$$\det W' = \det W/\det M_0,\qquad(6.5.33)$$

其中 M_0 为初始时的质量张量,I 为单位张量. 应用 Kramers 公式(6.5.28)计算裂变几率举例如下[10].

以核[213]At 为例,选择 (c,h,D,α) 为形变参量,以球形核半径 R_0 为长度单位,则核表面的方程为

$$\rho^2 = (c^2 - z^2)\left(A + B\frac{z^2}{c^2} + \alpha\frac{z}{c} + D\frac{z^4}{c^4}\right),\qquad(6.5.34)$$

上式比通常的 (c,h,α) 参数增加了一个参量 D,A,B 和 (c,h,D,α) 的关系为

$$A = \frac{1}{c^3} - 0.4h - 0.1(c-1) - \frac{3D}{35},$$
$$B = 2h + 0.5(c-1),\qquad(6.5.35)$$

应用有限力程模型计算所得鞍点位置及位垒高度如表 6.2 所示.

表 6.2　鞍点位置及位垒高度

维　数	所用参量	鞍点位置	位垒高度/MeV
一维	c	$c=1.744$	10.03
二维	c,α	$c=1.744,\ \alpha=0$	10.03
二维	c,h	$c=1.764,\ h=-0.035$	9.88
三维	c,h,α	$c=1.764,\ h=-0.035,\ \alpha=0$	9.88
三维	c,h,D	$c=1.774,\ h=0.0006,\ D=-0.173$	9.70
四维	c,h,D,α	$c=1.774,\ h=0.0006,\ D=-0.173,\ \alpha=0$	9.70

由表 6.2 可见,增加一维 D 对鞍点位置及位垒高度有一定影响. 核基态为球形,其壳修正为 $-7.8\,\text{MeV}$,因此鞍点高出基态的能量约为 $17.5\,\text{MeV}$(忽略鞍点的壳修正),与实验值 $17\,\text{MeV}$ 很接近.

当 $kT=1\,\text{MeV}$ 时计算所得 H 值及裂变几率如表 6.3 所示.

表 6.3　H 值及单位时间裂变几率

维　数	参　量	H	裂变几率/$(10^{16}\,\text{s}^{-1})$
一维	c	0.0301	0.45
二维	c,α	0.0301	1.33
二维	c,h	0.0316	0.94
三维	c,h,α	0.0316	2.58
三维	c,h,D	0.0326	1.31
四维	c,h,D,α	0.0326	3.64

比较表 6.2 与 6.3 可见,虽然在鞍点处 α 恒为零,但这一前后不对称的自由度对裂变几率却有不小的影响. 这一计算结果表明,从 Kramers 公式只能得到裂变几率的大概数值,准确的计算是很困难的. 这主要因为缺乏准确地计算质量张量和黏滞张量的方法,而形变参量的选取也带有相当的任意性. 文献[11]给出了应用多维 Kramers 公式的另一例子,也可参阅.

§6.6　裂变后的能量分布与质量分布

计算裂变后的能量分布与质量分布是一个很重要的问题,与核能利用和裂变机制有直接关系,其计算结果可以直接与实验比较,是一个至今仍没有得到很好解决的问题,因而引起很多人的兴趣. 在这里,我们介绍解决这问题的平均矩近似方法[12].

用平均矩近似方法解 Fokker-Planck 方程,可以从鞍点开始来计算裂变后的能量分布与质量分布. 为了简单,用一维裂变来说明这种方法,推广到多维并无困难. 以 q,p 分别代表一维的集体运动坐标及动量,则 Fokker-Planck 方程为

$$\frac{\partial W}{\partial t}+\frac{p}{M}\frac{\partial W}{\partial q}-\frac{\partial V}{\partial q}\frac{\partial W}{\partial p}=\frac{\gamma}{M}\frac{\partial}{\partial p}(pW)+\gamma kT\frac{\partial^2 W}{\partial p^2}, \qquad (6.6.1)$$

令 $q_{\text{m}},p_{\text{m}}$ 为 q,p 的平均值,即

$$\begin{cases} q_{\text{m}}=\iint W(q,p,t)q\mathrm{d}q\mathrm{d}p, \\[2mm] p_{\text{m}}=\iint W(q,p,t)p\mathrm{d}q\mathrm{d}p, \end{cases} \qquad (6.6.2)$$

并将作用力关于平均值做泰勒展开只取第一项,即

$$\frac{\partial V}{\partial q} = \left(\frac{\partial V}{\partial q}\right)_m + (q - q_m)\left(\frac{\partial^2 V}{\partial q^2}\right)_m. \tag{6.6.3}$$

则(6.6.1)式成为

$$\frac{\partial W}{\partial t} + \frac{p}{M}\frac{\partial W}{\partial q} - \left[\left(\frac{\partial V}{\partial q}\right)_m + (q - q_m)\left(\frac{\partial^2 V}{\partial q^2}\right)\right]\left(\frac{\partial W}{\partial p}\right)_m$$

$$= \frac{\gamma}{M}\frac{\partial}{\partial p}(pW) + \gamma kT\frac{\partial^2 W}{\partial p^2}. \tag{6.6.4}$$

令 ξ, η, ζ 分别为其二级矩,即

$$\begin{cases} \xi = \iint (q - q_m)^2 W \mathrm{d}q\mathrm{d}p, \\ \eta = \iint (p - p_m)^2 W \mathrm{d}q\mathrm{d}p, \\ \zeta = \iint (q - q_m)(p - p_m)W \mathrm{d}q\mathrm{d}p. \end{cases} \tag{6.6.5}$$

若忽略二级以上的矩,并把质量张量与黏滞张量 M, γ 均看做常数,则(6.6.4)式的解可以近似地表示为

$$W = K\exp\left[-\frac{(q - q_m)^2}{\xi} - \frac{(p - p_m)^2}{\eta} - \frac{(q - q_m)(p - p_m)}{\zeta}\right], \tag{6.6.6}$$

这里归一化常数 K 是 ξ, η, ζ 的函数. 由(6.6.2)及(6.6.4)式可得

$$\frac{\mathrm{d}p_m}{\mathrm{d}t} = -\left(\frac{\partial V}{\partial q}\right)_m - \frac{\gamma}{M}p_m, \quad \frac{\mathrm{d}q_m}{\mathrm{d}t} = \frac{p_m}{M}, \tag{6.6.7}$$

这说明平均值服从哈密顿正则方程,由(6.6.4)及(6.6.5)式可得

$$\begin{cases} \dfrac{\mathrm{d}\xi}{\mathrm{d}t} = \dfrac{2\xi}{M}, \\ \dfrac{\mathrm{d}\eta}{\mathrm{d}t} = -2\left(\dfrac{\mathrm{d}^2 V}{\mathrm{d}q^2}\right)_m \zeta - 2\dfrac{\gamma}{M}\eta + 2ZkT, \\ \dfrac{\mathrm{d}\zeta}{\mathrm{d}t} = \dfrac{\eta}{M} - \left(\dfrac{\partial^2 V}{\partial q^2}\right)_m \xi - \dfrac{\gamma}{M}\zeta. \end{cases} \tag{6.6.8}$$

若有了初始时刻的平均坐标与平均动量,从(6.6.7)式可以求任何时刻的平均坐标与平均动量,用(6.6.8)式也可以从初始时刻的二级矩求任何时刻的二级矩. 将这种近似方法用在求裂变后的质量分布与能量分布时,把鞍点作为 $t = 0$ 的初始时刻. 设鞍点的坐标为 q_c,动量按一定的几率分布,这分布通常用 Bohr-Wheeler 公式或按 Kramers 方法来求得. 设 $f(q_c, p')\mathrm{d}p'$ 为鞍点处动量为 $p' \approx p' + \mathrm{d}p'$ 的几率,则 $t = 0$ 时,$q_m = q_c$,$p_m = p'$. 用式(6.6.7)及(6.6.8)可以解得 t 时刻的 $p_m(t)$,$q_m(t), \xi(t), \eta(t), \zeta(t)$. 代入(6.6.6)式就可得 t 时刻的分布函数 $W(t, q, p)$. 换句话说,$W(t, q, p)\mathrm{d}q\mathrm{d}p$ 为 t 时刻、形变坐标为 $q \approx q + \mathrm{d}q$、动量为 $p \approx p + \mathrm{d}p$ 的几率. 设 q_m 为裂变点的坐标,则可以认为比 q_m 大的均已裂变,故

$$\Gamma(t)\mathrm{d}t = \frac{\partial}{\partial t}\int_{q_{\mathrm{m}}}^{\infty}\mathrm{d}q\int_{-\infty}^{\infty}\mathrm{d}pW(t,p,q)\mathrm{d}t \tag{6.6.9}$$

为 $t \sim t + \mathrm{d}t$ 时刻裂变的几率. 裂变前的集体运动的动能 E_{k} 为

$$E_{\mathrm{k}}(t,p') = \frac{1}{2M}(\eta + p_{\mathrm{m}}^2). \tag{6.6.10}$$

注意动能 E_{k} 还是初始动量 p' 的函数, 因而具有 $E_{\mathrm{k}}(t,p')$ 动能的几率为

$$f(q_{\mathrm{c}},p')\mathrm{d}p'\Gamma(t)\mathrm{d}t,$$

则裂变时的动能平均值 $\langle E_{\mathrm{k}}\rangle$ 为

$$\langle E_{\mathrm{k}}\rangle = \frac{1}{2M}\int_{-\infty}^{\infty}\mathrm{d}p'\int_{0}^{\infty}\mathrm{d}t(\eta + p_{\mathrm{m}}^2)f(q_{\mathrm{c}},p')\Gamma(t). \tag{6.6.11}$$

对一维的裂变, 两碎片质量相同, 因而裂变后两碎片之间的库仑位能转变成动能的部分在各种情况都一样, 故可以不管库仑位能部分. 同时对一维的裂变, 也不存在质量分布问题, 因而要获得质量分布, 必须用二维或二维以上的裂变. 由于这方法用了很多近似, 特别是解运动方程求一级矩、二级矩时把质量张量与黏滞张量均看做常数, 故这种方法用在鞍点与断点比较近的核时效果比较好.

　　Adeev 等人曾应用上述方法计算了一系列核裂变碎片的质量分布[12]. 他们应用 (c,h,α) 参量(见第二章)表示核的形状, 并取 $\alpha = 0$, 用液滴模型计算了核的位能曲面(没有壳修正, 见第二章), 用 Werner-Wheeler 近似和二体耗散计算了质量张量和黏滞张量, 而把黏滞系数 μ 当做可调参量. 从上述各种经典近似可见, 计算结果只适用于激发能较高、壳效应及其他量子效应均可忽略的情况, 但整个计算除去 μ 外并无其他可调参量.

　　图 6.4(a)、图 6.4(b)给出了计算所得 ^{236}U 及 ^{206}At 的位能曲面及液滴模型位能谷底和计算所得由鞍点出发的动力学轨道. 由图可见, 轨道和位能谷低偏离很大. 在图 6.4(b)上还画出了由基态出发的动力学轨道(这是用另一种近似计算的运动轨迹). 由图可见, 两种方法的轨道是比较接近的, 但是用矩方法只能从鞍点算起. 图 6.5 给出了计算的质量分布和实验值的比较. 由图可见, 取 $\mu = 10 \times 10^{-24}$ MeV·s·fm^{-3} 时, 所得结果与实验比较相符, 而用统计模型(见第七章)计算的宽度则远低于实验值.

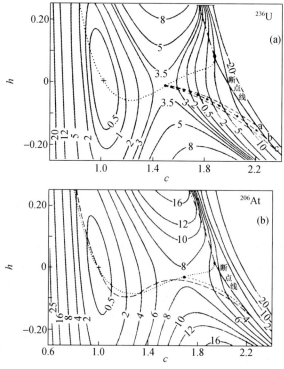

图 6.4　位能曲面及裂变轨迹

十为基态,●为鞍点;虚线为位能谷底,短划线为用矩近似计算的由鞍点出发的轨迹. 在图(a)中用 a,b,c 标出的三轨迹分别是 $\mu=0,10\times10^{15},50\times10^{15}$(单位为 MeV·s·cm^{-3})计算的结果. 由小黑点标出的位置为每经过 0.4×10^{-21} s 体系的形变位置;在图(b)中长划线为用传播子方法解 Fokker-Planck 方程所得的裂变轨迹,是由基态算起的. 由图可见两种方法所得轨迹相差不大.

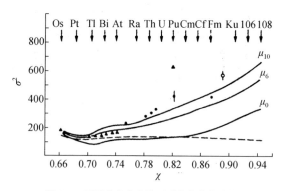

图 6.5　质量分布宽度随可裂变参数的变化

纵坐标 σ^2 为质量分布的均方差,横坐标 χ 为可裂变参数. 以 μ_{10}, μ_6, μ_0 标出的曲线分别为用黏滞系数 $\mu=10\times10^{15}$,6×10^{15},0(单位为 MeV·s·cm^{-3})计算的 σ^2 值,虚线为用统计模型计算的 σ^2 值.

参 考 文 献

[1]　J. R. Nix. 50 Years with Nuclear Fission, Vol. 1, Ed. J. W. Behrens, A. D. Carlson, Illinois USA, American Nuclear Society Inc. , 1989, 147～151.

[2]　钟云霄. 热力学与统计物理, 北京: 科学出版社, 1988, 290.

[3]　Y. X. Zhong, J. M. Hu. 50 Years with Nuclear Fission, Ed. J. W. Behrens, A. D. Carlson, Illinois USA, American Nuclear Society Inc. , 1989, 668～672.

[4]　S. Chandrasekhar. *Rev. of Mod. Phys.* , 15, 1943, 1.

[5]　P. Grange, L. Q. Li, H. A. Weidenmuller. *Phys. Rev.* , C27, 1983, 2063.

[6]　钟云霄. 高能物理与核物理, 13, 1989, 451.

[7]　钟云霄. 高能物理与核物理, 9, 1985, 108.

[8]　胡济民, 钟云霄. 高能物理与核物理, 4, 1980, 368.

[9]　H. A. Weidenmuler, Zhang Jing Shang. *Journal of Statistical Physics*, 34, 1984, 191.

[10]　钟云霄, 胡济民. 高能物理与核物理, 18, 1994, 340.

[11]　J. D. Bao, J. S. Zhang, Y. Z. Zhao. *Z. Phys.* , A335, 1990, 213.

[12]　G. D. Adeev, J. I. Gonchar, V. V. Pashkevich, O. I. Serdyuk. *Sov. J. Part. Nucl.* , 19, 1988, 529.

第七章 裂变的理论模型

在第六章中我们介绍了处理裂变动力学的方法,这种方法没有考虑量子效应,只适用于激发能较高的裂变体系.从经典力学和统计力学的角度看,由于集体运动和内部运动的耦合,引起集体力学量在相空间的扩散,因此把裂变看成是定向和随机运动的结合可能是合适的,也获得了不少令人鼓舞的结果,因而成为经常用来分析裂变现象的理论方法.然而,从原则上讲,这种方法还存在一些基本问题.首先,这种方法当然不适用于量子效应显著的低能裂变.实际上,无论从理论或实验方面看,都并未对这种方法的适用范围给出一个明确的界限.其次,这种方法依赖于形变参量的选择,而这种选择带有很大的任意性,缺乏明确的标准.第三个缺点是质量张量、耗散张量的计算方法缺乏可靠的理论基础.因此为了弄清裂变机制,解释各种裂变现象,人们不得不进一步发展裂变理论.本章将介绍一些较受注意的理论模型. §7.1介绍裂变的微观理论, §7.2介绍统计理论, §7.3介绍多模式理论.

§7.1 裂变的微观理论[1]

在非相对论近似下,可把原子核看成是一个由 A 个相互作用的核子所组成的量子体系,它的行为可完全由薛定谔方程

$$i\hbar\frac{\partial \Psi}{\partial t} = H\Psi = \Big(\sum_{i=1}^{A}\frac{1}{2m}\nabla_i^2 + V\Big)\Psi \tag{7.1.1}$$

和适当的初始条件所决定.这种方程式通常采用平均场近似求解,即 Hartree-Fock (HF)近似或者进一步考虑了剩余相互作用的 Hartree Fock Bogolybov (HFB)近似.现在把它们应用于裂变的情况分别介绍如下.

7.1.1 HF近似及时间有关HF(TDHF)近似

关于 HF 近似,我们在 §2.5 已经介绍过,其主要特点为假设多体波函数 Ψ 为一个 Slater 行列式

$$\Psi = \frac{1}{\sqrt{A!}}\begin{vmatrix} \varphi_1(\boldsymbol{r}_1) & \cdots & \varphi_1(\boldsymbol{r}_A) \\ \vdots & \vdots & \vdots \\ \varphi_A(\boldsymbol{r}_1) & \cdots & \varphi_A(\boldsymbol{r}_A) \end{vmatrix}, \tag{7.1.2}$$

并设

$$I = \int \Psi^* (H - E)\Psi \mathrm{d}\tau_1 \cdots \mathrm{d}\tau_A. \tag{7.1.3}$$

由 I 取极值的条件,可得 $\varphi_i(\boldsymbol{r})$ 满足的方程式为

$$h\varphi_i(\boldsymbol{r}) = \varepsilon_i \varphi_i(\boldsymbol{r}), \tag{7.1.4}$$

式中 h 为 HF 近似下的单粒子哈密顿量. 如设核子间的相互作用由两体相互作用位势 $V(\boldsymbol{r},\boldsymbol{r}')$ 组成,则

$$h\varphi_i(\boldsymbol{r}) = -\frac{1}{2m}\nabla^2\varphi_i + \sum_{j=1}^{A}\int \mathrm{d}\boldsymbol{r}'\varphi_j^+ V(\boldsymbol{r},\boldsymbol{r}')$$
$$\times [\varphi_i(\boldsymbol{r})\varphi_j(\boldsymbol{r}') - \varphi_i(\boldsymbol{r}')\varphi_j(\boldsymbol{r})]. \tag{7.1.5}$$

在上面的叙述里,我们仅考虑了一种粒子,而没有考虑自旋与同位旋,这仅仅是为了叙述的简洁,推广到更复杂的情况,并没有原则上的困难. 在 §2.5 中,我们已经介绍过用 HF 近似计算位能曲面的情况,基本上能重现用宏观模型加上壳修正所得的结果. 但是迄今为止,并未用这种近似对核的裂变位能曲面做过系统的研究. 这大概是因为这种计算很费机时,计算的结果又密切依赖于所用的相互作用位势 V,而目前尚未找到一种能普遍接受的位势,虽然相当多的人赞成用 Skyrme 势作为等效势,但是势参数和形式也还有好多种,尚未找到一套普遍适用的参数,而计算的结果又和势参数有密切的关系;此外在剩余作用的选取和处理方面,也存在着一些不定因素. 这些情况,在本书第二章中曾做了一些介绍,这里不再重复.

时间有关的 HF(TDHF) 近似的方程式可由下述拉氏泛函数 L 经变分导得[1]

$$L = \left\langle \Psi \mid H - \mathrm{i}\hbar\frac{\partial}{\partial t} \mid \Psi \right\rangle. \tag{7.1.6}$$

如设 Ψ 为如式(7.1.2)给出 Slater 行列式,则由式(7.1.6)关于 φ_i 变分,可得

$$h\varphi_i = \mathrm{i}\hbar\frac{\partial}{\partial t}\varphi_i, \tag{7.1.7}$$

h 的形式与式(7.1.5)相同,其主要差别为 φ_i 是 t 的函数. 式(7.1.7)可以推得若干守恒量,其中最主要的为:

(1) 单粒子波函数 φ_i 的内积不随时间变化,即

$$\frac{\partial}{\partial t}\langle \varphi_i \mid \varphi_i \rangle = 0. \tag{7.1.8}$$

(2) 体系能量平均值不随时间变化,H 不显含时间,即体系的 TDHF 解符合能量守恒的要求.

(3) 体系初态所具有的空间对称性不随时间变化. 这是和角动量守恒有关的,所有和 H 交换的算符,其平均值均不随时间变化.

应用这种方法来处理裂变问题,有一些原则上的优点. 它在原则上不需要再引进额外的假设和参数,也不需要对核的形状和密度分布做具体的规定,例如人为地引入若干形变参量;另外,它还充分考虑了体系的量子效应. 但是很多实际上的困

难,限制了这种方法的具体应用. Negele 等人对于低激发态的^{236}U 的裂变进行过一次较详细的计算,这是将这种方法用于裂变上的唯一的工作. 在计算中,进行了下列一些假设[2].

(1) 一个最重要的改变是在平均场近似中引进了对作用和对能隙. 本来在进行定态 HF 计算时,引入对作用是一种常规的做法,但是在 TDHF 计算中引入对作用却具有另外的意义. 我们知道,在核的运动过程中,常常会引起能级间的跃迁,特别是在形变过程中,出现两能级交叉时,更会发生能级间的跃迁. 这种跃迁就是一种重要的能量交换机制,是平均场理论所缺少的. 对于裂变,这种机制尤其重要,没有这种机制,就不会出现断裂. 引入对能,就是为了模拟这种能量交换机制. 对能隙 Δ 在这里是作为可调参量引入的,可从十分之几至几 MeV 之间调整. 与定态 HF 计算引入的能隙大小有差别,作用也不完全相同. 在 TDHF 中引入对作用并不困难,只需在式(7.1.6)中取 Ψ 为 BCS 波函数,并将 U_μ,V_μ 都看做单粒子能量和时间的函数就行了[3].

(2) 严格地讲,作为一个量子多体理论,应该能计算从接近基态的初态出发、穿过鞍点而发生断裂的几率. 但是 TDHF 并不是这样的理论,作为平均场理论,它只能描述越过鞍点以后、达到断点的运动状态. 它只能在每一瞬间,给出一定的密度分布,这也许是最可几的一种密度分布. 而从量子力学的概念,在每一瞬间,可能有多种密度分布,按不同的几率出现. 而 TDHF 近似,则只能给出一种平均分布. 例如,如取基态附近为体系的初始情态,则按 TDHF 计算,终点情态将为基态附近的振动态,而不会得到裂变的结果. 为了研究裂变,必须采用过了第二鞍点后的形状作为初始状态开始计算,从这一点讲,TDHF 的方法更接近经典力学的图像.

(3) 为了简化,在计算中忽略了自旋轨道耦合势. 这就使得计算结果不能正确反映壳结构的影响. 计算也没有考虑核的前后不对称形变,因而不能计算碎片的质量分布.

尽管有各种缺陷,作为唯一的一次用 TDHF 计算的对称裂变的结果,还是有参考价值的,其主要结果以及与宏观模型的比较,如图 7.1、图 7.2 和表 7.1 所示. 表 7.1 中,t 为由鞍点到断点的时间,E 为断点处两碎片相对运动动能.

由图 7.1 可见,裂变时核形状变化大体上和一般的猜测相近,刚断的两块形状比较复杂一些,但和日常经验中黏滞性较大的液滴的断裂形状也比较接近. 在裂变过程中,核的表面结构保持一定厚度,基本上没有什么变化. 和宏观模型比较,TDHF 给出的核的形状似乎更紧凑一些. 图 7.2 显示了 Δ 的数值对断点形状的影响,除了表现出能隙越大断点形状越紧凑外,在图上还可以看到,当 $\Delta=0.7$ MeV 时,在断裂过程中,中间还可以形成一小块相当于 α 粒子的核体,好像是一种三分裂现象.

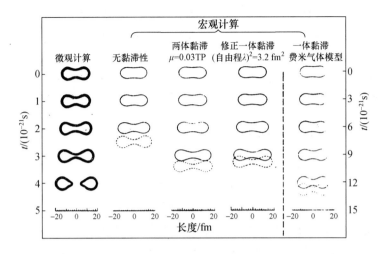

图 7.1　核形状随时间的变化

在 TDHF 计算中,取 $\Delta=2\,\mathrm{MeV}$,并与相应宏观模型做比较.TDHF 计算核表面有三个等密度面,由外向内,分别为中心密度的 $1/8,1/2,7/8$.

TDHF

断裂前　　　　　　　　　　　　断裂后

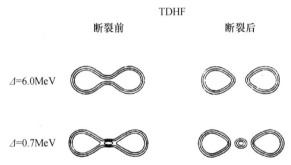

图 7.2　断点前、后核形状与 Δ 的关系

左、右两图形间的时间间隔为 0.4×10^{-21} s.

表 7.1　TDHF 计算结果与宏观模型的比较[2]

	微观计算			宏观模型计算			
	TDHF	TDHF	TDHF	无黏滞性	两体黏滞	单体黏滞	单体黏滞
				$\mu=0$	$\mu=0.03$	$\lambda^2=3\,\mathrm{fm}^2$	费米气体
Δ/MeV	6.0	2.0	0.7				
$t/(10^{-21}\,\mathrm{s})$	2.2	3.4	5.0	2.5	3.4	3.2	12.9
E/MeV	11	12		24.1	18.1	18.2	0.5

　　表 7.1 比较了不同能隙(TDHF)或不同黏滞性(宏观模型)条件下的计算结果.表上标出的 $\lambda^2=3\,\mathrm{fm}^2$ 的单体黏滞性,是一种考虑了平均自由程 λ 的单体耗散,比单纯的由费米气体模型计算的一体耗散要小得多.从表上我们看到两个特点:第一是由经典宏观理论计算的在断点处的动能要比 TDHF 计算的大得多,TDHF 的

计算结果基本上与 Δ 的大小无关;第二是对于经典力学的计算,从鞍点到断点所需的时间随黏滞性的增大而增长,对于一体耗散的费米气体模型,所需要时间甚至达到其他模型的 4 倍.而 TDHF 计算,所需时间随 Δ 的增大而减小.这表明对能隙 Δ 所起的促使能级跃迁的作用,会对核的形变起促进作用.这或许是由于这种跃迁也会释放出能量来,和经典的摩擦阻力不同.

7.1.2 Hartree-Fock-Bogoliubov 方法(HFB 方法)[1]

在 7.1.1 中,我们曾指出 HF 近似有一个根本的缺点,就是只能外加一个对作用来考虑剩余相互作用,对于裂变这样复杂的过程,核体系的形状经历了很大的变化,人们很难弄清对作用会经历怎样的变化.例如,一个偶偶核可以分裂为两个奇 A 核,那么由一个体系逐步变为两个体系的过程中,对作用应该如何变化呢? 这一类的问题,在 HF 近似的范围内是不能解决的.这个问题,在平均场近似下,最好的办法是采用一种广义的 Bogoliubov 变换

$$\beta_k^+ = \sum_i (U_{lk} C_l^+ + V_{lk} C_l), \qquad (7.1.9)$$

这种变换是 BCS 方法中 Bogoliubov-Valatin 变换的推广.一般可以分解为两个幺正变换,中间插入一个 Bogoliubov-Valatin 变换.β_k^+ 可以看成赝粒子产生算符,则 β_k 为赝粒子湮灭算符,而 C_l^+ 为选取的适当基矢,基态的波函数为赝粒子真空态 $|\Phi\rangle$,其条件为

$$\beta_k \mid \Phi \rangle = 0. \qquad (7.1.10)$$

因此,可选取

$$\mid \Phi \rangle = \prod_k \beta_k \mid 0 \rangle \qquad (7.1.11)$$

为赝粒子真空态,其中 $|0\rangle$ 为真空态.有了试算波函数的形式(7.1.11),我们就可以代入式(7.1.3),并以变分法来求得定态解;或代入式(7.1.6),并把 U_{lk} 和 V_{lk} 看成是时间的函数,来求得 TDHFB 的解.应用 TDHFB 近似来研究裂变过程的工作,至今还没有看到.Berger 等人则从另一角度应用 HFB 研究了裂变问题[4],他们首先应用 HFB 计算了位能曲面,再借助于生成坐标的概念[5],研究了裂变的动态过程.现在把他们的工作简单介绍如下.

1. 位能曲面的计算

他们用规定多极矩的方法来描述核的形状,这样可以避免对核的形状做具体的规定.因而,他们采用对下式变分的方法来求 U_{lk} 和 V_{lk}.

$$\langle \Phi \mid \hat{H} - \lambda_n \hat{N} - \lambda_Z \hat{Z} - \sum_j \lambda_j \hat{Q}_j \mid \Phi \rangle = 0. \qquad (7.1.12)$$

变分的约束条件为

$$
\begin{cases}
\langle \varPhi \mid \varPhi \rangle = 1, \\
\langle \varPhi \mid \hat{N} \mid \varPhi \rangle = N, \\
\langle \varPhi \mid \hat{Z} \mid \varPhi \rangle = Z, \\
\langle \varPhi \mid \hat{Q}_j \mid \varPhi \rangle = q_j,
\end{cases}
\tag{7.1.13}
$$

这里 $\hat{Q}_j$ 为各种多极矩算符,而 q_j 为其平均值.体系的形状由 q_j 的规定值所决定.在对式(7.1.12)求极值时,体系其他未规定的平均值的矩并非为零,而将自动达到使体系能量为极值的平均值.作为约束,采取四极矩

$$
Q_{20} = \left(\frac{16\pi}{5}\right)^{1/2} \sum_i r_i^2 Y_{2,0}, \quad Q_{22} = \left(\frac{8\pi}{15}\right)^{1/2} \sum_i [r_i^2 (Y_{2,2} + Y_{2,-2})]
$$

以规定核的拉伸及非轴对称形变;采用

$$
Q_{30} = \left(\frac{4\pi}{7}\right)^{1/2} \sum_i r_i^3 Y_{3,0}
$$

以控制体系的前后不对称性;在断点区域还采用十六极矩

$$
Q_{40} = \left(\frac{4\pi}{9}\right)^{1/2} \sum_i r_i^4 Y_{4,0}
$$

来更细致地规定核的形状;此外还增加

$$
Q_{10} = \left(\frac{4\pi}{3}\right)^{1/2} \sum_i r_i Y_{1,0}
$$

使其平均值为零,以保证质心不动,有助于数字计算的稳定性.为了不使计算过于繁杂,通常一次只用三个多极矩约束,除了必用的 Q_{10} 和 Q_{20} 外,Q_{22},Q_{30} 及 Q_{40} 只根据研究的需要选用一个.关于多体哈密顿量,作者选择的是一种扣除了质心动能的形式

$$
H = \frac{1}{2m} \sum_i p_i^2 - \frac{1}{2Am} \left(\sum p_i\right)^2 + \frac{1}{2} \sum_{ij} V_{ij},
\tag{7.1.14}
$$

其中等效势 V_{ij} 是一种适宜于进行 HFB 计算的 Gogny 势[6],其参数做了一些小的调整,以减少表面能的贡献,使计算的裂变位垒不致太高.

如以多极矩的平均值 $\langle Q_{20} \rangle$ 及 $\langle Q_{30} \rangle$ 来表示核的形变,则位能曲面如图 7.3 所示.由图可见,体系的基态及同质异能态均为前后对称的形状.当形变继续增加时,前后不对称形变 $\langle Q_{30} \rangle$ 的引入,可降低第二位垒,在大形变时体系前后不对称达到比值 106/134,并且位能曲面变得较平,导致了较宽的质量分布,这些都与实验事实相符.对于 $\langle Q_{20} \rangle > 250\ \mathrm{b}$ [①] 的大形变区,对给定的 $\langle Q_{20} \rangle$ 及 $\langle Q_{30} \rangle$ 值,得到两个相交的位能曲面 N_1 及 N_2.这说明,对式(7.1.12)做变分时,我们求得了能量的两个极值,比较两个解所给出的核子分布表明,面 N_1 的解对应于一个形变很大的

---

① b(靶恩)为面积单位,$1\ \mathrm{b} = 10^{-28}\ \mathrm{m}^2$.

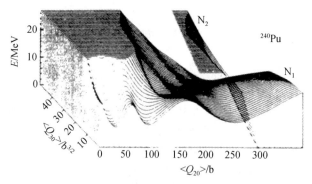

图 7.3　^{240}Pu 的位能曲面

以 $\langle Q_{20}\rangle$ 及 $\langle Q_{30}\rangle$ 规定核形变.

^{240}Pu 核,而 N_2 对应于完全分为两块的构形.这种分裂为两个位能曲面的情况,表明我们所选择的约束不够,如果增加一个多极矩约束,就可以在两者之间自动进行选择.最方便的是增加 $\langle Q_{40}\rangle$ 一种约束,同时去掉 $\langle Q_{30}\rangle$ 的约束,这时 $\langle Q_{30}\rangle$ 将自动由能量趋于极小的条件所决定.在大形变的断点,求得的位能曲面如图 7.4 所示.在这一区域,由 Q_{30} 形变引起的前后不对称比仍在 106/134 附近.

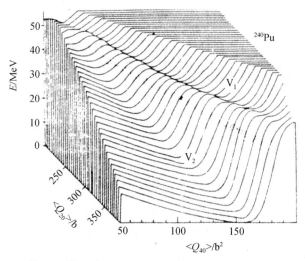

图 7.4　^{240}Pu 在 $\langle Q_{20}\rangle$ 及 $\langle Q_{40}\rangle$ 下的断点附近的位能曲面

在图 7.4 上可以看到 V_1 与 V_2 两个谷,分别对应于图 7.3 上的 N_1 及 N_2 两个面.这种在大形变区出现两个谷的情况,用宏观-微观模型计算,在其他重核中也曾得到过.从图上可见,两谷之间有一个山脊分开,也就是由相连的形状变成断裂要经过一个位垒,这个位垒随核的拉长而逐步降低,到 $\langle Q_{20}\rangle$ 达到 370b 附近消失.图上用阴影标出的为断点的位置.在图上还可以看到随着形变的增大,位能在 V_2 谷

下降得远比 V_1 谷快,这是因为在 V_2 谷中两块间的库仑能随两块的分离而迅速减小,而在 V_1 谷中这种库仑能的减小部分被粒子间的吸引作用所抵消,因而位能下降较慢.

2. 裂变动力学的计算

为了描述核的裂变运动,笔者采用了绝热近似,即在给定的形变下,用定态方法解 HFB 方程以获得位能曲面,然后借用推转模型导出形变参量随时间的变化.根据生成坐标的概念,这种方法相当于使波函数取如下的形式[5]:

$$|\Psi\rangle = \int dq \chi(q,t) |\Phi(q)\rangle. \qquad (7.1.15)$$

不过笔者并没有严格用生成坐标来解 χ,而是应用推转模型导得 χ 所满足的方程式

$$i\hbar \frac{\partial \chi}{\partial t} = H_c \chi, \qquad (7.1.16)$$

$$H_c = -\frac{\hbar^2}{2} \sum_{ij} |M|^{-1/2} \frac{\partial}{\partial q_i} |M|^{-1/2} (M^{-1})_{ij} \frac{\partial}{\partial q_j} + V(q_i), \qquad (7.1.17)$$

式中 M 为推转模型计算的质量张量,而 $|M|$ 为其行列式.为了数值解式(7.1.17),笔者选择了 q_2 及 q_4 两个平均量作为形变参量.由于没有考虑 q_3 这一变量,因而不能计算裂变的质量分布.在解式(7.1.16)时,初始条件相当于 ^{240}Pu 激发能为

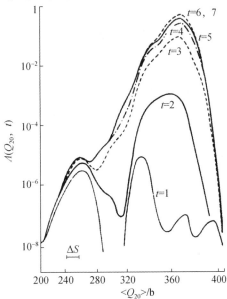

图 7.5　不同时间穿越断点线段 ΔS 的累计流量

ΔS 长度在图上标出,时间单位为 10^{-21} s,横坐标标出的数字为穿越处的 q_2 值(以 b 为单位),

纵坐标 $\Lambda = \int_0^t j_S(\tau) d\tau \Delta S$.

4 MeV的复合核. 计算得 χ 后, 就可以计算越过单位长度断点线的几率流(断点线为在图 7.4 上用阴影标出的线)$j_S(t)$, 从而可以计算在不同时间的裂变几率, 如图 7.5 所示.

从图上可以看出, 即使当 $q_2 < 300$ b 时, 仍有相当几率穿越断点而裂变. 这时体系将在 V_2 谷中经历较大的能量降落而获得较大动能, 相当于我们在第三章和第五章所讨论的冷裂变现象. 从图上可见, 这种裂变的累计几率约为 10^{-6}, 和实验结果定性相符.

从这一工作可以看到, 用这种方法所获得的知识要比 TDHF 及 TDHFB 多, 而且计算量也小一些, 其主要缺点为采用了绝热近似和推转模型, 这可能在变形很快的断点附近引入较大的误差.

§7.2　裂变的统计模型

第六章的动力学模型以及 §7.1 的微观模型, 都是把裂变看做一个核形状随时间变化的过程来研究的, 而这种运动又是在一定的动力学规律下进行的. 然而裂变可能是一种极复杂的运动, 未见得可以用这种动力学的观点来处理, 这在核物理中是有先例的. 例如核反应在很多情况下是可以用动力学(量子力学)来处理的, 但是一旦形成复合核, 运动就变得异常复杂, 不得不用统计方法来处理. 在裂变物理中, 我们已经比较合理地使用统计模型来计算裂变几率. 而裂变的最后产物更是多种多样, 决定其分布的因子有质量数 A、电荷数 Z、形变参量、单粒子激发、集体运动、位移速度、自旋等等, 可以说, 我们还不能对任一裂变过程进行这样详尽的研究. 例如, 我们只测量过给定质量数的碎片的平均释放中子数和中子分布, 但并没有测量过同一质量数、不同电荷数对释放中子数有何影响. 总之, 对这样的一个复杂的运动体系, 也许统计模型是可以适用的. 统计模型是冯平观在 1953 年提出的[7], 此后又经过若干应用与发展, 现简单介绍如下.

统计模型假设系统在断点处于统计平衡. 因此, 对任何一种核态只要能计算它的状态数, 就可以求得出现这种核态的几率. 如果这个假设成立, 并且在断点核系统的各种可能的形状为已知, 那么原则上可以计算任何裂变后现象出现的几率. 对于统计模型的批评也主要集中在这两个假设上, 特别是前一个假设. 当然, 对于一个进行着的过程, 全面的统计平衡状态是不可能实现的. 因此, 对某一物理量是否能适用统计分布, 通过与实验比较来检验也许是较可靠的办法. 从实用的角度看, 统计模型的一个更重要的弱点, 是在于对断点形状的选取缺乏必要的判据, 这就使统计模型理论常常带有相当程度的任意性.

在应用统计模型来进行具体计算时, 如体系分为电荷数和中子数各为 Z_1, N_1

及 Z_2，N_2 两碎片，而其激发能各为 ε_1，ε_2，描述体系形状的集体变量为 q_i 时，体系的总状态数为

$$P_{12} \propto \rho_1(\varepsilon_1)\rho_2(\varepsilon_2) \mathrm{d}\varepsilon_1 \mathrm{d}\varepsilon_2 \prod_{i=1}^{n} \frac{\mathrm{d}q_i \mathrm{d}p_i}{\hbar^n}, \tag{7.2.1}$$

体系可以在各自由度分配的总能量为

$$E = E_x + Q,$$

式中 E_x 为体系的激发能，Q 为分裂为 1，2 两碎块时体系的反应能. 根据能量守恒有

$$E = \varepsilon_1 + \varepsilon_2 + V(q_i) + \frac{1}{2}\sum (M^{-1})_{ij} p_i p_j. \tag{7.2.2}$$

如果只求释放两碎片为 Z_1，N_1 及 Z_2，N_2 的几率，则

$$P_{12} \propto \int \cdots \int \delta \Big[E - \varepsilon_1 - \varepsilon_2 - V(q_i) - \frac{1}{2}\sum (M^{-1})_{ij} p_i p_j \Big]$$

$$\times \rho_1(\varepsilon_1)\rho_2(\varepsilon_2) \mathrm{d}\varepsilon_1 \mathrm{d}\varepsilon_2 \prod_{i=1}^{n} \frac{\mathrm{d}q_i \mathrm{d}p_i}{\hbar^n}, \tag{7.2.3}$$

式中 (M^{-1}) 为质量张量的逆张量.

在进行具体计算时，公式(7.2.1)～(7.2.3)要大大简化，通常的做法是忽略体系的动能，而将公式(7.2.1)及(7.2.2)改写为

$$P_{12} \propto \rho_1(\varepsilon_1)\rho_2(\varepsilon_2), \tag{7.2.4}$$

$$E = \varepsilon_1 + \varepsilon_2 + V(q_i). \tag{7.2.5}$$

一般并不对形变参量 q_i 做积分，而是在给定两碎片的 Z_1，N_1 及 Z_2，N_2 的条件下，选择形变参量 q_i 的值，使 $V(q_i)$ 取极小值. $V(q_i)$ 中包含两碎片的变形能以及它们之间的相互作用能，在计算中通常保持两碎片的质心间距离不变，然后在条件(7.2.5)的限制下，求 ε_1，ε_2 的分配使 P_{12} 取极大值，而裂变碎片分别为 Z_1，N_1 及 Z_2，N_2 的几率即正比于这一极大值. 除了统计模型的基本假设——统计平衡受到质疑外，在实际计算中还有两个重要问题：第一是断点的构形问题，即使规定了 $V(q_i)$ 取极小值，而碎片之间的距离仍没有确定，这距离对计算结果有很大影响；其次是能级密度，这也对计算结果有很大影响. 这些碎片，都属于远离 β 稳定线的核素，能级密度没有实验值，理论计算也很难做到准确可靠. 尽管有这些困难，人们在这方面还是做过不少的工作. 在各种条件下，计算结果相差不大. 文献[8]曾提出了一种从力学平衡的角度判断断点构形，并用通常的能级密度参量[9]计算了 ^{235}U 中子裂变的碎片平均动能、碎片的电荷平均分布、质量分布等结果，如图 7.6、图 7.7、图 7.8、图 7.9 所示. 在图上可见，各家结果基本上相似，也能重现实验结果的各种特点(图上所引用的作者请参见文献[8]).

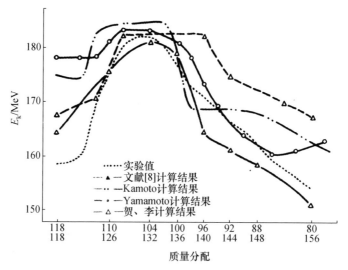

图 7.6　^{235}U 热中子诱发裂变碎片平均动能 E_k 与碎片质量分配的关系

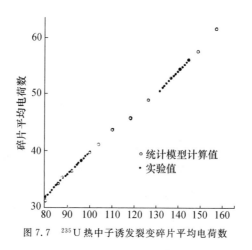

图 7.7　^{235}U 热中子诱发裂变碎片平均电荷数

　　裂变的断点模型是统计模型的另一种形式[10]. 我们知道, 一般的统计模型假设裂变核在断点处各种自由度都达到统计平衡. 这是比较难以实现的, 特别是集体运动和单粒子运动. 如果仅仅通过平均场而相互作用, 作用比较弱, 很难引起核子轨道的跃迁, 因而难以达到平衡. 如果认为集体自由度和核子运动自由度分别达到统计平衡, 则比较容易实现. 在这种假设下, 可以用 T_c 及 τ 分别表示集体运动及内部运动的核温度. 如设 Z_1, N_1 及 Z_2, N_2 分别为两碎片的质子数和中子数, 由于裂变体系的总中子数及总质子数是固定的, 因此只需要 Z_1, N_1 就足以规定两碎片的组成, 释放碎片 Z_1, N_1 的相对几率即可由下式求得

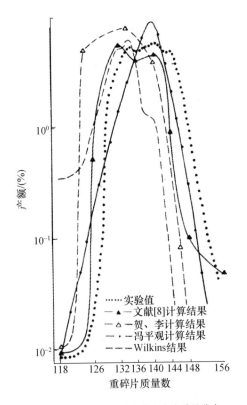

图 7.8 ^{235}U 热中子诱发裂变碎片质量分布

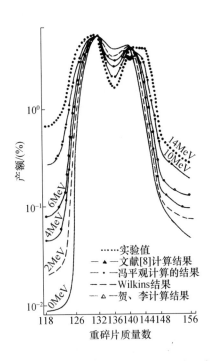

图 7.9 ^{235}U 中子诱发裂变碎片质量分布的计
算值随入射中子能量的变化

$$P(N_1, Z_1) = \int e^{-V/T_c} \, \mathrm{d}q_i. \tag{7.2.6}$$

在文献[10]中,断点形状假设为同一对称轴的两长椭球体,其长轴和短轴之比为 $(1+2\beta/3)/(1-\beta/3)$,这里 β 分别以 β_1 及 β_2 表示两椭球的形变,两椭球相近端点的距离为 d. 位能 V 即由两变形核的结合能加上相互作用的核能及库仑能组成. 在计算核的结合能时还考虑了内部运动温度 τ,因此式(7.2.6)可以进一步写成

$$P(N_1, Z_1, \tau, d) = \iint \exp\left[\frac{-V(N_1, Z_1, \tau, d, \beta_1, \beta_2)}{T_c}\right] \mathrm{d}\beta_1 \mathrm{d}\beta_2. \tag{7.2.7}$$

在给定参量 τ, T_c 及 d 后,V 是可以计算的,由式(7.2.7)即可算得质量及电荷分布. 在这理论中,没有提供计算 τ, T_c 及 d 的方法,因此只能做一些合理的猜想. 文献[10]根据碎片的电荷分布推测 T_c 应为 1 MeV,并由此推测 τ 约为 0.75 MeV. 当分成两块时,核作用应相当于一核子的结合能,由此可选择 $d=1.4$ fm,相当于核作用的尾部. 应该说,这些参量的确定是基本合理的. 他们用这些参量计算了从 ^{210}Po 到 ^{258}Fm 的质量分布,如图 7.10 所示. 从图上可见,在各质量区,基本上能重现实验

测定的质量分布的特征. 这似乎表明这些特征主要是由壳效应引起的, 任何理论只要能正确反映壳效应, 就能重现这种特征. 这理论的一个主要缺点是计算的质量分布都太窄, 这似乎是由于固定 τ, T_c 及 d 引起的. 实际上, 即使对于某一给定的裂变体系, 不难设想, 这些参量也会随不同的碎片质量而改变. 总之, 无法确定 τ, T_c 及 d 是这种理论的基本缺陷, 使它难以给出定量的计算结果. 但是局部统计平衡的概念, 依然是一种研究裂变机制的有用概念.

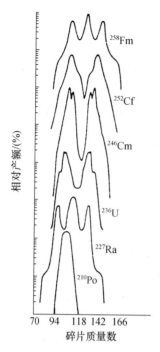

相对产额/(%)

碎片质量数

图 7.10 断点模型计算的质量分布

§7.3 裂变的多模式理论

裂变碎片的质量分布与动能分布主要决定于断点的形状, 而断点形状则决定于裂变过程在形变空间所经历的形变路线. 对于激发能比较高的核裂变, 位能曲面主要由液滴模型算出, 对称形变在位能曲面上是一条较深的谷, 而平均的运动轨迹则可由式(6.1.3)所给的动力学方程式算出. 质量分布则为一在对称裂变处有峰值的高斯型或钟罩型的分布. 可以认为, 这一类裂变只有一种模式, 即对称裂变, 在形变空间近似地(带有统计涨落)沿着一条轨迹进行裂变. 对于锕系元素的低激发态或自发裂变, 情况要复杂得多. 首先, 由于壳效应, 位能曲面变得很复杂, 而且质量参量和黏滞系数也会有壳效应, 这些都会影响核裂变的轨迹. 另一方面, 由于低激发能, 量子效应很重要, 有些形变是在位垒穿透的情况下进行的, 现在还没有完备可行的量子理论方法来处理这样复杂的运动. 尽管在理论处理上遇到困难, 但是从实验上观察到的质量分布, 早就有猜测, 这种裂变和高激发态裂变不同, 这种裂变是沿着两个(对称和非对称)或几个模式或通道进行的. 本节先从实验事实来讨论这种低激发态裂变存在着几种不同模式的证据, 然后再简要地讨论一下可能的理论解释.

7.3.1 质量分布与裂变模式[11]

对称和非对称裂变的明显差别早就引起人们的注意, 从 §5.3 的讨论可以看出, 有些核的碎片分布明显地分为对称峰和非对称峰. 从一些非对称裂变的例子也可看到, 随着激发能的增加, 对称裂变的贡献迅速增大. 为了进行定量分析, 需要假设每一种模式的质量分布形式. 最简单的是一种高斯型的质量分布

$$G(A,\overline{A},\sigma) = \frac{1}{\sqrt{2\pi\sigma^2}}\exp\left[\frac{-(A-\overline{A})^2}{2\sigma^2}\right]. \tag{7.3.1}$$

此式表明,质量数 A 的分布只由平均质量数$\overline{A}$和宽度 σ 所决定. 人们发现,用这种分布来拟合实测的质量分布,对所有锕系元素的低激发态裂变,用三个模式就足够了. 一般可将碎片质量分布写成

$$\begin{aligned}Y(A) = &C_s G(A,A_f/2,\mu_s\sigma)\\ &+ C_d[G(A,A_d,\sigma) + G(A,A_f-A_d,\sigma)]\\ &+ C_m[G(A,A_m,\mu_m\sigma) + G(A,A_f-A_m,\mu_m\sigma)]\\ &+ C_r[\Phi(A) + \Phi(A_f-A)].\end{aligned} \tag{7.3.2}$$

公式(7.3.2)表示裂变由三种具有不同的质量分布的模式组成. 第一种为对称裂变公式中的第一项,其所占组分为 C_s,平均质量数为 $A_f/2$,A_f 为裂变核的质量数,宽度为 $\mu_s\sigma$. 另外两种为非对称模式,碎片的平均质量数分别为 A_d 及 A_m,宽度分别为 σ 及 $\mu_m\sigma$,组分分别为 C_d 及 C_m. 式中 $C_s,C_d,C_m,A_d,A_m,\mu_s,\sigma$ 及 μ_m 等均为拟合参量. $C_r[\Phi(A)+\Phi(A_f-A)]$为拟合后剩余部分的产额,归一化条件为

$$\sum_{A=1}^{A_f}\Phi(A) = 1.$$

$$C_r = 100 - \left(\frac{C_s}{2} + C_d + C_m\right), \tag{7.3.3}$$

C_r 的大小在一定程度上反映了拟合的质量以及壳效应和对效应对质量分布的影响. 式(7.3.2)对所有低激发锕系元素裂变都适用. C_r 一般不超过 10% . 表 7.2 给出了五种典型裂变事例的拟合常数.

表 7.2　若干典型的裂变质量分布的三模式的拟合常数

裂变体系	$C_s/(\%)$	μ_s	$C_d/(\%)$	A_d	σ	$C_m/(\%)$	μ_m	A_m	$C_r/(\%)$
^{226}Ra(p,f)13 MeV	108.0	1.74	40.0	138.0	5.3	5.0	0.61	144.1	1.0
^{229}Th 热中子	0	—	81.0	140.0	4.3	9.0	0.29	144.3	10.0
^{235}U 热中子	0.2	1.40	78.0	140.7	5.1	18.0	0.46	135.9	4.0
^{252}Cf	0.7	2.00	78.0	143.6	5.4	9.5	0.52	135.2	12.5
^{257}Fm 热中子	169.0	2.60	6.2	154.6	8.2	9.3	0.62	129.0	0

表中 13 MeV 为入射质子能量,热中子表示为热中子核裂变.

图 7.11 则给出了其中三种拟合情况. 从表上可见,^{229}Th 热中子裂变与^{252}Cf 自发裂变未能拟合的剩余分布的 C_r 最大,这是因为这两种情况裂变核的激发能特别低,因此不平滑的对效应与壳效应特别大. ^{226}Ra(p,f) 13 MeV 激发能比较高,而^{257}Fm 本来就容易裂变,加上一中子的结合能以后在断点处的激发能也比较高,因此在这两种情况下,几乎没有剩余分布. ^{235}U 热中子裂变则介于上述两种情况之间. 由图 7.11(a)、图 7.11(b)可见,剩余分布是比较有规律的. 在图上用箭头标出的最

可几电荷数为偶数的碎片,所对应的剩余分布较大,这表明对相互作用导致产额的增加.最可几电荷数由第五章公式(5.3.1)计算,取 $\Delta Z=0.5$,计算结果取最接近的整数.还应指出的是,^{257}Fm 热中子的第三模式的质量分布也是对称的,其分布宽度比第一模式要窄得多.概括地说,如果假设每一碎片的质量分布都是高斯型的,那么根据对实验碎片质量分布的分析,可得到四种模式.两种是非对称的,通常称为标准模式:标准模式Ⅰ(SⅠ)表示非对称较弱的模式,而标准模式Ⅱ(SⅡ)表示非对称较强的模式.另两种是对称模式:一种质量分布较宽的称为超长模式(SL),一种质量分布较窄的,称为超短模式(SS).

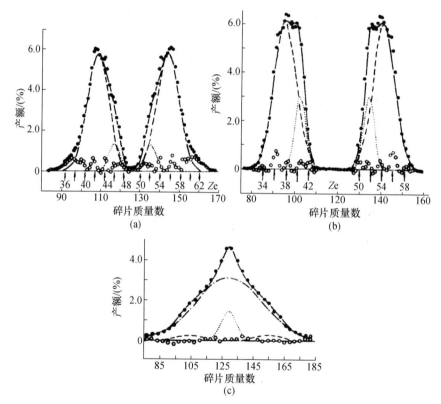

图 7.11　质量分布拟合情况[11]

(a) ^{252}Cf 自发裂变;(b) ^{235}U 热中子裂变;(c) ^{257}Fm 热中子裂变.

○表示拟合后剩余量,箭头与数字表示与质量数相对应的碎片最可几电荷数.

近来测定的一些重核自发裂变的质量分布如图 7.12 所示(归一化为 200%).由图可见,对称分布有两种很明显的模式,也可看到各模式之间的迅速变化.往往增加两个核子,分布图形就发生很大变化,这种情况从多模式理论的角度比较容易理解.正如在本节开始所指出的,模式的区分主要是壳效应的影响,各模式在裂变中所占的比重也主要由壳效应决定,因此改变一两个核子就有可能影响各模式的比重和质量分布的图形.

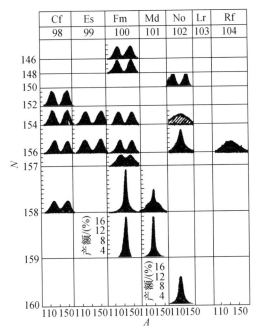

图 7.12　重核自发裂变的质量分布(归一化为 200%)

7.3.2　多模式裂变的其他证据[12]

从碎片质量分布已经找到低激发态裂变存在几种模式的强有力的实验证据,在本书 §5.1 中曾指出,裂变后现象主要有碎片质量分布、动能分布和蒸发中子三个方面,这三者都是和断裂时体系的构形有关的.不同的模式既然具有不同的质量分布,也一定具有不同的断点形状,因而在动能和发射中子方面,也一定会出现不同的特点.为了分析有关动能和发射中子的实验数据,首先介绍一下这些量和断点之间的关系.图 7.13 为由拟合 ^{235}U(n,f)三种模式的质量分布确定的典型断点构形,C 为颈部最窄处,是最可几断点,一般 C 可向左右移动,以改变两碎片的质量,而质量分布与断裂所耗能量的指数成反比.碎片最后获得平均动能 $\overline{\text{TKE}}$,即为在断裂时相对运动动能加上位能

$$\overline{\text{TKE}} = E_C + V_N + K,$$

式中 E_C 为库仑能,V_N 为核力吸引能,取负值,K 为碎片的初始相对动能.如近似地认为 V_N 与 K 相互抵消,则

$$\overline{\text{TKE}} \approx E_C \approx \frac{Z_1 Z_2 e^2}{D} \approx \left(\frac{Z_1}{A_1}\right)^2 \frac{A_1 A_2 e^2}{D}, \tag{7.3.4}$$

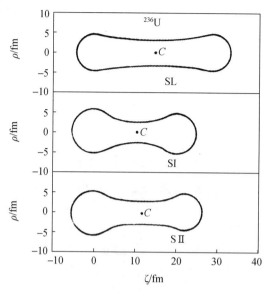

图 7.13 典型的断点形状

式中 A_1, A_2 为两碎片的质量数,这里近似地假设电荷是均匀分布的,D 为两碎片电荷中心的距离.由式(7.3.4)可见,表征断点构形系拉长程度的量 D 与碎片平均总动能成反比,对给定的 D,碎片平均总动能总是当对称分裂时最大,如图 7.14 所示.碎片放出的中子数和它的激发能成正比,而碎片的激发能 $E^*(A)$ 为在断点处碎片的激发能和形变能之和,即

$$E^*(A) = E_{\text{def}}(A) + \frac{A}{A_{\text{f}}} E_{\text{CN}}^*, \tag{7.3.5}$$

式中 A 为碎片质量数,A_{f} 为裂变核的质量数,E_{def} 为断点处碎片形变能,E_{CN}^* 为断点处复合核的激发能.

$$\bar{\nu}(A) \approx E^*(A) \Big/ \frac{\text{d}E^*(A)}{\text{d}\bar{\nu}}, \tag{7.3.6}$$

$\bar{\nu}(A)$ 为质量数为 A 的碎片的蒸发中子数,$(\text{d}E^*(A)/\text{d}\bar{\nu})$ 为平均每发射一个中子所需的激发能,可近似地取 8 MeV.由式(7.3.5)与(7.3.6)可见,无论是重碎片还是轻碎片,碎片蒸发的平均中子数总是随质量数的增加而增加的,而总的中子数则随 D 的增加而增加,也就是说,随 $\overline{\text{TKE}}$ 的减少而增加.碎片平均总动能随重碎片质量数 A_{H} 的变化如图 7.14 所示,而碎片释放的中子数 $\bar{\nu}(A)$ 则如图 7.15 所示.由此可见,裂变的模式也会在 $\overline{\text{TKE}}$ 和 $\bar{\nu}(A)$ 上表现出来.表示断点构形长度的量 D 也和质量分布的宽度有关.定性地说,D 越大,则质量分布的宽度也越大.

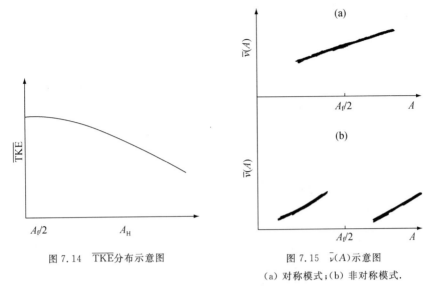

图 7.14　$\overline{\text{TKE}}$ 分布示意图　　图 7.15　$\bar{\nu}(A)$ 示意图

(a) 对称模式；(b) 非对称模式.

下面举一些例子.图 7.16（见第 222 页）是一些重元素自发裂变的碎片总动能 TKE 的分布图.如按高斯分布来分析,可近似地分为峰值在 200 MeV 的低能组分和峰值在 230 MeV 左右的高能组分.与图 7.12 所给的质量分布比较,可见低能组分对应于较宽的质量分布,而高能组分对应于较窄的质量分布,可能对应于 SL 及 SS 两种对称模式.更精细一点的实验则可同时对质量和动能进行分析[13,14].为此,可将(7.3.2)式做如下的推广（为了简便,只考虑重碎片的分布）

$$Y(A,\text{TKE}) = \sum_i C_i G(A, A_i, \sigma_i) G(\text{TKE}, \text{TKE}_i(A), \sigma_{\text{TKE}_i}), \qquad (7.3.7)$$

式中

$$\text{TKE}_i(A) = \frac{1.44}{D_i}\left(\frac{Z_f}{A_f}A - 0.5\right)\left[\frac{Z_f}{A_f}(A_f - A) + 0.5\right], \qquad (7.3.8)$$

单位为 MeV.式(7.3.8)为稍经改进的(7.3.4)式.应用式(7.3.8)对 ^{235}U(n_t, f) 及 ^{232}Th(γ, f) 的实验数据进行分析,结果如图 7.17（见第 223 页）及表 7.3（见第 224 页）所示.这些结果清楚地表明,对于轻锕系核的低能裂变,主要为 SI,SII 两种非对称模式；激发能较高时,对称模式 SL 开始表现出来.从表 7.3 可以看出,质量分布较窄的 SI 模式正对应于 D 较小、动能较大的模式.这种自洽的分析是非对称裂变分成 SI,SII 两种模式的重要证据.理论估算是根据下一小节将介绍的多模式模型估算的,与相应的实验值相差不大.

关于 ^{236}Pu, ^{238}Pu, ^{240}Pu, ^{242}Pu 的自发裂变的碎片质量和动能分布的实验测量为存在 SI,SII 两种非对称模式提供了另一个出色的实验证据,如图 7.18（见第 225 页）所示.从图上可见,随着中子数的增加,分布的峰值逐渐由 $A_H = 140$, $\overline{\text{TKE}} = 170$ 质量分布宽度较大的 SII 模式转到 $A_H = 134$, $\overline{\text{TKE}} = 190$ 质量分布较窄的 SI 模式.应用这种模式理论,质量和动能分布随裂变核中子数的变化是很容易理解的.

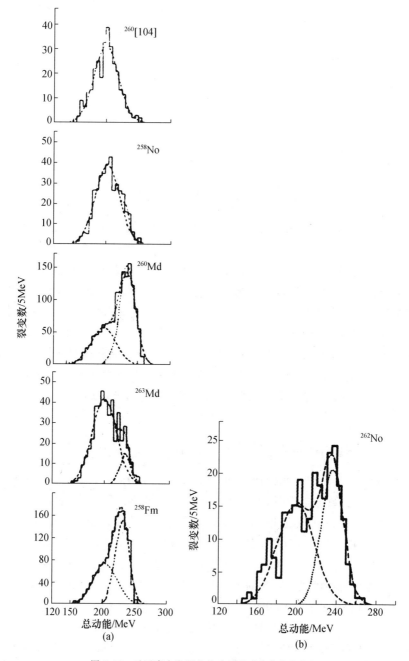

图 7.16　重元素自发裂变的碎片总动能分布的分析

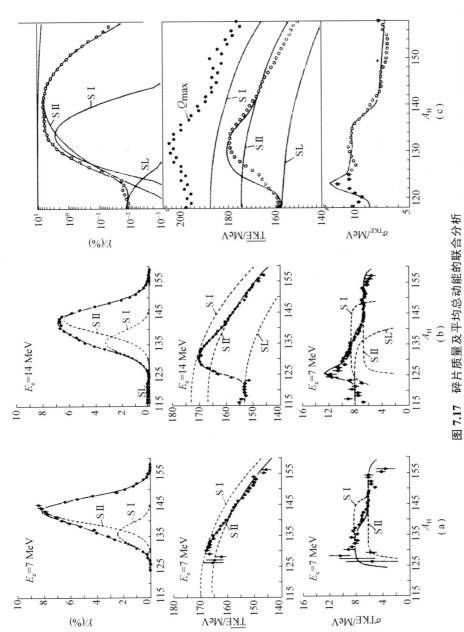

图 7.17　碎片质量及平均总动能的联合分析

(a) 韧致辐射引起的 ^{232}Th(γ,f)裂变，电子端点能量$E_e=7$MeV；(b) 同(a)，$E_e=14$MeV. (c) ^{235}U$(n_{th}f)$的联合分析，Q_{max}为给定质量分布的最大Q值.

表 7.3　碎片质量及平均总动能联合分析

	反　应	模　式	C_i	A_i	σ_i	D_i/fm	$\sigma_{\mathrm{TKE}_i}/\mathrm{MeV}$
实验数据	$^{232}\mathrm{Th}(\gamma,f)$	S I	19.8	135.7	3.2	17.2	7.3
		S II	80.2	143.3	4.0	17.7	7.3
	$\mathrm{Th}(\gamma,f)14\ \mathrm{MeV}$	SL	1.2	116	—	19.0	9.4
		S I	29.2	135.2	3.6	16.9	9.6
		S II	69.6	142.7	4.3	17.5	7.7
	$^{235}\mathrm{U}(n_t,f)$	SL	0.07	118	4.1	19.4	$\sigma_{\mathrm{pi}}(\mathrm{fm})$
		S I	18.3	133.9	2.6	16.0	0.68
		S II	81.4	141.1	5.0	17.5	0.80
理论估算值	$\mathrm{Th}(\gamma,f)7\sim 10\ \mathrm{MeV}$	SL		116	7.5	18	
		S I		132	2.8	16	
		S II		138	5	17	
	$^{235}\mathrm{U}(n_t,f)$	SL		118	5.5	19	
		S I		133	2.1	16	
		S II		147	6	19	

^{232}Th 取自文献[13]，^{235}U 取自文献[14].

　　裂变的不同模式在碎片发射中子中也清楚地表现出来. 图 7.19（见第 226 页）给出了 $\bar\nu(A)$ 随碎片质量数变化的例子. 图中实线为多模式模型的理论计算值. ^{213}At 裂变的主要模式是 SL 对称模式，如图 7.19(a) 所示，$\bar\nu(A)$ 应随 A 单调升高，图上所示两组实验数据虽然差别颇大，但单调上升的趋势是一致的. 由表 7.2 可见，^{227}Ac 裂变大体上 S II 与 SL 各贡献一半，因此围绕着对称峰，$\bar\nu(A)$ 随 A 增加，而在对称峰的两侧，非对称裂变模式有重要贡献，因而呈现如图7.19(b)所示的锯齿形. ^{236}U 主要为非对称裂变，因而 $\bar\nu(A)$ 呈简单锯齿形，SL 只有较小的影响. 由图 7.19(d) 的右上端画出的总中子数 $\bar\nu(A_\mathrm{H})+\bar\nu(A_\mathrm{f}-A_\mathrm{H})$ 可见，对称裂变发射的总中子数最多（相当于超长模式）. 在图7.19(d)中还可以看到，对应于 $A_\mathrm{H}=130$ 处（SI 模式 D 最短）总中子数最小，而 $A_\mathrm{H}=140$ 处有一肩部，表示了 S II 模式的影响. 图7.19(e)所示的 ^{252}Cf 自发裂变的 $\bar\nu(A)$ 值为新的实验结果，它表明在极端非对称情况下出现一个新的锯齿，这和理论预测有一个新的极端非对称模式 SA 有关. 图中曲线是在实验前的预测. 最后，图7.19(f)中 ^{260}Md 的 $\bar\nu(A)$ 在对称裂变处有一凹槽和其他体系都不同，由图 7.16 可见，在 ^{260}Md 的自发裂变中对称的超短模式 SS 有重要贡献. 这种模式由于 D 比较短，发射的中子数特别少，但这模式的贡献仅在对称裂变的附近，因此在 $\bar\nu(A)$ 分布上在对称裂变处形成一个凹槽. 由上可见，裂变中子发射都支持多模式的裂变模型，图上实线为理论值，是根据断点形状计算的.

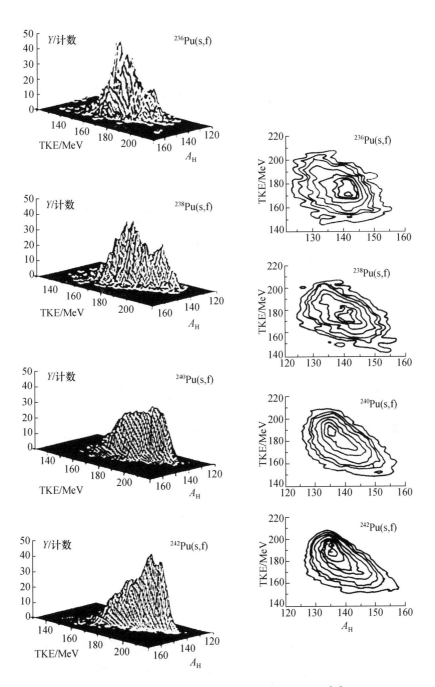

图 7.18　Pu 同位素自发裂变碎片的质量和动能分布[15]

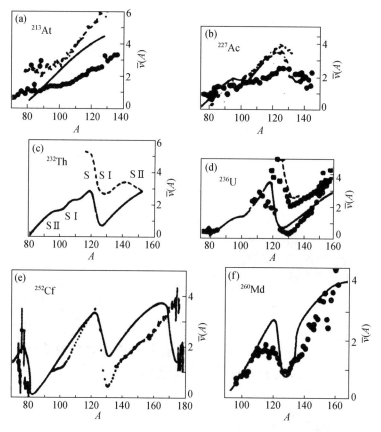

图 7.19 各裂变元素碎片平均发射中子数$\bar{\nu}(A)$

曲线为计算值，^{213}At 及 ^{227}Ac 画出了两组差别较大的实验值，

^{236}U 图上空的方形点为轻、重两对应碎片发射中子总数.

7.3.3 裂变的多模式理论

从理论上讲，多模式裂变理论要解决下列问题：裂变为什么会分模式进行？有哪几种模式？各种模式的几率如何计算？每种模式的质量、动能及释放中子数如何计算？这些问题目前都无法做出满意的答复. 因此，在本节我们首先强调了这种多模式模型是总结实验事实得出的. 由于缺乏有效地处理具有较强的量子效应的裂变动力学问题的方法，目前的理论只能假设裂变主要是沿着位能曲面上的沟谷进行的. 如果不考虑壳效应，液滴模型计算的位能曲面只在具有轴对称、前后对称的形变处有一条沟. 对于高激发态壳效应可以忽略时，裂变正是沿着这条沟（唯一的对称模式）进行的. 对于低激发态的核裂变，相当大的壳修正会在位能曲面上刻出若干条沟.可以设想,每一条沟代表一种低激发态的裂变模式,每一条沟也与一种断点构形相对应,因而每一模式有与之相应的质量、动能和发射中子数的分布,这就是当前多模式裂变模型的基本构想.

为了计算位能曲面,先要引入描写核形状的形变参量.有各种可供选择的形变参量,而位能曲面又依赖于参量的选择,不同的参量会显示出不同形状的曲面,因此应该选择直接描述核形状的几何参量作为各种数学参量的比较标准.如设核形状是轴对称的,则如图 7.20 所示.这类参量至少可以举出下列五种:表示核的拉长程度的量——核的总长度 $2l$;表示前后非对称的量——质心离几何中心(坐标轴的原点与核的两端等距)的距离 s;颈部与几何中心的距离 z,颈部的位置为在核的两端间 ρ 取最小值的点;颈部的半径 r 与曲率 ε.可选定 (l,r,z,ε,s) 为描述核形状的几何参数.在具体计算时,当然要选择含有若干参量的表面方程式来描述核的形状,而具体形状要受到所选方程式的制约.为了便于讨论裂变后的各种分布,Brosa 等人建议采用一种允许核具有很长而曲率很小的颈部的构形的表面方程式,细节请参考文献[12].

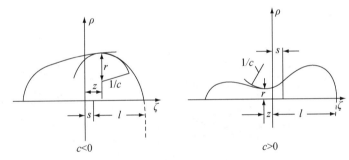

图 7.20 核形状的几何参量
ζ 为对称轴.

一旦描写形变的方程式选定,就可用本书第二章介绍的方法计算位能曲面,但在这具有五个自变量的曲面上寻找裂变通道并非易事.可以用下述方法来确定沟的位置.如在位能曲面上通过任一点 $x_{10},\cdots,x_{n0}$($x_{10},\cdots,x_{n0}$ 代表 l,r,z,s,ε 等几何参量)做一截面,则所有的沟均应对应于此面上能量处于极小值的点.当 $x_{10},\cdots,x_{n0}$ 的值变动时,极小点的轨迹就是要求的裂变通道.当要比较精确地决定裂变通道时,应取截面的法线大体上平行于通道的方向,这样定出的沟底更明确一些.通道上一些特殊的点,如能量为极值的平衡点、鞍点及两通道交叉的分支点等,可以通过反复核算定得更准确一些.可规定 $r=1.5$ fm 或 1.2 fm 为断点处的半径(实际计算时 r 应取得更大一些),以计算断点的构形.为了便于计算,可以采用几种方法来确定裂变通道.例如,可以单从 (l,r,z) 空间来确定通道,即仅选三个参量的表面方程式,也可以在五维空间(l,r,z,s,ε)中先用液滴能取极小的条件消去z,ε;然后在剩下的(l,r,s)空间中确定通道.当然也可以直接在五维空间确定通道.人们发现,用各种方法找到的超长模式、超短模式和两标准模式是比较稳定的,不随方法的改变而变化.但两标准模式的分支点和第二位垒则有明显的变化,而超非对称模式则更依赖于所采用的方式.

　　图 7.21 为计算的 ^{252}Cf 位能曲面在 r-l 平面上的位能等高图.在图上还画出了超长和超短两对称模式所对应的位能曲面上的两条沟.比较图 7.21(a)和图 7.21(b)可见,确实是壳效应使对称裂变分为明显的超短和超长两个模式.

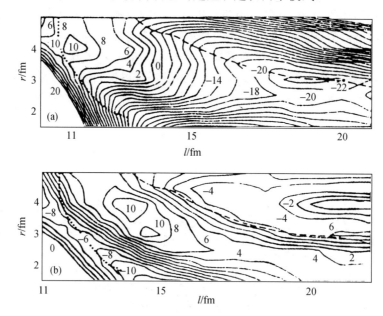

图 7.21　^{252}Cf 位能曲面在 r-l 平面上的等高图($z=0$)

(a) 液滴模型的计算结果;(b) 经过壳修正的值.短划线表示长模式通道,点线表示超短模式通道.

　　在图 7.22(见第 229 页)中,分别画出了 ^{252}Cf 四模式的通道在 r-l 平面(右上角),r-z 平面(左上角)和 l-z 平面(左下角)上的投影以及四模式的位能随 l 的变化图(右下角).由图可见,超短和超长两模式都要比标准模式越过更高的位垒,因而对 ^{252}Cf 自发裂变贡献很小.理论计算表明,各锕系元素以及再轻些的几个元素的裂变模式都可以分为超短和超长两个对称模式和两个非对称的标准模式 SⅠ 和 SⅡ 以及一个超非对称模式 SA.这些结果和实验是一致的.各模式之间的分叉关系如图 7.23(见第 229 页)所示.关于理论计算的结果与实验的比较可参看表 7.2 与图 7.19.这些理论计算值,是根据理论计算所得的各模式的大致上的断点构形,和由拟合实验所得的各模式在裂变中所占的份额计算的.目前还无法从理论上计算

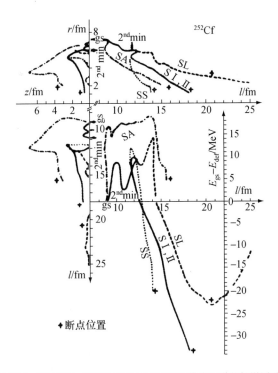

图 7.22　^{252}Cf 超长（SL）、超短（SS）、超非对称（SA）及标准四模式通道的投影图及能量随通道的变化

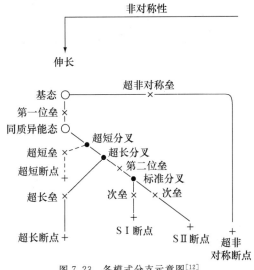

图 7.23　各模式分支示意图[12]

○:稳定态,×:位垒,＋:断点,●:分叉点.

这些份额,也无法较严格地计算断点的构形.但也要指出,图7.19中^{252}Cf的三锯齿分布和^{260}Md的$\bar{\nu}$分布曲线的形状都是先在理论上预言而后得到实验验证的.应该指出,目前这种基于位能曲面的静力学理论仅仅是一种半定量的初步模型.要从动力学角度来处理这类低能裂变还有待于理论的进一步发展,特别是从量子多体理论的角度来处理这一类大形变的集体运动方法目前还不成熟,给发展这类低能裂变理论带来很大的困难.尽管如此,这种经过不少实验验证的多模式模型看来是能成立的,而且一旦根据某些实验要求确定了合适的断点形状,由拟合碎片质量分布确定各模式的份额,就不难从理论上计算质量和动能分布,以及各种质量碎片的平均蒸发中子数等,得到与实验一致的结果[16],如图7.24、图7.25、图7.26所示.已经对不少的低能裂变体系做过类似的分析,都得到满意的结果,因此这种模型也可用做系统处理实验数据的方法.

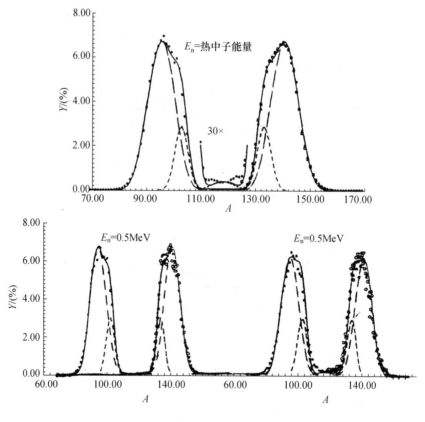

图 7.24 ^{235}U(n,f)碎片质量分布

●,○ 均为实验值.

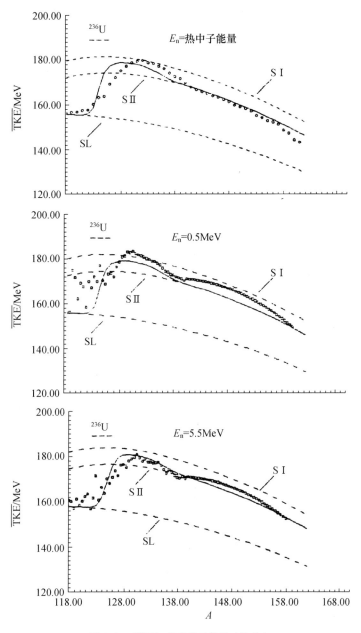

图 7.25 ^{235}U(n,f)碎片平均总动能分布

□ 为实验值.

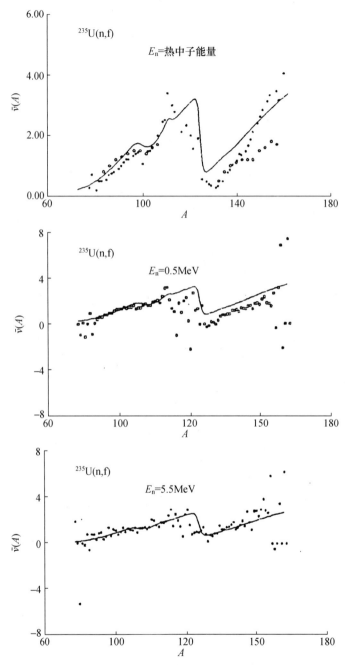

图 7.26 ^{235}U(n,f)碎片平均蒸发中子数随碎片质量数的变化

□, * 均为实验值, 曲线为文献[16]的结果.

参 考 文 献

[1]　胡济民，杨伯君，郑春开. 原子核理论(修订版)，第一卷，北京：原子能出版社，1993，163~183，217~221.

[2]　J. W. Negele，S. E. Koonin，P. Moller，J. R. Nix，A. J. Sierk. *Phys. Rev.*，C17，1978，1098.

[3]　J. Block，H. Flocard. *Nucl. Phys.*，A273，1976，45~60.

[4]　J. F. Berger，M. Girod，D. Gogny. *Nucl. Phys.*，A428，1984，23c~36c.

[5]　D. L. Hill，J. A. Wheeler. *Phys. Rev.*，89，1953，1102.

[6]　J. Decharge，D. Goggny. *Phys. Rev.*，C21，1980，1568.

[7]　P. Fong. Statistical Theory of Nuclear Fission，New York Gordon and Breach，1969.

[8]　范希明，柴发合，胡济民. 高能物理与核物理，7，1983，735.

[9]　A. Gilbert，A. G. W. Cameron. *Can. J. Phys.*，43，1965，1466.

[10]　B. D. Wilkins，E. P. Steinberg，R. R. Chasman. *Phys. Rev.*，C14，1976，1832.

[11]　F. C. Wang，J. M. Hu. *J. Phys. G. Nucl. Parrt*，*Phys.*，15，1989，829.

[12]　U. Brosa，S. Grossmann，A. Muller. *Phys. Rep.*，197，1990，168.

[13]　M. Piessens et al. 50 Years with Nuclear Fission，Ed. J. W. Behrens，A. D. Carlson，Illinois USA，American Nuclear Society Inc.，1989，673~680.

[14]　H. H. Knitter et al. *E. Naturforrsch*，42A，1987，786.

[15]　C. Wagemans，P. Schillebeeckx. *Nucl. Phys.*，A502，1989，287c~296c.

[16]　T. S. Fan，J. M. Hu，S. L. Bao. *Nucl. Phys.*，A591，1995，161.

第八章　其他裂变现象

裂变是一种广泛存在的核现象,并且在其他科学领域也存在着类似的现象.在本书前面几章中所介绍的只是有关重核低能裂变的主要实验现象和理论模型,有些重要现象还未涉及,例如高激发态和高自旋态的裂变、多重裂变等,因此有在本章加以补充介绍的必要.在这一章中最后提到的原子团的裂变,则为新近才受到注意的发展中领域,也可能会成为研究原子和分子物理的一个重要方面.

§8.1　重离子裂变[1,2]

在重离子核反应中,如果形成了处于各个高激发态的较重的核体系,就可能发生裂变,因此裂变是重离子核反应中普遍存在的现象,而且也是研究反应机制的一种手段.通过对裂变碎片的测量有助于研究裂变前激发核体系的形成机制,这往往是低、中能重离子核反应中最复杂的部分.例如从形成机制看,就可以有擦边反应、深度非弹性散射、部分熔合或全熔合反应等,它们都可能形成发生裂变的核体系.从裂变机制看,既可能发生经过全熔合的裂变,也可能发生裂变位垒为零的快裂变或未经过正常裂变鞍点的赝裂变,而在裂变前往往还会经过多重粒子发射的竞争,由此可见,重离子裂变是一个很复杂的过程.但从另一面看,重离子裂变也有简单的一面.重离子裂变中的裂变体系大都处于高激发态,壳效应可以忽略,因而其位能曲面可用宏观模型计算.对较重的体系,碎片质量分布是对称的(这在重离子反应中是发生裂变的一种标志).从动力学讲,可应用本书第六章所介绍的经典方法,因此从这些方面看来,重离子裂变又有简单的一面.

由上面的讨论可见,重离子裂变现象更多是关系到重离子核反应的机制,是重离子核反应的研究内容,而较少涉及裂变机制问题.但是,这种裂变往往是在高激发和高自旋的状态下进行的,对裂变机制的研究也是有价值的.下面简单地介绍重离子裂变的一些特点.

8.1.1　裂变碎片的质量分布与动能分布

重离子引起裂变时,体系处于各个高激发态,碎片质量为对称分布,这是区分裂变和其他重离子核反应的主要标志.质量分布的半宽度一般随体系的总质量数 A 增加而增加,可写成 $\sigma(A)$,σ 的值大约在 $0.015 \sim 0.025$ 之间,有随激发能增加而增加的微弱趋势.

关于碎片的平均总动能$\overline{\text{TKE}}$,所有裂变可以用统一经验公式来表示,即

$$\overline{\text{TKE}} = \left[(0.1189 \pm 0.0011)\frac{Z^2}{A^{1/3}} + 7.3 \pm 1.5\right]\text{MeV},\qquad(8.1.1)$$

式中Z和A均指整个体系而言.上式同样适用于^{12}C$+^{40}$Ca以及^{89}Y$+^{238}$U这样不同的体系(除去Fm及Md等少数同位素的冷自发裂变,属于超短模式,已在第七章中叙述).式(8.1.1)与实验值的符合情况如图8.1所示.实验还表明,同一裂变体系的$\overline{\text{TKE}}$值并不随体系的激发能增加而发生显著的变化,但分布的半宽度则近似地随激发能线性增加,如图8.2所示(见第236页).

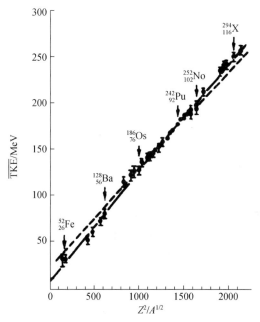

图8.1　碎片平均总动能$\overline{\text{TKE}}$随裂变核$Z^2/A^{1/3}$值的变化
实线为(8.1.1)式所给的理论值,虚线为较早的理论值.

这些实验结果表明,不论体系的轻重和激发能的大小,关于裂变的基本图像是一致的.碎片动能主要来自断裂时的库仑能,质量分布则主要由断点形状所决定.

8.1.2　裂变与粒子发射

重离子核反应所形成的裂变核体系往往处于高激发态.这种核在裂变过程中往往伴随着粒子发射,主要是中子发射,也会有质子或α粒子发射.不过由于库仑位垒的阻碍,荷电粒子发射的几率较小,也比较难以从理论上处理,因此我们将只考虑中子发射.和我们已讨论过的低能裂变不同,对处于高激发态的重离子裂变,

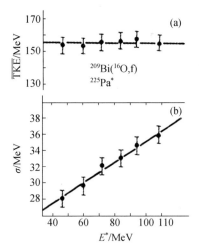

图 8.2　碎片平均总动能$\overline{\mathrm{TKE}}$及其分布半宽度与激发能的关系

(a) ^{225}Pa* 碎片平均总动能随激发能的变化;(b) $\overline{\mathrm{TKE}}$分布半宽度随激发能的变化.

在断裂前也有很多中子发射.为了进行理论分析,区分这两类中子发射是很重要

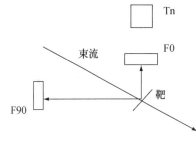

图 8.3　探测中子的实验装置

的.这主要可以根据在不同方向测得的中子速度谱的分析来区分这两类中子.由于断裂前放出的中子对裂变核是各向同性的,因此用图 8.3 的实验装置和简单的分析即可分别得出断裂前和断裂后释放的中子.如图 8.3 中的 F0 和 F90 分别为相互垂直的两碎片探测器,Tn 为飞行谱仪的中子探测器,与 F0 在同一方向上.实验可测定 Tn 与 F0 及 Tn 与

F90 两种符合中子谱.如设中子谱的形式为 $\varepsilon_\nu \propto \exp(-\varepsilon/T)$,则可通过拟合实验结果来确定断裂前中子及碎片中子对测定的中子谱的贡献,如图 8.4 所示.

各种不同的裂变体系,释放的断裂前中子数及碎片中子数有相当大的涨落,其随激发能总的变化趋势如图 8.5 所示.由图可见,激发能平均增加 50 MeV,断裂前中子即增加一个,而碎片蒸发中子数则随激发能仅有微弱的增加趋势.由此可见,裂变体系的大量激发能,均通过发射粒子而消失,断裂后由碎片蒸发中子的激发能,基本上和低能裂变时差别不大.

裂变本来是一种集体形变运动和粒子发射的竞争过程.对于低激发态裂变,这种竞争表现为裂变宽度和中子宽度的比较.体系或者发生裂变,或者释放中子.释放中子后的再裂变几率很小.对于高激发态裂变,体系可以发射几个到几十个中子后再裂变,而级联发射若干中子所需要的平均时间是可以通过统计模型估算的,这应该和裂变集体运动所需时间相当.图 8.6 给出了从这种方法估计的在各种激发

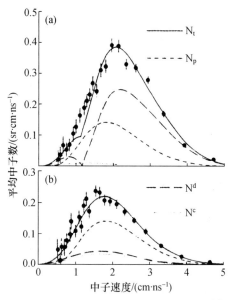

图 8.4　^{19}F(115 MeV)$+^{159}$Tb 的中子速度谱[4]

(a) 与 F0 符合的中子谱；(b) 与 F90 符合的中子谱. N^d 为参与符合碎片释放的中子谱，

N^c 为符合碎片互补碎片释放的中子谱，N_p 为断裂前的中子谱，N_t 为总中子谱.

能的核体系($Z=77,78$)的寿命，相当于由集体运动导致裂变所花费的时间. 从图上可以看出有关动力学的以下特点：(1) 由黑点标出的、在 5×10^{-20} s 的地方有一个平台. 在同一能区内，由统计模型(即玻尔-惠勒公式)计算的越过鞍点的寿命用一实线标出. 当激发能超过 100 MeV 时，这样估计的裂变寿命已远远短于有蒸发中子所估算的寿命. 由鞍点到断点的时间，在第七章已经估算过，数量级为 10^{-21} s. 由此可见，寿命的增长表示由统计模型估算的寿命太短. 如果考虑了黏滞性，应用 Kramers 的公式，就可能获得与发射中子估算的寿命值相一致. 这是高激发态裂变为一种超阻尼运动的实验证据.(2) 由于这种阻尼，使在断裂时体系留下的激发能为 60 MeV 左右，基本上与初始激发能无关，这就是为什么碎片释放的中子数基本上与体系的激发能无关的原因(参看图 8.5).(3) 即使对于激发能很高的核，从复合核到断裂的时间基本上仍在 10^{-20} s 左右，同样对没有位垒的快裂变过程(在图内用空圈表示)，裂变集体运动所费的时间仍在 10^{-20} s 左右，即断裂总是在核的退激发链的末端进行.(4) 有叉的空圈是专门选择形成非对称碎片的裂变过程测量的，达到这类裂变所需的时间约为 3×10^{-21} s，比相同的激发能的对称裂变的时间要短，而和深度非弹性散射的特征时间相当. 很可能这种非对称的质量分裂与角动量很大的裂变有关，也可能与深度非弹性散射有重叠的领域.

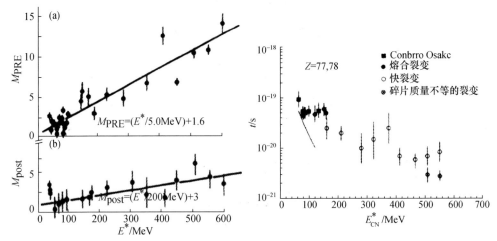

图 8.5　各裂变体系释放中子数随激发能的变化
(a) 断裂前中子多重性；(b) 断裂后中子多重性.

图 8.6　由蒸发中子推算的激发核寿命[4]

8.1.3　线性动量转移[5]

在重离子碰撞中，入射离子的动量有一部分或全部转移给了碰撞后所形成的复合体系中，称为线形动量转移. 测定这种线性动量转移，对于了解中能核反应机制是很重要的. 因为它可以帮助我们判断弹核与靶核是否熔为一体（完全动量转移），或发生周边碰撞（动量转移很小），或发生更激烈的反应（部分动量转移）. 裂变碎片的角关联可以用来测量这种动量转移. 正如前一段中已经指出的，裂变碎片有特征的质量和动能分布，在一个复杂的重离子反应中较易辨认. 如图 8.7(a)，只

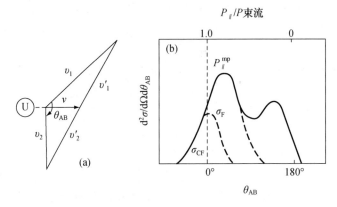

图 8.7　线性动量转移
(a) 转移动量 P 和 θ_{AB} 的几何关系，v 为复合核速度；
(b) 碎片夹角 θ_{AB} 的示意图，图上端 1.0 和 0 分别标明 $P_{/\!/}/P_{束流}=1$ 及 0 相对应的 θ_{AB}.

要测定两碎片的速度 v_1 和 v_2 及夹角 θ_{AB} 就可以计算线性动量转移 $P_{/\!/}$. 给定 v_1 和 v_2，则 $P_{/\!/}$ 即为夹角 θ_{AB} 的函数. 实验测得的 θ_{AB} 的分布大体上如图8.7(b)所示. 一般所测得的是一个有宽度的分布，这是因为体系在反应过程中会蒸发几个到几十个轻的粒子，因而使碎片的方向及转移的动量受到影响，产生离散. 实际上测得的 $^{14}N+{}^{238}U$ 体系的碎片夹角分布如图 8.8 所示. 图上每一组数据的上端的标尺表明线性动量转移比由 1.0 到 0 所对应的 θ_{AB}. 由图可见，当能量刚刚超过库仑位垒时，主要为全动量转移的全熔合反应. 当入射粒子能量增加时，周边反应的比重逐步增加，但仍伴随着一定的全动量转移. 当离子能量达到每核子 40 MeV 时，周边反应和接近全动量转移反应的比重变得差不多. 由于体系会发射很多粒子，夹角的分布已比

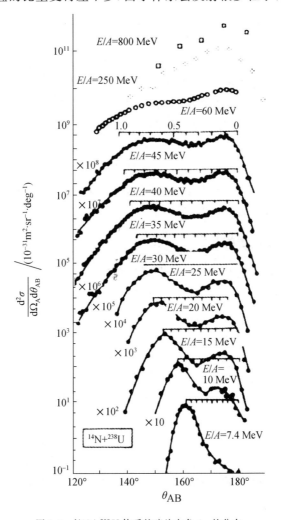

图 8.8　$^{14}N+{}^{238}U$ 体系的碎片夹角 θ_{AB} 的分布

较平坦.能量进一步提高,如每核子能量超过 100 MeV,全动量转移几率已经很小,甚至很少发生了.这一类实验对不少重离子反应都进行过,对于弄清给定能区,以哪一类反应为主是有帮助的.

§8.2 多 重 裂 变[6]

多重裂变首先是在 1946 年由我国科学家钱三强、何泽慧观察到的,并对这一现象做过精辟的研讨[7].这是较稀有的现象,大概在每千次裂变中可以看到 2 到 5 次伴随着一个轻荷电碎片(LCP)的裂变,轻荷电碎片绝大多数为 α 粒子,而真正分成三块或四块大小相当的碎片的多重裂变(称为三裂变或四裂变),则在低能裂变中极为少见,在一亿次低能裂变中也许还看不到一次,因此我们将主要讨论伴随着 LCP 的三重裂变.这种 LCP 主要是在断裂过程中发射的,对于研究断点处核体系的结构很有意义.在反应堆中,这种裂变是氦和氢气体的主要来源,有关数据对于原子能工程也有重要意义.三重裂变曾受到广泛的注意.

因为裂变碎片也会释放粒子,为了给三裂变一个明确定义,可做如下的规定.我们知道,碎片在形成后约 10^{-18} s 内达到最大速度,如在这期间内出现三个粒子,则称为三裂变,其中一个粒子可以是中子或 LCP(可以人为规定 $Z \leqslant 10$ 的粒子为轻带电粒子);也可以是大小相当的三个碎片(称为真正的三裂变).我们将着重介绍伴随着 LCP 的三裂变的各种性质,最后简单介绍一些理论上的探讨.

8.2.1 轻粒子发射的几率

和裂变几率相似,裂变中轻粒子发射几率是最受到注意的物理量.在三裂变中最常见的是长射程 α 粒子(LRA)发射.这种 α 粒子的射程要比通常 α 衰变放出的 α 粒子射程长,因此称为长射程 α 粒子.对于这种释放 LRA 裂变的几率,通常测定其比值 A_{LR}/B,其中 B 为总裂变数,而 A_{LR} 为长射程 α 粒子数.最常用的方法是用 ΔE-E 计算器望远镜来探测粒子.用这种方法来探测长射程 α 粒子,需要在低能端给以切断,以防止衰变 α 粒子的干扰.然而三裂变的 α 粒子当然也有低能的,过去常用的办法是把 LRA 粒子能量作为高斯分布,外推到低能端加以补偿.对低能端能谱的详细研究表明,这部分粒子数要比高斯谱计算的多,因此按高斯谱外推计算 LRA 粒子数需要按不同的裂变体系做 6%～9% 的修正.这一类方法也可以用于其他 LCP 的测定,但不需要修正.由此可以测得总的三裂变几率 T/B.对于放出其他粒子,如 p, d, t, ^{6}He 等的几率,则通常以其与 LRA 的比值表示.测量结果如表 8.1、表 8.2、表 8.3 所示.

表 8.1　热中子裂变的三裂变几率[6]

复合核	$T/B(\times 10^{-3})$	$A_{LR}/B(\times 10^{-3})$
^{232}Pa	1.92 ± 0.13	
^{234}U	2.32	2.11
^{236}U	1.88	1.70
^{238}Np	2.24 ± 0.10	2.04 ± 0.08
^{240}Pu	2.16	
^{242}Am	2.7 ± 0.2	
^{244}Am	2.1 ± 0.2	
^{246}Cm	2.33	

表 8.2　自发裂变的三裂变几率

核　　素	$T/B(\times 10^{-3})$
^{240}Pu	3.18 ± 0.20
^{242}Pu	2.7 ± 0.3
^{244}Pu	2.7 ± 0.3
^{242}Cm	3.91 ± 0.23
^{244}Cm	3.18 ± 0.20
^{250}Cf	4.49 ± 0.30
^{252}Cf	3.77 ± 0.11
^{256}Fm	5.26 ± 0.61
^{257}Fm	4.25 ± 0.34

　　从表上可以看到如下特点：① 自发裂变的三裂变成分比中子激发裂变的大一两倍，而对激发能高于热中子的裂变体系，三裂变几率仅有微弱的变化. ② 如表8.3所示，不同的裂变体系各种荷电粒子的三裂变几率非常相似，氢和氦的同位素几乎占了 99% 的几率. ③ 如图 8.9 所示，质子数 Z 和中子数 N 的奇偶效应都非常显著，^{4}He，^{12}Be，^{14}C 更有显著的峰. ④ 有些同位素如^{5}He，^{10}He 等完全没有测到.

　　三裂变几率随不同核素的变化，可以表示为随 Z^2/A 或该核素 α 衰变几率 λ 变化的函数，如图 8.10、图 8.11、图 8.12 所示. 如图可见，三裂变产额近似地随 Z^2/A 及 lgλ 线性增加. 图 8.12 还表示，对一个同位素链，三裂变产额随中子数的增加而减少，其减少率大于由 Z^2/A 的减小而估计的减小率，因此，不能仅用参量 Z^2/A 来表明三裂变产额随核素的变化. 该图也表明自发裂变的三裂变产额大于热中子引起裂变的三裂变产额.

表 8.3　LCP 的相对产额(以 LRA 为 100)

反　　应	^{233}U(n_t,f)	^{235}U(n_t,f)	^{239}Pu(n_t,f)	^{242}Am(n_t,f)	^{252}Cf(s,f)
^{1}H		1	1.8		1.6
^{2}H	0.4	0.5	0.6		0.6
^{3}H	4.3	6.3	6.6	5.8	7.1
^{4}He	100	100	100	100	100
^{6}He	1.3	1.7	1.8	2.0	2.4
^{8}He	0.04	0.08	0.08		0.1
^{6}Li		0.0005			0.2
^{7}Li	0.04	0.04	0.06	0.08	0.2
^{8}Li	0.02	0.02	0.03	0.03	0.2
^{9}Li	0.03	0.03	0.05	0.06	0.2
^{9}Be	0.04	0.02	0.05	0.07	0.4
^{10}Be	0.40	0.31	0.46	0.54	0.4
^{11}Be		0.02	0.03		0.4
^{12}Be		0.01	0.02		0.4
^{11}B		0.002	0.008		0.04
^{12}B		0.002	0.009		0.04
^{13}B		0.002	0.012		0.04
^{14}B		0.001	0.002		0.04
^{13}C		0.005		0.14	0.4
^{14}C		0.05	0.13		0.4
^{15}C		0.01	0.03		0.4
^{16}C		0.002	0.03		0.4
^{18}C		0.0006			0.4

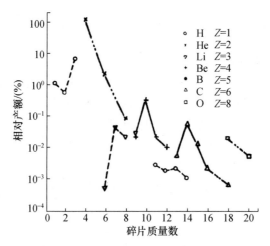

图 8.9　^{235}U(n_t,f)LCP 产额

LRA 产额为 100(其他裂变体系具有相似的曲线).

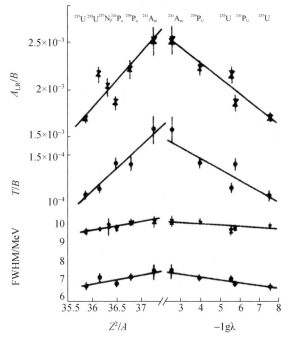

图 8.10 三裂变 α 及 t(氚)的产额及动能分布半峰值宽度(FWHM)
×为 α 粒子, ●为 t 粒子, λ单位为 a^{-1}.

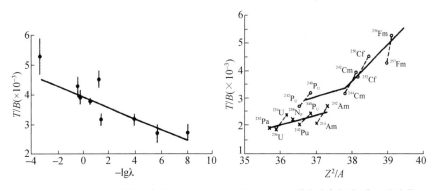

图 8.11 自发裂变三裂变总产额 T/B
随 $-\lg\lambda$ 的变化

图 8.12 三裂变总产额随 Z^2/A 的变化
×为热中子诱发裂变, ○为自发裂变.

8.2.2 粒子的动能分布

除了 α 粒子以外, 三裂变放出的轻粒子的能量都近似地为高斯分布, 如图 8.13 所示. $Z>2$ 的轻粒子的能谱未测量过, 估计也为高斯分布. 粒子能量分布是大量独立的因素促成的, 这些因素对能谱的影响大体相当, 因而根据中值定律, 在这些因素的作用下,能谱应取高斯分布.但是,从图 8.14 可见,α粒子的能谱分布,在低能端有一段不能为高斯分布所拟合.为什么只有α粒子的动能分布会偏离高斯分布呢? 一种可能的解释是这部分低能粒子是由^{5}He 放出一个中子而形成的.理论估计,三裂变释放的^{5}He 粒子应为α粒子产额的 5% 左右,而^{5}He 寿命极短,很快放出一个中子而形成一能量较低的α粒子.实验测得的轻粒子最可几能量及分布半峰值宽度如表 8.4 及 8.5 所示.

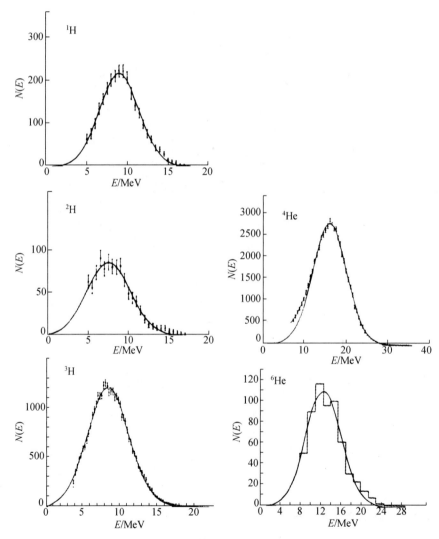

图 8.13　^{235}U(n_t,f)三裂变的 H 和 He 同位素的动能分布

曲线为高斯分布拟合值.

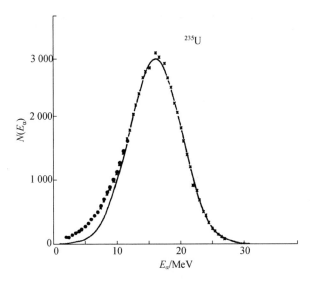

图 8.14 几个不同实验室测定的^{235}U(n_t,f)三裂变 α 动能分布（曲线为高斯分布拟合值）

表 8.4 轻粒子最可几能量

	最可几能量/MeV				
	^{233}U(n_t,f)	^{235}U(n_t,f)	^{239}Pu(n_t,f)	^{242m}Am(n_t,f)	^{252}Cf(s,f)
^{1}H	—	8.7±0.3	8.4±0.2		8.2±1.3
^{2}H	8.4±0.2	7.8±0.3	8.4±0.2		7.5±1.5
^{3}H	8.4±0.2	8.4±0.2	8.4±0.2	8.2±0.3	8.2±0.6
^{4}He	16.1±0.2	15.9±0.2	15.9±0.1	15.8±0.1	15.9±0.4
^{6}He	11.5±0.2	11.8±0.3	11.3±0.3	11.0±0.2	12.2±1.9
^{8}He	9.7±0.3	9.3±0.3	8.0±0.2		10.2±1.0
^{7}Li	15.8±0.3	15.1±0.3	14.5±0.2	13.7±1.0	
^{8}Li	14.4±0.5	13.8±0.4	13.3±0.4	12.7±0.3	
^{9}Li	12.2±1.0	12.1±0.3	12.0±0.3		
^{9}Be		15.0±0.6	16.2±1.2	16.6±2.0	
^{10}Be	17.0±0.4	17.4±0.3	16.3±0.2	16.2±0.9	
^{11}Be		15.9±0.8	15.9±0.6		
^{12}Be		13.5±1.3	12.9±1.8		
^{14}C		21.8±0.7	20.2±0.6	26.4±0.5	
^{15}C		21.5±0.4	18.6±3.3		
^{16}C		19.0±1			

表 8.5　轻粒子动能高斯分布的半峰值宽度

	半峰值宽度/MeV				
	^{233}U(n_t,f)	^{235}U(n_t,f)	^{239}Pu(n_t,f)	^{239}Pu(n_t,f)	^{252}Cf(s,f)
^{1}H		6.4±0.5	7.2±0.3		6.7±2.1
^{2}H	6.3±0.3	6.9±0.7	7.4±0.4		7.2±1.2
^{3}H	6.8±0.3	6.7±0.3	7.3±0.3	8.2±0.8	7.4±0.6
^{4}He	9.7±0.2	9.6±0.2	10.3±0.2	10.9±0.2	10.9±0.5
^{6}He	9.5±0.3	9.6±0.5	10.7±0.4	10.6±0.2	10.4±1.8
^{8}He	6.9±0.5	8.9±0.6	10.9±0.4		8.0±2.4
^{7}Li	12.1±0.4	13.3±0.6	13.6±0.3	11.0±3.5	
^{8}Li	10.6±0.8	11.0±1.3	12.5±0.9	10.3±1.2	
^{9}Li	11.0±1.5	10.7±1.2	12±0.6		
^{9}Be		11.0±2.2	16.6±1.5	18.7±3.2	
^{10}Be	15.7±0.9	17.0±0.5	16.3±0.3	17.2±1.7	
^{11}Be		15.3±2.3	14.1±1.0		
^{12}Be		13.4±2.4	13.6±2.5		
^{14}C		19.4±1.4	22.2±0.7	22.9±2.0	
^{15}C		12.8±0.8	17.7±7.1		
^{16}C		14±2			

由表 8.4 及 8.5 可以看出如下特点:

(1) 对各不同裂变体系,同一种粒子的最可几动能差不多是相同的. 对于 α 粒子,这特点曾在更广泛的裂变体系中得到验证. 对所有测定过的体系,平均动能均为(15.9±0.1) MeV. 这似乎表明,粒子动能主要是从库仑场加速中获得的. 而对这些裂变体系,库仑场变化并不大.

(2) 对于 H 同位素,其最可几动能基本上不随质量数变化,且明显地小于其他粒子. 对于其他同位素,则最可几动能总是随质量数增加而减小,这也可以从荷电粒子在库仑场中的运动得到解释.

(3) 半峰值宽度和用来拟合实验数据的范围有密切的关系. 不同实验难以直接比较. 在图 8.10 中,比较同一作者的实验结果表明,α 粒子及氚粒子的动能分布宽度随 Z^2/A 及 $-\lg\lambda$ 缓慢地线性增加,一般的趋势和表 8.5 的数据是一致的.

此外,实验还表明,同一粒子的动能的 FWHM 倾向于随裂变体系激发能的增加而增加.

8.2.3　轻粒子的角分布

在 20 世纪 50 年代前,钱三强等人从核乳胶中观察到三裂变时,首先受到注意的特征就是这第三粒子的发射方向几乎和裂变轴(碎片的飞行方向)垂直,这被称为赤道发射. 当时钱三强就曾指出这一特点的两个主要意义:① α 粒子一定是在两碎片之间发射的,观察到的飞行方向是在两碎片的库仑场联合作用下形成的.

② 发射应在两碎片很接近时发生,否则发射 α 粒子的碎片的库仑场将会对 α 粒子的飞行有更大的影响[7]. 但是对轻粒子角分布的测定却是相当迟的事. 典型的测量结果如图8.15所示,其他裂变体系所测得的角分布也和图 8.15 相似. 峰值位置均在 87°左右,稍偏向于轻碎片. 分布半宽度为 20°~30°. 少数测得的其他粒子的角分布如氚、⁶He 等均与此相似.

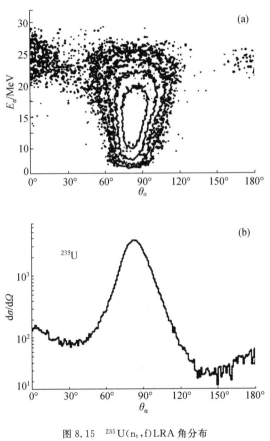

图 8.15　²³⁵U(nₜ,f)LRA 角分布

(a) α 粒子飞行方向及动能分布的等高图;

(b) 相对于轻碎片飞行方向的角分布.

从图 8.15 还可以看到,有少量 α 粒子沿裂变轴(指轻碎片飞行方向)发射,称为极向粒子. 这些粒子的动能比平均值要高出几 MeV,而且沿轻碎片发射的要多得多. 表 8.6 给出了关于²³⁵U(nₜ,f)的测定结果. 由图 8.15 的上图也可判断,极向发射的粒子不是由赤道发射的粒子经过某种偏折的机制而转变成极向的,因此这是由两碎片外侧的两端放出的. 而轻碎片的发射几率大于重碎片,可能是锕系元素低能裂变中重碎片由于壳效应而比较稳定,因而粒子发射的几率较小.

表 8.6 ^{235}U(n_t,f)极向粒子的产额及平均能量

粒子	总产额	极向发射产额		轻/重 发射比	极向/赤道 发射比	平均能量/MeV		
		沿轻碎片	沿重碎片			三裂变	L 发射	H 发射
p	0.96±0.01	30.5±2	44.5±4	2.0±0.2	0.11±0.02	8.9±0.2	11.2±0.1	11.2±0.2
d	0.56±0.02	2.8±0.5	3.4±0.9	2.4±0.9	(2±0.7)×10^{-2}	7.5±0.3	13.1±0.3	11.6±0.3
t	6.27±0.03	9.2±1.2	8.0±1.5	3.3±0.6	(4.6±0.8)×10^{-3}	8.4±0.1	15.3±0.2	13.6±0.3
α	100	100	100	2.9±0.2	3.2×10^{-3}	16.0±0.1	24.5±0.1	23.5±0.1
^{6}He	1.70±0.02	<0.06	<0.2			12.2±0.3		

对激发能稍高的锕系元素的三裂变研究表明,α粒子的角分布基本不随激发能变化.这似乎表明断点构形大体上与激发能无关,这和碎片的平均总动能不随激发能变化是同一原因.

8.2.4 轻粒子发射与其他裂变量的关联

由于裂变量很多,因此可能测量的关联也很多.但是由于三裂变本身几率就比较小,关联的事件就更少,因此能详细测量的关联并不多.

1. 三裂变的碎片质量分布

这是首先引人注目的关联.^{235}U(n_t,f)伴随着 α 粒子发射的碎片质量分布如图 8.16 所示.与二裂变的质量分布比较,可见 α 粒子主要取自轻碎片.仅当很不对称或接近对称分裂时,重碎片对 α 粒子发射才有一些贡献.但 Grachov 等人研究了^{252}Cf(s,f)伴随着 t 及 ^{6}He 的碎片质量分布,得到了 t 仅从重碎片放出,而 ^{6}He 可从两碎片放出的结论,这一结果尚未得到其他工作的证实.

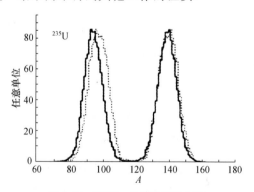

图 8.16 ^{235}U(n_t,f)碎片质量分布

虚线为二裂变,实线为伴随 α 粒子的碎片质量分布.

2. 三裂变碎片的总动能(TKE)

对于^{252}Cf(s,f),黄胜年等人做过详细的研究,碎片的动能如图 8.17 所示.由

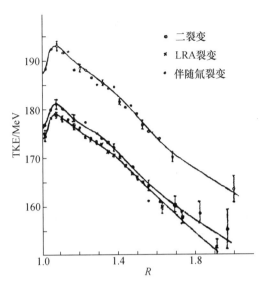

图 8.17　^{252}Cf(s,f)二裂变与伴随氚及 LRA 裂变的碎片动能的比较,横坐标 R 为两碎片的质量比.

图可见,无论是二裂变,还是伴随着 t 粒子或 α 粒子的三裂变,碎片总动能随质量比的变化曲线都是相似的.伴随 t 粒子的 TKE 则比二裂变的 TKE 下移(12.4 ± 0.3)MeV,而伴随 t 粒子的 TKE 则比伴随 α 粒子的 TKE 高出(1.7 ± 0.2)MeV.对其他裂变体系的研究结果,二裂变的 TKE 平均比伴随 α 粒子的 TKE 高 12~14 MeV,比伴随 t 粒子的 TKE 高出 10~12 MeV.碎片总动能和 α 粒子能量的关联如图 8.18 所示.

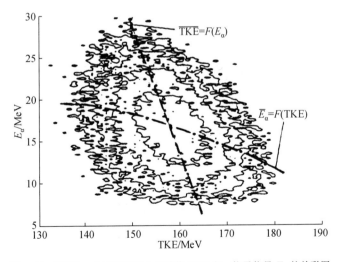

图 8.18　^{235}U(n_t,f)三裂变碎片总动能 TKE 和 α 粒子能量 $E_α$ 的关联图

3. 中子和 γ 射线的发射[8]

为了研究三裂变的能量平衡及碎片的激发能,黄胜年等对^{252}Cf(s,f)的 α 粒子及 t 粒子的三裂变的中子和 γ 射线的发射做了详细的研究. 他们测得,如以^{252}Cf(s,f)二裂变的平均发射中子数$\bar{\nu}_0$=3.757 为标准,则伴随 α 粒子及 t 粒子的平均发射中子数分别为 3.13±0.02 及 2.95±0.05. 平均中子数随粒子能量的变化如图8.19 所示.图上直线表示随能量的变化趋势.总之,随着粒子的发射,碎片的激发能会减小很多,发射 t 粒子比发射 α 粒子碎片激发能减小的更多.对于 γ 射线的发射,当三裂变时,瞬发 γ 射线的产额约为二裂变的 84%.瞬发 γ 射线产额随能量的变化如图 8.20 所示.在两图上都显示出在低能端有一些反常的变化.测定了平均

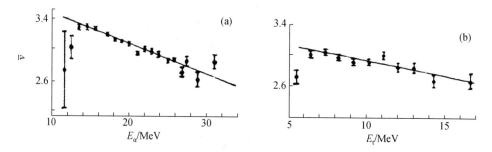

图 8.19　(a) $\bar{\nu}$ 随 E_t 的变化;(b) $\bar{\nu}$ 随 E_α 的变化

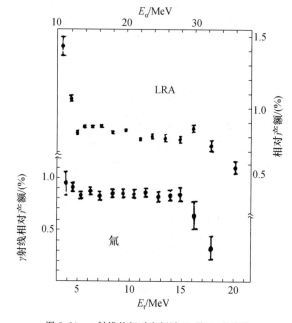

图 8.20　γ 射线的相对产额随 E_t 及 E_α 的变化

中子数$\bar{\nu}$及 γ 射线的平均能量,即可计算反应的 Q 值与理论比较,所得结果在误差范围内是一致的.

8.2.5　稀有的裂变事件

1. 真正的三裂变

前面叙述的三裂变是一种伴随着 $Z \leqslant 10$ 的轻粒子发射的裂变.实际上,发现 O 或重于 O 的离子发射的裂变几率已经很小,因此观察到真正三裂变的几率一定更小.应用精密的位置灵敏电离室研究^{252}Cf(s,f),测定的三裂变发射角及能量分布如图 8.21 所示.由此可以得出,最轻碎片质量数在 $12 \sim 30$ 之间的发射几率为 10^{-6}.如限定最轻的碎片质量数在 30 与 70 之间,则发射几率小于 8×10^{-8},当规定 $70 \leqslant A \leqslant 95$ 时,发射几率小于 2×10^{-9},该结果也为^{239}Pu(n$_t$,f)所证实,过去的放射化学实验数据也和此相仿.我们可以确定地说,低激发能真正三裂变几率上限为 10^{-7} 到 10^{-9} 之间.随着激发能增加,则真正三裂变几率也增加,如图 8.22 所示.在重离子核反应中,也可观察到四裂变[9].

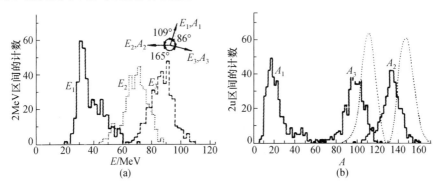

图 8.21　^{252}Cf(s,f)三裂变的能谱及质量分布

(a) 能谱,下限为 25 MeV,右上角表示了碎片的飞行方向;

(b) 根据能谱和动量守恒计算的三碎片质量分布.

在高激发能重离子裂变中,可以通过级联裂变而发生真正三裂变,对于低激发能裂变,则难以发生这类三裂变,更可能是断裂为三块,其机制和伴随轻粒子的三裂变相似;不过最轻的粒子也比较重,即更接近真正的三裂变.在这种情况下,三碎片的飞行方向就类似于图 8.21 所标出的.由于反冲,2,3 两块碎片的方向稍向后偏,不再成一直线.

2. 四裂变[10]

人们也曾用两个离子探测器进行符合测量,测到^{252}Cf(s,f)和^{235}U(n$_t$,f)裂变中同时放出两个轻粒子的四分裂现象(或称四裂变),大概每百万次裂变中可观察到一二次这种四裂变现象.观察到的绝大多数为一对 α 粒子,其平均能量为 12 MeV,略低

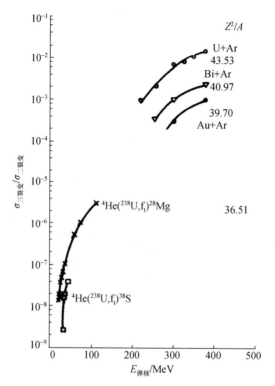

图 8.22 真正三裂变几率随入射离子能量的变化

图上右侧的数字为裂变体系的 Z^2/A 值.

于三裂变放出的 α 粒子的能量. 有迹象表明,两 α 粒子的放出是相互独立的.

8.2.6 轻粒子释放机制

Halpern[11]首先研究了在断点处释放一个荷电粒子所需的能量. 为了具体化,可设二裂变是分为相等的两碎片(电荷数各为 Z),三裂变时由一碎片中分裂一电荷 z 的轻粒子,置于两碎片的中间,如图 8.23 所示.

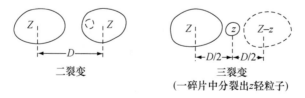

图 8.23 二裂变与三裂变比较图

设放出这一粒子所花费的能量 E_T 为

$$E_T = B_z + V_z + K_z, \qquad (8.2.1)$$

其中 B_z 为碎片中电荷为 z 的轻粒子的结合能，V_z 为增加的库仑能，K_z 为电荷为 z 的轻粒子的动能.

$$V_z = \frac{2zZe^2}{D} + \frac{2z(Z-z)e^2}{D} + \frac{Z(Z-z)e^2}{D} - \frac{Z^2e^2}{D}$$

$$= \frac{3zZe^2}{D} - \frac{2z^2e^2}{D}$$

$$= \left(\frac{Z^2e^2}{D}\right)\left(\frac{3z}{Z} - \frac{2z^2}{Z^2}\right). \tag{8.2.2}$$

K_z 只能用测不准关系来估计，对于 α 粒子，如取 Z^2e^2/D 为碎片的对称分裂的动能（约 150 MeV），则可得 V_z 约为 19 MeV，K_z 约为 5 MeV. 代入(8.2.1)式，并使 $B_z = 5$ MeV，可得 $E_T = 29$ MeV. 发射其他粒子，一般 E_T 更大. 谁来提供这样多的能量呢？ 在断点处，体系所具有的能量可以有内部运动的激发能、集体运动动能和变形能. 这中间只有变形能较易转化为发射粒子的能量. 但除非变形特别大，否则从变形能中提供这样多的能量是很困难的. 其实释放粒子可能是如图 8.24 所示的断裂过程. 图 8.24(a) 表示断裂前的形状，图 8.24(b) 为二裂变情况，只在一处断裂；图 8.24(c) 为三裂变，有两处断裂.

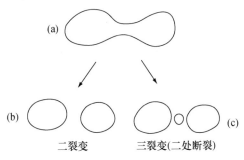

图 8.24　(a) 断裂前；(b) 二裂变；(c) 三裂变

和上一过程不同之处在于轻粒子原来就处于中间，无需为其发射提供库仑能，因此

$$E_T = B_z + K_z,$$

B_z 为两处断裂所费的能量，而 K_z 为粒子的动能. 这种模型[12]的缺点在于难以从理论上处理这种断裂问题. 也许采用某种统计模型可以估算这种两次断裂的几率.

另一种模型和 α 粒子发射的理论一样，把三裂变看成是由裂变体系在断裂前或断裂后释放一个粒子. 和通常的 α 粒子发射不同，这种发射不能由粒子穿越一个相当高的位垒而实现，因所需时间太长. 但是如果把要释放的粒子看成一个独立粒子，在裂变核所产生的平均场中运动，这种运动可通过含时间的薛定谔方程求解[13]. 由于核在裂变中的形状变化引起的平均场的迅速变化，可使粒子得到加速，而在断点附近具有一定的逸出几率. 这模型的优点在于可以完全由量子力学计算,其最主要的假设为粒子在核内做独立运动. 对于 α 粒子,这也许可以近似成立,而对于像氚那样的粒子就要另外加一些假设了.

粒子放出以后,将在两碎片的库仑场中运动,这种运动可以用经典力学计算. 对于 α 粒子,曾经做过不少计算,目的在于从最后测定的 α 粒子能量和角分布以及碎片的总能量,来逆推放射时粒子的发射方向和动能. 一般来讲,可以有相当多的初始条件符合最后测定的分布,因此很难通过这种逆推的方法来确定初始条件. 但是,倒过来,如果有某一模型,能初步确定初始条件,那么经典力学计算的最后分布将大大有助于检验这种模型. 在这方面的讨论,可参考 Vandenbosch 和 Huizenga 著的《核裂变》一书第 14 章(黄胜年等译,原子能出版社出版,1980 年).

§8.3　轻核的裂变[14,16]

前面我们讨论的裂变,主要为重核的裂变. 最轻的裂变体系,质量数也要超过 150,再轻的核需要处在高激发态下才能裂变,而且不容易把裂变和其他核反应分开,因此直到近十几年这种裂变才受到注意. 本节所要讨论的就是 $A=100$ 左右的核裂变. 轻核裂变位垒比较高,达到 $40\sim50\,\mathrm{MeV}$,因此只有高激发态才能裂变. 这种处于高激发态的复合核也会发射重离子而退激发. 这是不是一种形式的裂变? 究竟裂变和重离子发射有没有一个明显的界限呢? 本节将讨论这个问题. 从理论上说明重离子发射和裂变可以从一个统一的观点来处理,并讨论这种观点的实验上的验证. 为了这一目的,将依次讨论下述内容:① 有关的位能曲面的描述;② 离子发射几率;③ 离子的动能分布;④ 角动量的影响及角分布;⑤ 实验证据.

8.3.1　与发射离子有关的位能曲面

我们讨论裂变过程时,首先就讨论了核体系的结合能如何随其形变而变化. 能量随形变参量变化的函数即位能曲面. 体系越过位能曲面上的位垒是发生裂变的标志. 越过鞍点,并没有决定裂变碎片的质量. 实际上作为裂变过程的终态,裂变碎片质量和电荷都有一个分布,可以说这是裂变过程和其他复合核核反应的一个重要的区别. 应该指出,我们在 §4.2 中提到的重离子衰变,也是一种位垒穿透的过程,但这时的位垒却不是一般的裂变位垒,而是每种离子有一独特的位垒,其位置就在重离子和子核相接触的地方. 这时重离子的质量比子核的质量小得多,可以说相当于一种极端非对称的裂变. 经过通常的裂变鞍点,很少有几率出现这种极端非对称裂变. 不同的粒子要经过不同的鞍点,这才是发射什么粒子的决定因素,而在到达鞍点前的运动,对粒子的发射是无关紧要的. 如果研究更轻一些的裂变体系

(例如可裂变参量 χ 小于 0.6 的体系),液滴模型或其他宏观模型的计算表明,鞍点形状已经是一个中间有细腰的对称形状,这时通过这一鞍点的裂变所形成的碎片只能是对称的或接近对称的.质量不对称的裂变就不能通过这种对称鞍点而实现.这时有必要定义一系列规定了质量不对称的鞍点,即所谓条件鞍点.每一对规定质量的碎片都通过各自的条件鞍点和条件位垒而实现.对于 χ 较小的体系,计算这种条件位垒并不困难.可设鞍点形状为两个对称轴相接的椭球,其所包含的粒子数正好与两碎片的粒子数相同,用适当的模型(如液滴模型、小液滴模型或有限力程模型等)计算这时体系的能量 V.变更这两椭球的长、短轴比,使 V 取极小值,这时的 V 值即位垒的高度,而两接触的椭球即为条件鞍点.如两碎片中有一块特别小,例如为 α 粒子,即可设相应的椭球为一小球.这些条件位垒的连线在位能曲面上形成一个岭,与鞍点相对应,可称为裂变岭线.图 8.25 给出核 ^{65}Ga($\chi=0.3$),^{123}Xe($\chi=0.4$)和 ^{212}Po($\chi=0.66$)所计算的条件位垒$V(Z)$随碎片电荷数的变化(设碎片的电荷质比与母核相同).

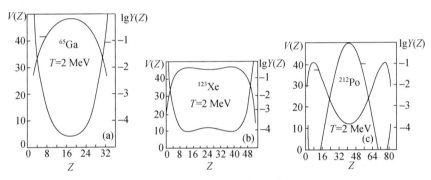

图 8.25 裂变核的条件位垒及产额

横坐标 Z 为碎片的电荷数,左方纵坐标 $V(Z)$ 为条件位垒高度,右方纵坐标为相对产额 $Y(Z)$ 的对数值.

由图可见,岭线形状随可裂变参量 χ 变化.对于 χ 值最大的 ^{212}Po,在对称裂变处,岭线有一极小值,即相应的鞍点.在这一点上,体系对于变更碎片质量比是稳定的;而沿裂变方向则为位能极大值,是不稳定的,这正是鞍点的特色.对于 ^{123}Xe岭线在对称裂变处只是浅浅的极小点,而对于 ^{65}Ga,则岭线在对称点有一峰值.由此可见,这种核体系在对称点有一个峰值,并不是一般意义上的鞍点,对变更碎片的质量比,这一点是不稳定的.早在 1955 年,Businaro 和 Gallone 就曾根据液滴模型预测,当核体系的可裂变参量 χ 降低到一定数值以下,在质量对称处的鞍点就对质量不对称性不稳定,即不再是鞍点.从对非对称性稳定的鞍点变到对非对称性不稳定,χ 的分界值 χ_0 称为 Businaro-Gallone 点[15],其值在 $\chi=0.4$ 附近,具体数值可随所用模型及参数稍有变化.由于实验上的困难,直到近十年内,这一预测才有明确的实验验证,我们将在8.3.5中介绍.

8.3.2 裂变几率

应用统计模型计算裂变几率的方法已在第六章做过详细的讨论,这里只要做一点简单的介绍.和过去的讨论不同,这里讨论的是穿越条件位垒,碎片的质量由规定的质量不对称性所决定,其动能分布也由在鞍点处的运动模式所决定,因此研究鞍点处的模式是很有意义的.如图8.26所示,这种模式共分四类.第一种即两碎片沿裂变方向分离.第二种为两碎片质量交换的振荡,y 表示碎片非对称的坐标,如 $y=A_1/A$(A 及 A_1 分别为裂变核及碎片1的质量数).第三种为大碎片的形状振荡,其变化结果导致小碎片的库仑能的改变,从而影响碎片在相距无限远时的动能.这种模式由小的形状变化引起较大的动能变化,故称为放大模式.第四种为小碎片在大碎片表面的振动,类似于摆动,是非放大模式.当然放大或非放大模式都可以有好几种,图上所示不过是典型的例子.

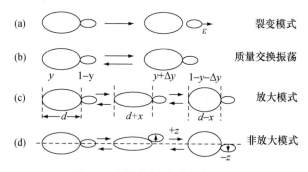

图 8.26 条件鞍点的振动模式示意图

假设只有这四种模式,则应用 §6.5 的理论可得规定碎片非对称性在 y 与 $y+\Delta y$ 之间的裂变宽度 $\Gamma(y)\Delta y$ 为

$$\Gamma(y)\Delta y = \frac{\Delta y}{2\pi\rho_0(E)\hbar^3}\int\cdots\int\rho^*(U)\,\mathrm{d}p_y\mathrm{d}\varepsilon\mathrm{d}x\mathrm{d}p_x\mathrm{d}z\mathrm{d}p_z, \tag{8.3.1}$$

其中

$$U=E-V-\varepsilon-\frac{p_y^2}{2m_y}-\frac{p_x^2}{2m_x}-\frac{p_z^2}{2m_z},$$

式中位能 V 为

$$V = B(y) + a_x x^2 + a_z z^2, \tag{8.3.2}$$

$B(y)$ 为位垒高度,$\rho_0(E)$ 为包括集体运动在内的基态能级密度.令鞍点温度 T 为

$$T = \left[\frac{\mathrm{d}\ln\rho^*(E-B)}{\mathrm{d}E}\right]^{-1},$$

则

$$\Gamma(y)\Delta y = \frac{1}{2\pi}\frac{T\rho^*(E-B)}{\rho_0(E)}\frac{\sqrt{2\pi Tm_y}}{\hbar}\left(\frac{\pi T}{\hbar}\right)^2\sqrt{\frac{4m_x m_y}{a_x a_y}}\Delta y. \tag{8.3.3}$$

当 E 很大时,单位时间离子发射几率 $\Gamma(y)$ 可近似地写成

$$\Gamma(y) = K\exp(-B/T), \qquad (8.3.4)$$

式中 K 随 y 变化比较缓慢,可以近似地看成为常数.图 8.25 中的相对产额是设 $T=2\,\mathrm{MeV}$、由式(8.3.4)计算的.

8.3.3　碎片的动能分布与角分布

碎片的动能分布依赖于所含的模式,如图 8.26 所示,第一种与第二种模式是都要包含的.如仅这两种模式,则两碎片在无穷远处的动能 E_k 为

$$E_k = \varepsilon + E_c, \qquad (8.3.5)$$

式中 ε 为相对运动动能,E_c 为两碎片间的库仑能.先考虑最简单的情况,再加一个放大模式,这时在式(8.3.1)中可只对 p_y, p_x 积分,略去与非放大模式有关的量,得

$$\Gamma^{(3)}\Delta y\mathrm{d}\varepsilon \propto \exp\left[-\frac{1}{T}(\varepsilon + a_x x^2)\right]\mathrm{d}\varepsilon\mathrm{d}x\Delta y. \qquad (8.3.6)$$

因为有放大模式,两碎片间的库仑能会随 x 变化,准确到一次式,可得

$$\begin{cases} E_c = E_0 - Cx, \\ E_k = \varepsilon + E_0 - Cx, \end{cases} \qquad (8.3.7)$$

C 为常数,由放大模式的具体形式所决定.由此可见,当规定相对动能在 E_k 与 ΔE_k 之间时,则 x 与 ε 也限于在这一区间之内.在此区间积分,并考虑到 ε 只取大于零的值,可得

$$P(E_k)\Delta E_k\Delta y \propto$$
$$\int_0^\infty \mathrm{d}\varepsilon\exp\left\{-\frac{1}{T}\left[\varepsilon + \frac{a_x}{C^2}(\varepsilon + E_0 - E_k)^2\right]\right\}\Delta E_k\Delta y. \qquad (8.3.8)$$

令 $S = E_k - E_0$,则

$$P(S)\Delta S \propto \mathrm{e}^{-S/T}\left[1 - \mathrm{erf}\left(\frac{p-2S}{2\sqrt{pT}}\right)\right]\Delta S, \qquad (8.3.9)$$

式中 $p = \dfrac{C^2}{K}$,$\mathrm{erf}(x) = \dfrac{2}{\sqrt{\pi}}\displaystyle\int_0^x \mathrm{e}^{-u^2}\mathrm{d}u$ 为误差函数,并设 $\mathrm{erf}\left(\dfrac{2E_0+p}{2\sqrt{pT}}\right)\approx 1$.

如增加一非放大模式,则(8.3.6)式变成

$$\Gamma^{(5)} \propto \exp\left[-\frac{1}{T}\left(\varepsilon + a_x x^2 + a_z z^2 + \frac{p_z^2}{2m_z}\right)\right]. \qquad (8.3.10)$$

令 $l = \varepsilon + a_z z^2 + \dfrac{p_z^2}{2m_z}$ 为鞍点处碎片相对运动的能量,则

$$E_k = l + E_0 - Cx, \quad \text{或} \quad x = (l + E_0 - E_k)/C,$$

且

$$l \geqslant a_z z^2 + \frac{p_z^2}{2m_z},$$

故关于 z 及 p_z 积分,可得

$$\iint \mathrm{d}z\mathrm{d}p_z = \pi l \sqrt{2m_z/a_z},$$

因此

$$P(E_k) = \int_0^\infty l\mathrm{d}l\exp\left\{-\frac{1}{T}\left[l+\frac{a_x}{C^2}(l+E_0-E_k)^2\right]\right\}, \qquad (8.3.11)$$

$$P(S) \propto \left\{(2S-p)\mathrm{e}^{-S/T}\left[1-\mathrm{erf}\left(\frac{p-2S}{2\sqrt{pT}}\right)\right]+2\sqrt{\frac{pT}{\pi}}\exp\left(-\frac{p^2+4x^2}{4pT}\right)\right\}.$$
$$\qquad (8.3.12)$$

在推导上式时,已设 $E_0 \gg \sqrt{pT}$. 如有两个非放大模式,则

$$P(S) \propto \left\{\left(\frac{1}{4}p^2+\frac{1}{2}pT+S^2-pS\right)\mathrm{e}^{-S/T}\left[1-\mathrm{erf}\left(\frac{p-2S}{2\sqrt{pT}}\right)\right]\right.$$
$$\left.+\sqrt{\frac{pT}{4\pi}}(2S-p)\exp\left(-\frac{p^2+4x^2}{4pT}\right)\right\}. \qquad (8.3.13)$$

在各情况下碎片动能分布如图 8.27 所示.

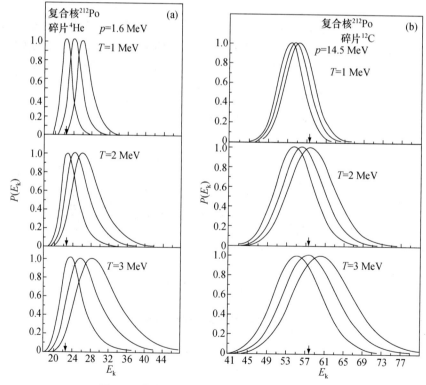

图 8.27　复合核在几种核温度下的碎片动能分布图

三曲线由内向外依次表示不含非放大模型、含一个非放大模型和含两个非放大模型.

8.3.4　角动量的影响及碎片的角分布

作为裂变母核的复合核,通常是通过重离子熔合反应形成的.当激发能较高时,这样形成的复合核通常带有较大的角动量,其影响不可忽略.为了简单起见,我们将假设体系的角动量 $I\hbar$ 并不太大,转动对鞍点形状的影响可以忽略,如图 8.28 所示,设体系沿对称轴与垂直于对称轴的转动惯量分别为 $\mathscr{I}_\mathrm{p}$ 与 $\mathscr{I}_\mathrm{v}$,则转动能 E_r 为

$$E_\mathrm{r} = \hbar^2\left[\frac{I_\mathrm{v}^2}{\mathscr{I}_\mathrm{v}} + \frac{K^2}{\mathscr{I}_\mathrm{p}}\right], \tag{8.3.14}$$

而 $I_\mathrm{v}^2 = I^2 - K^2$,令等效转动惯量 $\mathscr{I}_\mathrm{e}$ 为

$$\frac{1}{\mathscr{I}_\mathrm{e}} = \left[\frac{1}{\mathscr{I}_\mathrm{p}} - \frac{1}{\mathscr{I}_\mathrm{v}}\right],$$

可得

$$E_\mathrm{r} = \hbar^2\left[\frac{I^2}{\mathscr{I}_\mathrm{v}} + \frac{K^2}{\mathscr{I}_\mathrm{e}}\right]. \tag{8.3.15}$$

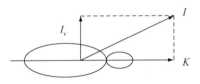

图 8.28　角动量分解示意图

转动对裂变的影响有四个方面:对鞍点形状的影响;对碎片动能的影响;对裂变宽度及截面的影响;对碎片角分布的影响.关于第一方面我们在第二章中已经提到,即如何计算转动对鞍点影响的问题.一般当 $I<20$ 时,这种影响可以忽略.在这里所讨论的情况下,由于鞍点的形状特别简单,这个问题更容易处理,我们将不再讨论.下面将分别讨论后面三点.

1. 对碎片动能的影响

由于转动,碎片的相对运动动能应增加一项 ΔE_r,即

$$\Delta E_\mathrm{r} = \mu r^2 \omega^2/2, \tag{8.3.16}$$

式中 μ 为碎片折合质量,r 为两碎片质心距离,ω 为在鞍点处绕垂直于对称轴方向的转动频率,

$$\omega = \sqrt{(I^2 - K^2)}/\mathscr{I}_\mathrm{v}. \tag{8.3.17}$$

2. 对裂变宽度的影响

当忽略所有集体运动的贡献时,式(8.3.3)简化为

$$\varGamma_{\mathrm{f}} = \frac{T}{2\pi} \frac{\rho^*(E-B)}{\rho_0(E)}. \tag{8.3.18}$$

从 E 中扣除转动动能,可得

$$\varGamma_{\mathrm{f}} = \frac{T}{2\pi} \frac{\rho^*(E-B-E_{\mathrm{r}})}{\rho_0(E-E_{\mathrm{r0}})} \approx \frac{T}{2\pi} \exp\left[-\frac{B-E_{\mathrm{r}}-E_{\mathrm{r0}}}{T}\right], \tag{8.3.19}$$

式中 $E_{\mathrm{r0}} = \hbar^2 I^2/\mathscr{I}_0$ 为复合核处在球形时的转动能.

根据简化模型,重离子熔合截面可以表示为[15]

$$\sigma = \frac{\pi \hbar^2}{2\mu E} \int_0^{I_{\mathrm{M}}} \mathrm{d}I \int_{-I}^{I} \mathrm{d}K, \tag{8.3.20}$$

式中 μ 为折合质量,E 为相对运动能量,I_{M} 为角动量上限. 式(8.3.20)表示所有 $I \leqslant I_{\mathrm{M}}$ 的角动量态均熔合形成复合核,I_{M} 可看成一可调参量. 也可以根据简单模型计算[17]. 由式(8.3.20)可得裂变截面 σ 为

$$\sigma = \frac{\pi \hbar^2}{2\mu E} \int_0^{I_{\mathrm{M}}} \mathrm{d}I \int_{-I}^{I} \frac{\varGamma_{\mathrm{f}}}{\varGamma_{\mathrm{t}}} \mathrm{d}K, \tag{8.3.21}$$

式中 $\varGamma_{\mathrm{f}}$ 由式(8.3.19)给出,$\varGamma_{\mathrm{t}}$ 为总截面,可简化为中子宽度 $\varGamma_{\mathrm{n}}$. 因为这是对宽度最大的贡献,并且可以用实验测定.

3. 关于碎片角分布的影响

在 §5.6 中曾讨论过,由式(8.3.21)采用经典近似可得微分截面为

$$\frac{\mathrm{d}\sigma}{\mathrm{d}\Omega} = \frac{\pi \hbar^2}{2\mu E} \int_0^{I_{\mathrm{M}}} \mathrm{d}I \int_{-I}^{I} \frac{\varGamma_{\mathrm{f}}}{\varGamma_{\mathrm{t}}} W_K^I(\theta) \mathrm{d}K. \tag{8.3.22}$$

取经典近似

$$W_K^I(\theta) \propto \frac{2I+1}{\sqrt{\sin^2\theta - K^2/I^2}},$$

对 $\varGamma_{\mathrm{f}}$ 及 $\varGamma_{\mathrm{n}}$ 采用适当近似,可得角分布

$$W(\theta) \propto \int_0^{I_{\mathrm{n}}} 2I\mathrm{d}I \exp\left(\frac{-I^2\sin^2\theta}{4K_0^2}\right) I_0\left(\frac{I^2\sin^2\theta}{4K_0^2}\right) \exp(\beta I^2), \tag{8.3.23}$$

式中 $K_0^2 = \dfrac{\mathscr{I}_{\mathrm{e}} T}{\hbar^2}$,$\beta = \dfrac{1}{2K_0^2}$,$I_0$ 为变形贝塞尔函数. 图 8.29 给出了不同碎片角分布的例子.

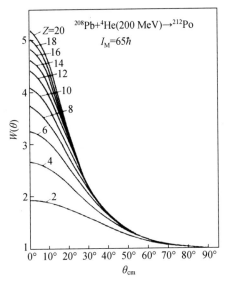

图 8.29　由 ^{208}Pb$+^4$He(200 MeV)形成的^{212}Po
发射各种碎片的理论计算的角分布

8.3.5　理论的实验验证[16]

上面的理论表明,可以用裂变理论来处理复合核的重离子发射问题,其主要差别在于要用条件鞍点和位垒来计算这种反应的几率或宽度,因此不同的离子发射要分别处理. 从某种意义上说,这种理论要比重离子裂变简单,因为避免了计算碎片质量分布的难题. 但是对轻核裂变的实验研究,却进行得比较迟. 只是在近几十年,才出现几个较详细的实验结果,可以检验上述理论,现分别介绍如下.

1. 激发能较低的复合核离子发射

中能核反应是很复杂的,如保持较低的激发能,则反应比较简单. ^{3}He打 Ag 靶是一个研究得比较详细的反应,复合核的激发从 50 MeV 一直到 130 MeV,其中较低的激发能仅比最高的位垒高出 10 MeV左右. 测量了 ^{4}He,Li,Be,C,B,N,O,Ne,

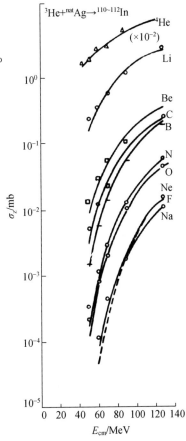

图 8.30　反应^{3}He＋Ag 发射各种元素的激发曲线
实线为理论计算值,其中 Ne 的激发曲线为短划线.

Na 等 10 种离子能谱及激发曲线,观察到的复合核能谱与理论预言基本一致.轻的离子,如 ^{4}He 的能谱接近麦克斯韦谱,而较重的离子则接近高斯分布.对于如 ^{4}He 这种离子,正是从能谱和角分布的测量中把复合核发射的离子和直接反应的产物分开的.图 8.30 给出了测定的这些元素的激发曲线及理论拟合值.在进行理论拟合时,可以近似地决定每一元素的条件位垒,并考虑了其他轻粒子发射道的竞争.由图可见,理论能很好地重现实验点的变化趋势.所测定的条件位垒值在图8.31中画出.在图 8.31 上还画出了由液滴模型和有限力程模型计算的条件位垒值.由图可见,液滴模型给的值太高,而有限力程模型几乎可以完全重现实验值.为了研究裂变岭线形状对裂变产额的影响,需要比较不同复合核的碎片产额.在图 8.32 上,画出了以每核子 8.5 MeV 能量的 ^{74}Ge, ^{93}Nb 及 ^{139}La 的重离子束打 ^{9}Be 靶,在实验室与入射方向成7.5°角的地方,相当于质心系 30°角的位置上,测定的各不同离子发射的微分截面.在这三个裂变体系中,La+Be 的可裂变几率为 0.5,高出 Businaro Gallone (BG)点,而 Ge+Be 的可裂变几率为0.35,很接近 BG 点,Nb+Be 则处在两者之间.由图可见,体系 Ge+Be 的离子产额在对称点($z_{asy}=0.5$)附近为一宽的极小值;而 La+Be 的离子产额在对称点处为一极大值;而 Nb+Be 则界于两者之间.图中曲线为根据式(8.3.22)考虑了角动量后计算的微分截面,基本上与实验值符合.在图上用箭头标出的为与入射道一致的电荷不对称性.从图上可见,在箭头附近,截面并无异常的增强,这表明一些擦边反应及少数粒子交换反应并未混在所测得的发射离子中.

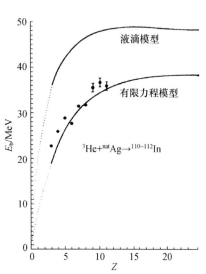

图 8.31 ^{111}In 的条件裂变位垒的实验值与两种模型的比较曲线为计算值.

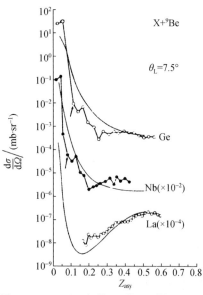

图 8.32 8.5 MeV/u ^{74}Ge, ^{93}Nb, ^{139}La+^{9}Be 的离子发射的微分截面

2. 激发能稍高时的离子发射

激发能的增加如仍能形成复合核,则将会有更多离子发射.关于在中能区,初期实验中关于重离子发射的混乱,是由于非完全熔合复合核和非复合核离子发射引起的.选择靶核和弹核质量相差悬殊的体系将有助于减少这种混乱.在这类系统中,由于几何因素,碰撞参量的变化受到限制.同时,如有不参与变化的旁观者,它的质量也很小.非完全熔合或质量转移反应开始于入射能量在 18 MeV/u 左右,并延续到 100 MeV/u,更高能量时则会为旁观者与参与者的机制所代替.我们常用逆运动学方式(即加速重的离子,把轻的离子作靶)来进行这一类实验,以便在较大的质心系角度范围内探测放出的离子.图8.33给出以能量 18 MeV/u 的 ^{139}La 打 ^{12}C 所测得的发射不同元素在 $V_{/\!/}$-$V_{\perp}$ 面上的微分截面 $\dfrac{\partial^2\sigma}{\partial V_{/\!/}\partial V_{\perp}}$ 的等高图.如图所示,除

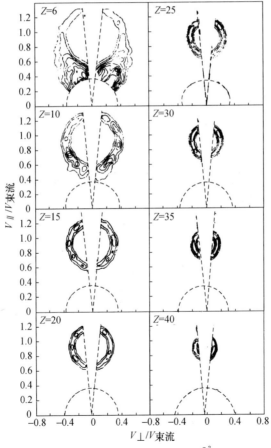

图 8.33　实验测定的发射离子的微分截面 $\dfrac{\partial^2\sigma}{\partial V_{/\!/}\partial V_{\perp}}$ 的等高图

直短划线表示测量角度限制,短划线圆弧为探测器的低能限.

了 $Z=6$,由于擦边反应有较多的低能粒子发射外,其他离子几乎都是由沿射线束方向、速度略低于入射粒子的中心发射的,这中心显然就是复合核在 $V_{/\!/}$-$V_{\perp}$ 面上的位置,并不随离子的电荷数 Z 而变化.其截面的等高线几乎成圆形,表示发射在质心系近似为各向同性的,其动能都是由库仑能转化的,其大小和理论计算相近,并与入射粒子的能量无关.如把入射 La 离子的能量提高到 $50\,\mathrm{MeV/u}$,则发射中心的位置略向上移,相当于非完全熔合反应.但是重一点的离子似乎仍是由共同中心发出的.

3. 离子的发射截面

轻核裂变最直接的实验证据是离子发射截面.图 8.34 给出了以 ^{93}Nb 及 ^{139}La 打 ^{12}C 靶的实验结果.

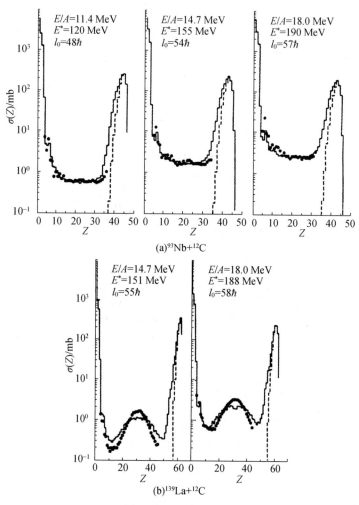

图 8.34　离子发射截面

E^* 为复合核激发能,l_0 为最大角动量.

两者的差别非常明显,^{93}Nb$+^{12}$C 的可裂变参量很接近 BG 点,因此在对称裂变处是很宽的极小(或极大).而体系 ^{139}La$+^{12}$C 的可裂变参量超过 BG 点相当多,在对称裂变处截面有明显的峰值.图中的直方线为理论计算的截面,在计算中考虑了轻粒子发射的竞争和角动量的影响.对于每一角动量采用了有限力程理论计算的位垒高度,并用公式(8.3.21)计算了截面,又计算了处于激发态的碎片的蒸发荷电粒子对截面的修正,其角动量最大值则用作可调参量(在图上用 l_0 标出).这些值和 Bass 模型[17]的计算值基本一致.

4. 符合测量

以上介绍的实验,主要是从单个粒子的测定获得的结果.为了进一步检验裂变的概念还要进行两碎片的符合测量,以证实两碎片主要是由一个复合核分裂成两块而产生的.如对两碎片的电荷数 Z_1,Z_2 进行符合测定,就可以在 Z_1,Z_2 平面上画出符合记数的等高图,如图 8.35 所示.在图上 $Z_1+Z_2=Z_c$ 用虚线标出,Z_c 为复合

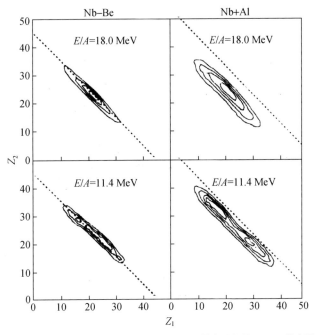

图 8.35 由与入射束方向成等角的两探测器符合测得的 Z_1-Z_2 等高图

核的电荷数.由图可见,对于体系 Nb+Be,实验测出的 Z_1,Z_2 符合值正好落在虚线上.对于体系 Nb+Al,由于激发能较高(在相同的入射能量下,打 Al 靶形成复合核的激发能要比打 Be 靶高出约 2.7 倍),在裂变前会蒸发轻粒子而减少电荷,因而等高图向下平移了一些;同时由于碎片会蒸发荷电粒子,也使得等高图变宽了.用较高能量的 ^{93}Nb 离子轰击 Be 和 Al,所得的符合计数如图 8.36 所示.图中短划线为

复合核裂变前的平均电荷,是用碰撞引起的电荷迁移估算的.实线为考虑了碎片蒸发离子后,平均碎片电荷之和的理论值.由图可见,实验点很好地落在理论曲线上.所有这些实验均表明,重离子的发射是一种两体裂变过程.

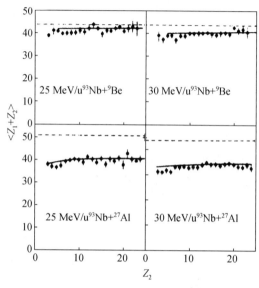

图 8.36　由两探测器符合测得的平均值 $\langle Z_1 + \dot{Z_2} \rangle$ 随 Z_2 的变化

§8.4　介子引起的裂变[18]

μ 介子、π 介子被重核吸收,也会引起裂变.研究这种裂变,对于研究原子核的裂变机制也有参考价值,在这里做简单介绍.

8.4.1　μ 介子引起的裂变

早在 1948 年,Wheeler[19] 就提出了 μ 介子为核吸收的 Z^4 定律(即吸收几率正比于 Z^4),并预言了 μ 介子在重核中会引起裂变. μ 介子为核吸收,可以有两种方式引起核的激发.当 μ 介子被原子核俘获时,首先形成 μ 原子. μ 原子中的 μ 介子从轨道上向下跃迁,当它跳到 M 或 L 壳层时,全部或部分轨道已经处在核内,因此继续跃迁时,就有可能把能量直接传给原子核,引起核的激发而不必放出 γ 射线.起初人们认为只有 2p-1s 跃迁对核的激发和裂变有主要的贡献,激发能为 6.5 MeV.后来人们发现对 ^{232}Th, ^{237}Np 和 ^{238}U 的激发中,高次的跃迁,特别是 3d-1s(能量为 9.5 MeV)的跃迁对裂变有重要的贡献.对于 ^{232}Th 和 ^{238}U 甚至更高次的跃迁对引发裂变的过程,起了主导作用.这种由于 μ 原子跃迁引发的核激发,在时间间隔

10^{-12} s 内发生,称为瞬发裂变.当 μ^- 介子处于 μ 原子的基态 1s 后,它最后将为一束缚质子所吸收,而发生如下的反应 $\mu^- \to p + \mu_v$,μ_v 为 μ 中微子.传递给核的激发能从 0 到 70 MeV,平均激发能为 18 MeV.这是一个由 μ 介子寿命所决定的慢过程,在 1s 态其寿命为 75×10^{-9} s.这种 μ 裂变称为延迟裂变,其几率 W 可由下式计算.

$$W = N \int I(E) R(E) \mathrm{d}E, \qquad (8.4.1)$$

其中 $I(E)\mathrm{d}E$ 为 μ 介子衰变后核的激发能分布,$R(E)$ 为具有激发能 E 的核发生裂变的几率.N 为归一化因子,常取 0.85,这是为了考虑有的核内,中子在参与 μ 介子衰变后直接飞出而不形成激发核的缘故.图 8.37 给出了 μ 介子裂变的时间谱.由图可见,瞬发裂变和延迟裂变是比较容易分开的.有关 μ 介子裂变的实验结果,如表 8.7 所示.在表上最后一行的理论值是由公式(8.4.1)计算的延迟裂变几率,再根据实验测定的瞬发裂变与延迟裂变的比值所计算的总裂变几率,计算值在 25% 范围内与实验测定的总裂变几率符合.考虑到较大实验误差和理论的不确定性,这样的符合是可以接受的.从表上还可以看到明显的同位素效应.核内的中子数越多,由于核内中子的阻塞效应,核内质子吸收一个 μ^- 介子而转化为一个中子的几率越小,因而寿命越长.

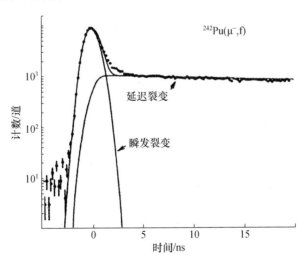

图 8.37 μ 介子引起 ^{242}Pu 裂变的时间谱
μ 介子脉冲射到靶上的时间为时间零点.

表 8.7　μ⁻ 介子引起裂变的寿命及几率

核	半衰期 τ/ns	瞬发裂变/延迟裂变	总裂变实验值	几率计算值
^{232}Th	78.5 ± 2.0	0.051 ± 0.008	0.024 ± 0.005	0.02
^{233}U	68.5 ± 0.7	0.205 ± 0.008	0.40 ± 0.08	0.56
^{235}U	72.8 ± 0.6	0.138 ± 0.009	0.142 ± 0.023	0.36
^{238}U	77.7 ± 0.6	0.089 ± 0.017	0.07 ± 0.01	0.20
^{237}Np	69.9 ± 0.2	0.295 ± 0.002	0.52	0.55
^{239}Pu	70.1 ± 0.7	0.204	0.59	0.72
^{242}Pu	75.3 ± 0.4	0.208 ± 0.005	0.41	0.61
^{244}Pu	78.2 ± 0.4	0.263 ± 0.006		0.54

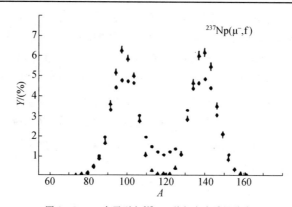

图 8.38　μ⁻ 介子引起 ^{237}Np 裂变碎片质量分布
三角形点为瞬发裂变的碎片质量分布,圆点为延迟裂变的碎片质量分布.

　　对于瞬发裂变及延迟裂变,测定的碎片质量分布如图 8.38 所示.图上所表现出的差别完全是由于激发能的不同而引起的.延迟裂变的碎片质量分布和 14 MeV 中子引起的裂变碎片质量分布很接近.

8.4.2　π 介子引起的裂变

　　由于强作用,当 π 介子进入核内,在很短时间内即被吸收而释放 140 MeV 的能量,转化为核的激发能.负的 π 介子被核的库仑场吸引,正的 π 介子更容易被核所吸收.但是,由于正的 π 介子是被中子吸收,而重核的中子数比质子数要大得多.两种影响大体上相互抵消,因而两种介子被核的吸收几率大体相当.这与实验结果是一致的.图 8.39 给出了以 29.5 MeV 的 π⁻ 介子打靶核所测得的裂变几率随 $(Z-1)^2/A$ 的变化曲线,短划线为理论计算值.

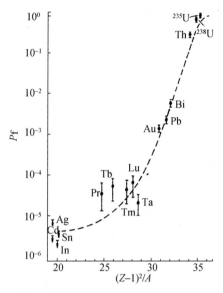

图 8.39 29.5 MeV 的 π^- 介子打靶核所引起的裂变几率随 $(Z-1)^2/A$ 的变化曲线

对一些核,吸收 π 介子而引起裂变的研究表明,对裂变的主要贡献来自 π 介子的吸收,并把相当一部分能量沉积在复合核上.裂变碎片的性质和相当能量的中子引起的裂变相似,但质量分布的宽度要比中子裂变的质量分布宽度要宽,图 8.40

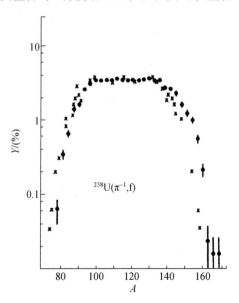

图 8.40 100 MeV π^- 吸收引起^{238}U 裂变的碎片的质量分布($\bullet$)

和 150 MeV π^- 吸收引起^{238}U 裂变的碎片的质量分布($\times$)

就是一个例子.在图上画出了 100 MeV π^- 介子和 150 MeV 质子引起的 ^{238}U 裂变的碎片的质量分布.两者形成复合核的最大能量相差不大,但 π^- 引起的裂变碎片质量分布要略宽一些.这也可能是由于 π^- 吸收能更有效地把能量沉积在复合核上,因此其有效激发能要比入射粒子所形成的复合核激发能要高一些.

由上面简单的叙述可以看出,π 介子和 μ 介子引起的核裂变和介子与核的相互作用密切相关.因此精确地研究这种裂变,是研究这类相互作用的重要手段.但是对于裂变机制讲,依然属于复合核裂变这一范畴,并没有什么独特之处.

在结束本章之前还应指出,在目前受到注意的原子团簇的研究中,也有关于团簇裂变的研究[20,21].由几十、几百或更多的原子可以结合成一个稳定的原子团簇,在一定的激发下,一个团簇会分裂成两个团簇.这种裂变和本书所讨论的核裂变有相似之点.例如,我们也可以用宏观模型加微观修正的方法来计算裂变位垒,也可以用 §8.3 所介绍的方法来研究这种可裂变参量往往很小的裂变,这在原子团簇裂变中更常常遇到这种情况,也可以计算裂变和离子蒸发的竞争.但是,从裂变体系来说,主要不同在于,和原子核不同,原子团簇的电荷是外加的,并不与团簇的质量有一定的关系.这就使我们可以研究各种可裂变参量下的裂变现象.从实验角度看,原子团簇与原子核也有极大的差别,两者能量的差别达到 6～7 个量级.由于实验条件的限制,对原子团簇裂变,很难做较精确的研究.从理论上讲,原子团簇的裂变还有不少关于团簇结构的特殊物理问题,需要进一步探索,在本书内不可能详细讨论这些问题.

参 考 文 献

[1] W. U. Schroder, J. R. Huizenga. *Nucl. Phys.*, A502, 1989, 473c.

[2] V. E. Viola. *Nucl. Phys.*, A502, 1989, 531c.

[3] J. O. Newton et al. *Nucl. Phys.*, A483, 1988, 126.

[4] D. Hinde, D. Hilscher, H. Rossner. *Nucl. Phys.*, A502, 1989, 497c.

[5] V. E. Viola. *Nucl. Phys.*, A502, 1989, 531c.

[6] C. Wagemans. Ternary Fission, The Nuclear Fission Process, Ed. C. Wagemans, Florida, CRC Press Inc., 1991, 545～584.

[7] S. T. Tsien. *Journal de Physique et le Radium*, 9, 1948, 6.

[8] H. Y. Han, S. N. Huang, J. C. Meng, Z. Y. Bao, Z. Y. Ye. 50 Years with Nuclear Fission, Ed. J. W. Behrens, A. D. Carlson, Illinois USA, American Nuclear Society Inc., 1989, 684.

[9] G. X. Dai et al. *Nucl. Phys.*, A583, 1995, 173.

[10] S. K. Kataria, Z. Nardi, S. C. Thompson. Physics and Chemistry of Fission, IAEA, Vol. 2, 1973, 389.

[11]　I. Halpern, Pros. Symp. Physics and Chemistry of Fission, Vienna, IAEA, 1965, 369.

[12]　N. Carjan, A. Sierk, J. R. Nix. *Nucl. Phys.* , A452, 1986, 381.

[13]　O. Tanimura, T. Fliesbach. *Z. Phys.* , A328, 1987, 475.

[14]　L. G. Moretto. *Nucl. Phys.* , A247, 1975, 211~230.

[15]　U. L. Busarino, S. Gallone. Nuovo Cim, 1, 1955, 1277.

[16]　L. G. Moretto, G. J. Wozniak. 50 Years with Nuclear Fission, Ed. J. W. Behrens, A. D. Carlson, Illinois USA, American Nuclear Society Inc. , 1989, 481.

[17]　R. Bass. Nuclear Reaction with Heavy Ions, Chap. 7, Springer-Verlay, Berlin, 1980.

[18]　C. Wagemans. Muon-and Pion-Induced Fission, The Nuclear Fission Process, Ed. C. Wangemans, Florida, CRC Press Inc. , 1991, 218~223.

[19]　J. Wheeler. *Phys. Rev.* , 73, 1948, 1252.

[20]　O. Echt et al. *Phys. Rev.* , A38, 1988, 3236.

[21]　U. Naher et al. *Phys. Rep.* , to be published.